商管叢書 全華圖書 BUSINESS MANAGEMENT

第6版

行銷管理

Marketing Management

鄭華清
陳銘慧
謝佩玲 編著

國家圖書館出版品預行編目資料

行銷管理 / 鄭華清, 陳銘慧, 謝佩玲編著. -- 六版. -- 新北市 : 全華圖書股份有限公司, 2021.10

面 ; 公分

ISBN 978-986-503-950-9(平裝)

1.行銷管理

496 110017033

行銷管理（第六版）

作者 / 鄭華清、陳銘慧、謝佩玲

發行人 / 陳本源

執行編輯 / 陳品蓁

封面設計 / 盧怡瑄

出版者 / 全華圖書股份有限公司

郵政帳號 / 0100836-1 號

印刷者 / 宏懋打字印刷股份有限公司

圖書編號 / 0800305

六版二刷 / 2023 年 04 月

定價 / 新台幣 490 元

ISBN / 978-986-503-950-9

全華圖書 / www.chwa.com.tw

全華網路書店 Open Tech / www.opentech.com.tw

若您對本書有任何問題，歡迎來信指導 book@chwa.com.tw

臺北總公司(北區營業處)

地址：23671 新北市土城區忠義路 21 號

電話：(02) 2262-5666

傳真：(02) 6637-3695、6637-3696

南區營業處

地址：80769 高雄市三民區應安街 12 號

電話：(07) 381-1377

傳真：(07) 862-5562

中區營業處

地址：40256 臺中市南區樹義一巷 26 號

電話：(04) 2261-8485

傳真：(04) 3600-9806(高中職)

(04) 3601-8600(大專)

六版序

這次改版的重點在於部分個案與時事快遞的更新，植基於原著鄭華清教授在行銷理論實務上的精闢見解，以及各大專教師與讀者對於本書的持續選用，使得本書得以再次改版。

行銷環境在今日因為網路、科技應用日新月異而有更多變化，更能夠跨越地理疆界。2019 年底的新冠疫情延續至今，為全球帶來了極大衝擊，改變了產業結構、消費與生活模式，因此根據聯合國的 2030 年「全球永續發展目標」（Sustainable Development Goals, SDGs），第六版強化「經濟成長」、「社會進步」與「環境保護」三大構面，希望台灣學生能具備對於國際現況與在地發展的觀察討論，讓學生體悟行銷真的無所不在。

關於「經濟成長」構面討論綠色經濟、永續工業、友善職場等議題，案例包含，世博會展現各國科技發展與文化實力，以及蘇黎士運河阻塞造成全球經濟損失等。關於「社會進步」構面討論終結貧窮飢餓、優質教育、性別平權、促進健康、減少分配不公、永續城鄉、和平多元社會體系等議題，案例包含，鮭魚之亂對社會的影響，以及機位超賣誰先下機討論分配公平的問題。關於「環境保護」構面討論永續能源、海陸生態保育、氣候行動等議題，案例包含，台灣反核與能源爭議是環保和經濟發展的兩難，以及台達綠建築是企業友善在地環境的展現。

本書仍保留關於生活化的案例，討論了多元成家、抗疫之路、網紅現象、群眾募資、假人挑戰、FB 加密貨幣等。而兼具國際化與生活化的案例，包含更新了大家一定接觸過的 CHANEL、H&M、Under Armour、Apple 等不可不知的國際品牌新發展。對於身處台灣市場中的行銷人一定要知道的本土案例，保留了全聯、五月天、鬍鬚張、長榮航空、統一麵（小時光麵館）等等。

最後本書之持續改版要感謝原著鄭教授的充分授權，全華圖書的鍥而不捨，芸珊、品蓁在內容編排方面的各種協助、耐心等候。希望自我期許成為一位優雅行銷人的所有讀者，在書中找到足以提升附加價值的資訊、知識，在未來進行價值交換時適得其所。

謝佩玲、陳銘慧
2021 年 11 月

目錄

1 行銷導論

2 顧客滿意與顧客關係管理

3 行銷策略規劃

4 消費者行為

Contents

5 影響消費者行為環境因素

6 市場區隔、目標市場與定位

7 產品決策

8 品牌決策

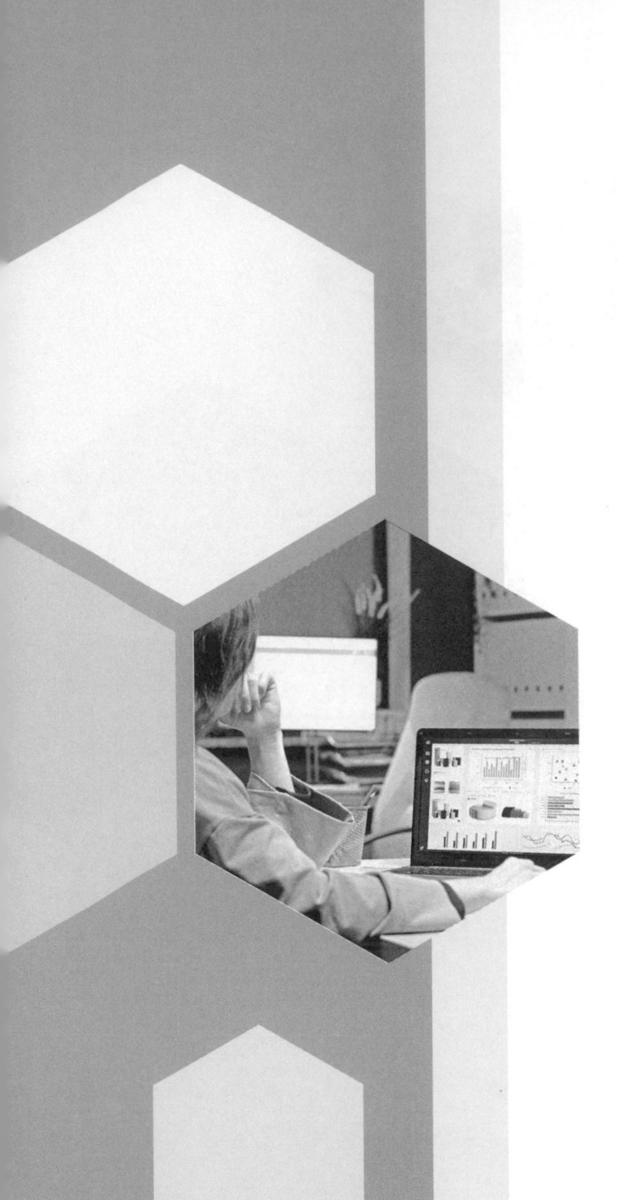

9 服務行銷

10 定價組合策略

11 行銷通路的管理

12 零售、批發與物流

13 行銷整合溝通

14 廣告、公關與促銷

15 人員銷售

16 國際行銷

17 網路行銷

1 行銷導論

本章重點

1. 面對行銷環境的挑戰。
2. 了解行銷的本質。
3. 清楚行銷觀念的演進。
4. 說明行銷的重要概念。
5. 明白行銷的實務制度。

行銷觀測站

FOLLOW

新冠疫情下的行銷挑戰── It depends on ！

自 2020 年初新冠肺炎為全球帶來成重大衝擊，改變了人們的工作與生活模式，到 2021 年 10 月已造成 490 多萬人死亡，許多產業面臨史上最冷寒冬，其中首當其衝的就是觀光旅遊、住宿餐飲業。以行銷「價值交換」的角度思考，防疫在家總是要吃飯，餐飲業作降價外送就能存活嗎？事實是內用餐飲服務業「產能固定」，廚師工作人員人數有限，除了人事成本還要支付店租、水電管銷、材料成本，因應外送還要跟外送平台分潤 30 ~ 40%。在疫情持續之下，很多餐廳最後多數選擇減薪、裁員，甚至退出市場。

本土美式餐廳－貳樓，在 2020 年三、四月疫情較嚴峻時，月營收掉了三成。2021 年五月第二波疫情，營收直接掉了七成，當政府一宣布雙北疫情警戒升到三級，董事長黃寶世立刻決定全品項外帶自取五折，直到疫情降至第二級為止。這項大膽舉措吸引顧客搶訂，第一天還造成系統當機，人力無法負擔。事後估算，降價活動雖衝高來客數，但仍造成營收減半，扣除人事、店租、管銷、食材後，一個月其實虧損 4、5 百萬；但公司仍會有現金收入，員工仍會有正常薪水，顧客仍能得到有品質的餐飲服務，希望大家一起撐過這波疫情。貳樓餐廳以行銷「價值交換」的角度思考，付出 4、5 百萬，得到員工的向心力，得到舊顧客的揪感心與忠誠，還有開發了新客群。至於要不要擔心疫情好轉後，恢復原價的再購意願，就要靠服務體驗、顧客記憶點、知覺品質等等累積出的品牌價值了，貳樓餐廳應該對自己有信心。

另一案例是位於日月潭的雲品溫泉酒店，董事長盛治仁在商周百大顧問團直播裡說，2021 五月疫情後住房的營收幾乎是歸零！為保護員工與旅客採自主性休館，期間加強員工訓練，並完成了「Diversey 泰華施安心盾牌」認證計畫的審核，以國際組織建議的嚴格規範來執行清潔衛生。在三級警戒一再延長下於七月起推出全新入住模式，每層樓僅供五人以下同住家人入住，並提供專屬的遊憩空間與用餐區域，住宿期間享有管家式服務，一泊五食每晚 15 萬元起，打造「防疫桃花源」搶攻頂級防疫旅宿商機。雲品以行銷「價值交換」的角度思考，付出珍貴的兩個月時間，得到差異化優勢與公共報導，同時展現企業文化與氣度，呼應雲朗觀光集團的定位－「Luxury 奢華」、「Dream 夢想」和「Culture 文化」。

從消費者角度來說，貳樓餐廳的對折帶來了知覺節省，縮短了顧客的決策時間；雲品酒店關心頂級客群在意的衛生安全，則帶來了知覺品質，提升了顧客的入住意願；賣不賣便當，兩者都對，It depends on ！視情況而定！

362 likes

資料來源：商周 #CEO 我挺你專欄，蘋果新聞網 2021/05/21，ETtoday 新聞雲 2021-07-01，雲朗觀光集團官網

貳樓

雲品溫泉酒店

1-1 行銷環境的挑戰

二十一世紀的行銷，面臨許多環境的變化，這些變化有些來自企業的內部環境（又稱爲個體環境），有些是來自企業的外部環境（又稱爲總體環境）。內部環境包括企業目標、策略、與各種資源的運用，外部環境涵蓋競爭、經濟、法律政治、社會文化、技術等。這兩種環境大多相互影響、相互衝擊，也爲行銷帶來許多的挑戰：

1. **行銷資源分配面臨新的挑戰**：企業受金融海嘯與歐債危機影響獲利下降，再加上油價攀升，物價膨脹隱憂在現，行銷方面，有些企業以削減廣告預算，減少新產品開發，降低促銷費用來節省開銷，降低成本。2015 布倫特原油創下 11 年低價，但臺灣仍面臨高物價低薪資的困境，消費者實質所得沒有成長，明顯影響購物意願與價格敏感度，使得企業必須尋求更低成本的溝通管道，而媒體分化雖然降低了個別媒體的影響力，卻讓企業有可能找到更有效率與效果的媒體進行溝通。
2. **消費者需求，變化大且快**：消費者求新求變，促使行銷策略、市場區隔、目標市場的訂定更形困難。去年流行的商品，今年可能就被消費者遺棄，就連戲劇（日本偶像劇、韓劇）也一樣。挑剔的消費者固然難以取悅，卻會鍛鍊出高品質的產品與服務，臺灣餐飲市場的創新創意即可佐證，然而滿意卻不一定忠誠，仍是行銷人員最大的挑戰。
3. **新技術汰換快速**：新科技之間產生淘汰競賽。行銷也變得愈來愈多樣，一方面消費者需求被精確的區隔，另一方面資訊技術主導行銷發展，這些都說明了科技變化對行銷發展的影響。例如：曾是全球知名的攝影器材公司——柯達，隨著數位相機掘起，底片需求銳減，公司面臨轉型、破產最後遭到市場淘汰。平板電腦侵蝕筆記型電腦市場，智慧型手機逐漸替代傳統手機，甚至可能取代電腦，產業界線模糊化，使得企業必須多角化佈局。

蘋果公司進軍電動車市場

科技大廠蘋果（APPLE）公司在2015年積極挖角特斯拉（Tesla）人才，啓動「泰坦計畫」(Project Titan)，緊鑼密鼓跨入電動車市場，成為繼谷歌（GOOGLE）之後第二家跨入電動車市場的科技巨擘。

相較於 Google Automotive 車載系統已於 2019 年被 Volvo 採用，2021 年著重於車載系統與手機應用的互聯體驗升級，蘋果則持續著重於整合軟硬體與周邊服務，利用在自駕系統與智能體驗的核心技術建立一個「生態系統」；而為加快量產目標，也嘗試尋找代工的可能性；據傳 2021 年底將曝光關鍵技術，有機會看見 Apple Car 正式亮相。

蘋果在行動裝置上，絕對是革命性先鋒市場的領導者，從隨身音樂播放器 iPod，到智慧型手機 iPhone、平板電腦 iPad，都是引領潮流、被奉為圭臬的強者，但這個獨樹一格的巨人，若要跨足到汽車工業，就又是另外一回事了。

蘋果公司面對產業技術汰換快速，以及產業界線模糊化，理當多角化佈局。跨足到汽車產業，主要考量在生產方面，掌握了電子系統整合的核心優勢，在需求方面，憑藉著果粉對於蘋果品牌的高度忠誠，相信蘋果公司能夠延續對於技術與時尚的追求，最終將可能改寫以往大家對於汽車和電動車的認知，不負全球品牌價值最高的評價。

資料來源：蘋果新聞 2021/01/13，BEEMEN 蜂報 2021/09/01，大紀元 2015/12/26，
風傳媒 2015/09/22，Interbrand 官網

1-2 行銷的本質

一、行銷的定義

什麼是「行銷」（Marketing）？很多人第一印象會以爲行銷就是賣東西、從事銷售。有些人認爲行銷就是作廣告，廣告打得愈響，東西賣得愈好。還有人會認爲行銷就是商品陳列、辦促銷活動、開記者招待會等。其實，這些都只是行銷的一部份，行銷包含了上述的所有活動。

根據美國行銷協會（AMA）在 2004 年定義，行銷是一連串創造、溝通、傳遞價值給顧客並管理顧客關係，以獲取組織和利害關係人（Stakerholders）最大利益的一種組織機能與程序。

行銷的定義已經不單從企業組織的角度來看，更融入了從消費者的角度。行銷被視爲是一個價值創造、溝通、傳遞的過程，不只是產品、價格、通路、促銷等 4P 概念。行銷不僅只是消費者滿意而已，更顧及與企業經營相關的各個層面，包括顧客、股東、供應商、經銷商、銀行、工會等各層面的滿足與利益。

2007 年，AMA 又對行銷的定義作修正，指出行銷是透過創造、溝通、傳遞與交換，謀求顧客、客戶、夥伴與社會最大價值的活動、機制與程序。

Kotler（2004）對行銷所下定義：「行銷是一種社會性和管理性的過程，個人和群體可以經由此過程，透過彼此創造，提供及自由交換有價值的產品和服務，以滿足其需要與慾望。」

上述行銷學中的經典定義，透露了行銷不應被狹隘地定義爲僅是企業的一個業務銷售機能或一個廣告部門。行銷應該涵蓋企業中的每一個個人、組織與群體，在和顧客往來時，能夠重視顧客需求，爲顧客提供值得的服務，並獲得顧客滿意。

根據定義可以知道，行銷（Marketing）是指將產品或勞務透過交換的過程，滿足目標市場的需求。這個交換的過程，包括從事商品或勞務的開發、定價、促銷、配送、廣告及許多與消費者溝通的活動。從企業管理的角度而言，運用行銷的工具及手法，可以爲企業製造差異化，建立市場優勢能力，進而創造競爭優勢。

二、交換、交易與關係行銷

交換（Exchange）是企業行銷的一個核心概念，表示一方提供勞務等價值（包括商品、勞力、信用、貨幣財物或各種支持），以回報另一方提供商品、勞務或創意（圖 1-1）。

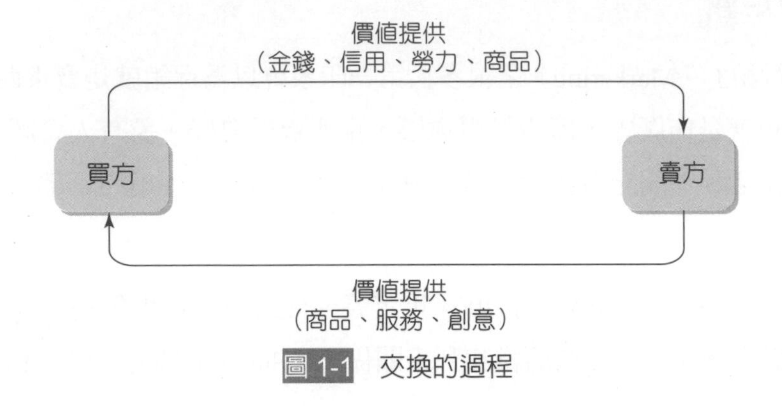

圖 1-1 交換的過程

上述買賣雙方的關係，是一種交換的關係（Exchange relationship），雙方一定要覺得滿意，或可接受，否則交換很難再繼續。企業供應麵包、礦泉水、衣服給消費者，顧客花錢購買這些東西，可以獲得滿足。如果消費者不滿意企業所提供的產品，可能下次就不會再買了，或向別人購買。

交換的產生，通常都有一些要件：

1. 交換雙方的當事人；
2. 交換的標的物，雙方都認爲有價值；
3. 雙方都認爲這項交換，合適且是自己所需要的；
4. 有自由交換的能力，可以拒絕或接受該項交換；
5. 雙方都有溝通或運送的能力。

交換並不只限於實體商品（如汽車、房屋），也可以是一種服務（如休閒娛樂、觀賞演唱會等）。交換的意義，有時候也不僅限於商品本身，而是一種價值的彰顯，如買賓士汽車，進出五星級飯店，配戴勞力士手錶，穿 Amani 服飾，都代表一種身份與地位的象徵。

交易（Transaction）是交換的衡量單位（Unit of measurement），一方給予，一方回付。交易的方式可以是以物易物（Barter transaction）也可以是貨幣交易（Monetary transaction）。例如律師幫某醫生打官司，該醫生爲律師看病做回報，就是一種以物易物。貨幣交易則好比可樂一瓶 18 元，咖啡一杯 90 元，只要付錢，就可以買到該產品。

最近的行銷發展，把交易行銷，當成是關係行銷（Relationship marketing）的一部份。隨著消費者的需求越來越難掌握，企業開始尋求從長期的觀點，與顧客建立長遠關係，希望透過與顧客長期往來，使企業獲取較穩定的經濟利益、維持較佳的產品服務、和客戶有較密切的互動。企業藉由建立自己的行銷網路來拓展銷售管道，網路中的成員包括公司股東、顧客、員工、供應商、配銷商、零售商、廣告代理商、銀行等，網路的關係越好，就越能創造企業價值。

三、行銷所創造效用

行銷在創造效益（Utility），提供商品或服務，以滿足消費者的需求（Wants and needs）。吃麥當勞套餐、看一場電影、到墾丁度假，都提供了某種需求的滿足。需求（Demands）的實現意謂消費者的需要（Needs）與慾望（Wants）獲得滿足。就企業立場，行銷創造如表 1-1 中四種效用：

表 1-1　行銷創造四種效用

效用	說明
地點效用（Place utility）	指改變資源的空間層面，以滿足消費者的需求。例如在臺灣可以買到德國的賓士汽車；在韓國，可以吃到臺灣外銷的香蕉；紐西蘭的乳酪，供應許多國家，消費者只要付出一些成本，就可以享用世界各地的產品及服務。
時間效用（Time utility）	指改變資源的時間構面，可以滿足消費者的需求。例如，航空公司把旅客送到要去的地方，聯邦快遞（Federal Express）隔夜送達的服務，夏天可以吃到冬天的水果，這些都是利用時間層面創造效用。
形式效用（Form utility）	指透過資源組合的改變，或改變實體資源的內容，創造出消費者滿足。就像中國鋼鐵公司，將各種鋼鐵礦熔煉，經過各種製造程序，生產不同的鋼材，供應其他產業需要。各式各樣的零組件、汽囊、ABS 防鎖裝置、汽車音響、冷氣空調等裝配成汽車，可以滿足運輸與交通的需求。
所有權效用（Ownership utility）	指改變資源的所有權，可以滿足消費者的需求。例如，家電用品分期付款、仲介公司買賣房地產，都是利用所有權轉換來創造效用。

四、行銷的機能與範疇

一如企業的其他機能，行銷機能的活動，包括購買、銷售、運輸、儲存、分級、信用融通、行銷研究，與風險承擔（表 1-2）。

表 1-2 行銷機能的活動

活動內容	說明
購買	企業、消費者、商店，或政府皆有採購行為，一個行銷人員，要能夠瞭解購買者的需求、消費者行為，以決定提供什麼產品滿足需要。
銷售	交易的過程會經由銷售來進行。利用促銷、廣告、人員推銷、包裝等方式來說服消費者購買。
運輸	運輸是將商品由銷售者手中移到消費者手上的過程。必須注意運輸的成本及效益。
儲存	儲存是實體配送的一環，包含倉儲（Warehousing）。利用倉儲可以創造時間效用。像國內很多濃度百分百柳橙汁的銷售，多是以濃縮液的方式儲存，經由運輸到臺灣來的，之後到工廠後再加工還原，再販售到市場上。
分級	透過分級將商品標準化，展示與標籤，可以讓消費者瞭解商品或服務的品質。許多產品都有分級制度，如鋼鐵、肉品、水果。就連航空公司將機位分成經濟艙、商務艙與頭等艙，同樣是將顧客服務分級。
信用融通	信用融通主要提供消費者信用的行銷。通常價值高的商品，多會採用這種方式，如汽車貸款，分期付款買房子等。
行銷研究	為了瞭解目標客戶，透過研究，蒐集消費者的資訊是必要的。
風險承擔	經營企業必須面對各種風險，行銷決策也存在風險，因此企業投入資金從事行銷研究、投資廣告、組織業務人員，都表示對風險的承擔與經營的承諾。

行銷的機能對企業經營相當重要，行銷可以運用在各行各業，可作爲行銷對象的事物也比比皆是。根據 Kotler（2004）的整理，行銷適用的對象或範疇有十種類型，如圖 1-2。

除了產品和服務外，公司週年慶、各式大型商展或概念都可當成是一個事件來行銷。例如，每年元宵花燈展、鹽水蜂炮等民俗節慶結合各種行銷活動吸引大眾參與或董氏基金會提倡禁煙、拒煙，衛生單位推行「6 分鐘護一生」等概念也都屬於行銷的範圍。

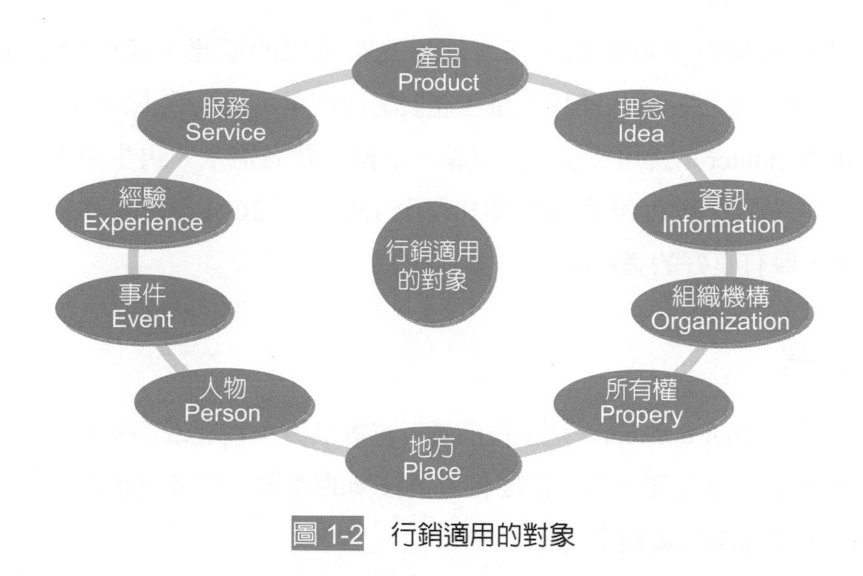

圖 1-2　行銷適用的對象

1-3 行銷觀念的演進

行銷觀念（Marketing concept）是說明企業組織應如何滿足顧客需求的基本哲學。一般將行銷觀念分成圖 1-3 中五個導向。

圖 1-3　行銷觀念的演進

一、生產觀念

生產觀念（Production concept）是假設消費者喜歡購買便利與價格低廉的產品，生產廠商只要具備這樣生產能力，就可以滿足消費者的需求。**廠商最重要的任務，是將各種資源的生產效率或生產力（Productitivity）提升，發揮規模經濟、降低生產成本、大量製造。商品或勞務只要能大規模生產、成本低、價格便宜，消費者就可隨處買得到，享有大量生產的效益。許多製造業，都會採用生產觀點，如汽車業，家具業。現在很多高科技產業，也採用這種觀點。**

採取何種行銷觀點無關對錯，很多都是策略選擇的結果。遠的例子如亨利福特（Henry Ford）在二十世紀初，使用大量生產裝配線作業，擴大汽車市場。近的例子如戴爾電腦（Dell Computer）公司，以先接訂單，依據消費者需求，再生產電腦，不僅滿足消費者質的要求，價格也比競爭同業低 10% 至 15%。在 2004 年，也爲公司創造 300 億美元的營業額，保有良好的獲利能力。

二、產品觀念

產品觀念（Product concept）是堅持消費者喜歡品質、性能或創新特色最佳的產品。只要產品好，不怕沒有人要。若干需要較專業技術的產業，存在這種觀念，例如，醫師講究開刀技術，律師深諳某類官司等。

產品觀念往往太強調產品的功能性品質，忽略了市場需要，在行銷學上稱爲行銷近視症（Marketing myopia）。例如販賣從一百樓上摔下去不會壞的檔案夾、功能齊備的洗衣板、效率很高的完美捕鼠器。但是檔案夾不是用來摔的，洗衣板、捕鼠器現少有人使用，都不是市場所期待的產品。從前郵局的服務，深獲人們的喜愛，但是隨著通訊工具進步，郵局的部分功能已被替代，郵局是該調整本身的產品觀念了。

以 PDA（Personal digital assitant）及 Sony 的 Betamax 爲例，同樣是數位產品，卻因爲投資決策錯誤，錯估消費者的需求而失掉市場；大部分的消費者重視商品提供的好處及利益遠勝於對技術創新感興趣。

三、銷售觀念

銷售觀念（Selling concept）認爲若不對消費者採取促銷活動，消費者便不會大量購買該產品。公司要有一套可行而且有效的銷售、促銷工具，才能激發更多的購買。通常如果沒有促銷，或強力推銷，則消費者不會購買。銷售觀念下，行銷代表銷售東西，推銷商品與收回貨款。

保險、百科全書或類似直銷的產

品，這類產業都有相當優秀的銷售人員與銷售技巧，以尋求任何可能的顧客。大部分的人都有被推銷的經驗，有時可能很高興買到自己所要的產品或服務，也可能有不愉快的經驗，若消費者放任這種不愉快的經驗重複發生，就讓不良產品有機會藉銷售觀念繼續生存。

採取銷售觀念的基本問題，在於沒有深切了解消費者的需求，不是以顧客滿意為出發，而是著眼於推銷商品，講求銷售話術、銷售技巧，常常迫使消費者購買某些商品或勞務。消費者迫於某些原因才購買，因此下一次就不會再買，或轉換供應廠商。

四、市場觀念

市場觀念（Market concept）認為，為了滿足消費者需求，必須以有效率、有效能的管理，瞭解消費者的需求，利用行銷工具，傳達並與消費者溝通。

市場觀念很重視顧客、競爭者與市場，所以經常蒐集這方面的資訊，透過了解消費者，競爭者與市場等變化，確保最佳顧客價值的傳遞。行銷觀念是目前最廣為採用的觀念。大至航空公司、飯店服務業，小到一個店面、個人服務業，都採用行銷觀念，重視消費者需求的滿足，否則就很難生存。

顧客價值（Customer value）如圖 1-4，是指消費者對商品或勞務，長期所願意消費的價值。商品或勞務品質好，能夠滿足消費者期望，顧客滿意程度愈高。顧客滿意程度愈高，就會重複購買廠商的商品或勞務，消費者願意支付價值愈高。就長期而言，消費者願意支付價值愈高，顧客價值就會愈高，廠商獲利能力就會大增。

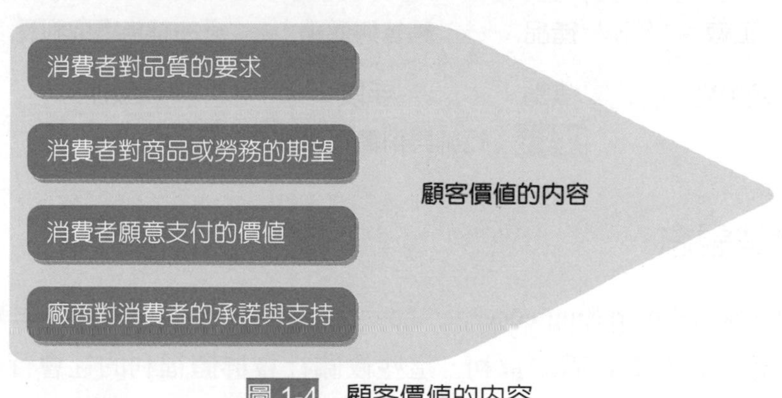

圖 1-4　顧客價值的內容

根據顧客價值的傳遞，行銷觀念四個內涵如圖 1-5，包括目標市場、顧客需求、整合性行銷與獲利力。

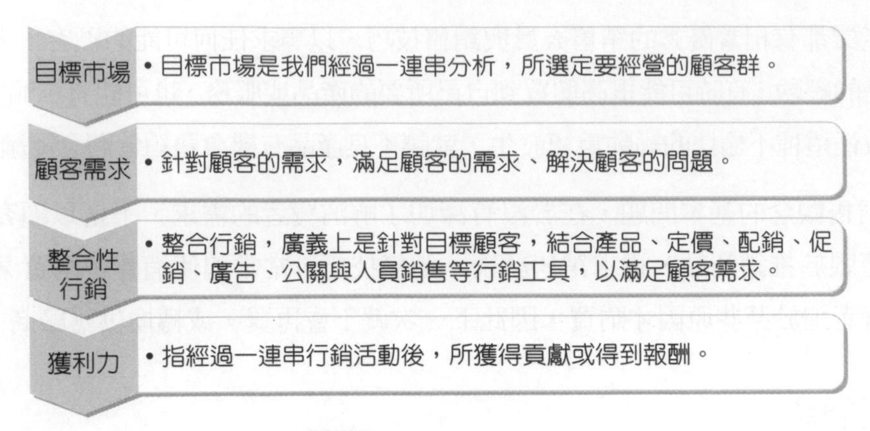

圖 1-5 行銷觀念的內涵

行銷觀念和銷售觀念有很大的不同，兩者之比較如圖 1-6。行銷觀念是由外而內的觀點，以明確的目標市場作起點，集中注意於顧客需求，並協調整合所有能影響顧客滿意的活動，藉由顧客滿意以獲取利潤。相反的，銷售觀念採取由內而外的觀點，以工廠製造爲起點，集中於公司現有產品，藉大量銷售與促銷來達成有利潤的銷售。

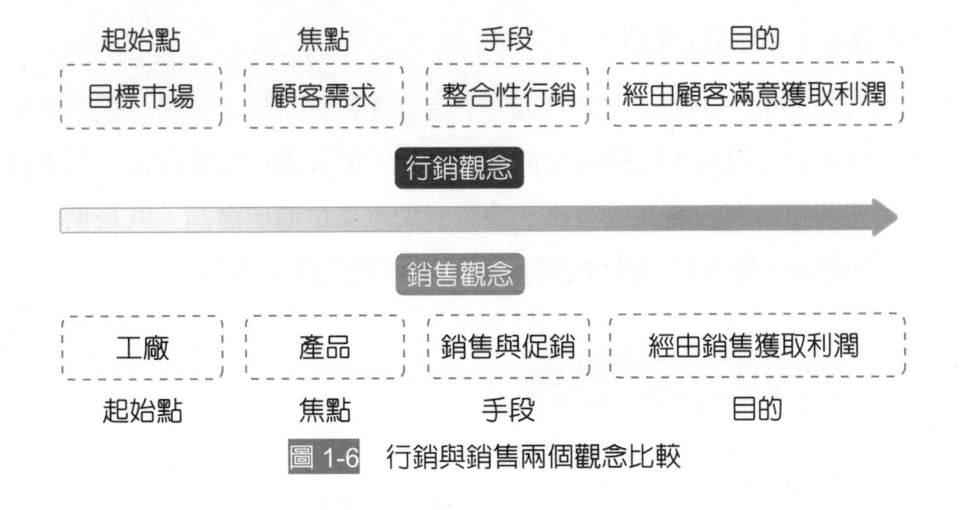

圖 1-6 行銷與銷售兩個觀念比較

五、社會行銷觀念

社會行銷（Social marketing concept）認爲企業提供商品或勞務滿足顧客需求時，要同時顧及消費者及社會群體的福利。這些攸關社會群體福利的社會行銷，包括重視環保（例如防治水污染、空氣污染、噪音污染、回收再利用），稱爲綠色行銷（green marketing）。此外，提倡公益活動等，稱爲善因行銷（cause-related marlceting）。社會行銷的概念越來越受到消費者的重視，顯示企業追求利潤的同時，當肩負更多的社會責任。

以速食業爲例，多數人認爲速食店賣的漢堡、薯條中，含有過多的油脂與鹽，不僅是肥胖的原兇，還會引發高血壓，是有害健康的垃圾食物，其包裝廢棄物更造成環境污染。因此在滿足消費者需求的同時，有人認爲應該兼顧消費者的身心健康與環境保護。近年來推行的「綠色行銷」，「不用寶麗龍」運動、「買東西自備環保提袋」、「信用卡點數捐作公益」等，都是一種社會的覺醒。

1-4 行銷的重要內涵

從行銷領域來說，行銷的重要內涵，可以分成下列幾項。

一、市場區隔、選擇目標市場、定位

市場區隔（Segmentation）、選擇目標市場（Targeting）、定位（Positioning）是廠商的策略面決策，又稱爲「策略行銷」或「目標行銷」。

市場（Market）是指買賣交易雙方聚集的場所。企業使用市場這個名詞，主要在說明各種顧客群，例如需求市場、產品市場、人口統計市場及地理市場。

市場區隔（Segmentation）是指將市場加以分隔。目的是利於企業針對所要進入的市場，加以界定，選擇目標市場，集中資源進行銷售。市場區隔可視企業需要來設定，如汽車市場，可以針對消費者的需求，區分爲國產車、進口車市場，再根據這些區隔，劃分高價位、中價位、低價位等。茶飲料市場，可以分成紅茶市場、綠茶市場、烏龍茶市場，或即飲市場、沖泡市場等。

企業針對本身的特性、產品特性，選定自己所要經營的市場，稱爲目標市場（Targeting market）。目標市場可以是某一個年輕人市場、洗髮精市場，或休閒觀光市場等。

定位（Positioning）是指廠商或產品在目標市場心目中的地位，例如可口可樂、百事可樂在消費者心目中的地位，和黑松汽水、味全果汁在消費者心目中的地位不一樣。消費者每天接收很多訊息，很難會記得各種信息，消費者大概只能記得少數幾個品牌名稱，因此行銷工作最重要是佔據消費者心目中地位，而且是消費者心目中排名第一的位置，這就是所謂的定位。

二、顧客滿意、顧客忠誠與關係行銷

顧客滿意、顧客忠誠與關係行銷是屬於顧客行銷的核心概念。顧客滿意（Customer satisfaction）是指顧客實際所得到的效益遠大於其所期望的。影響顧客滿意水準的因素，根據事前與事後的行爲區分如圖 1-7 所示。

當我們去餐廳吃一頓價格便宜的豐盛大餐；買車的時候，業務人員服務殷切；手機功能充分，通話品質完善，繳款方便；這些都可以讓顧客滿意。顧客滿意後，可能會多吃一些、多用一些、多看一些，甚至重複購買、多次重複購買，就可以形成購買忠誠，顧客忠誠一旦形成後，有助於企業長期經營。這種長期經營的概念，重視顧客，瞭解顧客需求，尋求顧客長期關係的維持，是近年來關係行銷受到重視的原因。

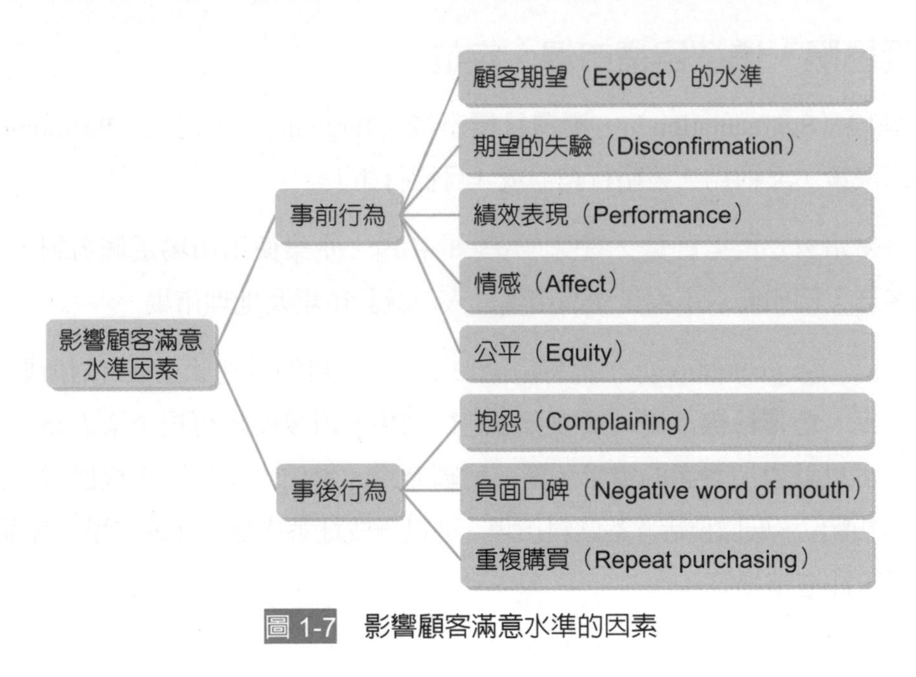

圖 1-7 影響顧客滿意水準的因素

三、整合行銷

傳統的行銷架構以 4P 爲核心，包括產品（Product）、價格（Price）、通路（Place）與促銷（Promotion），又稱「行銷組合」。

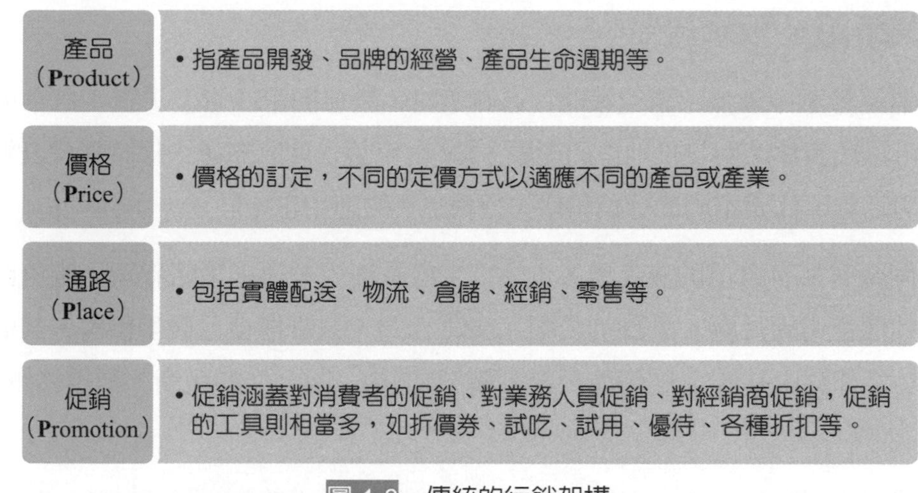

圖 1-8 傳統的行銷架構

近代的行銷重視講求整體效益的「整合行銷」，認爲行銷是一個與消費者溝通的過程，混合運用各種行銷工具爲企業謀求最大效益，並與消費者建立全面的互動。不論廣告、促銷活動、產品設計與開發、配送物流，都要從企業整體的角度來評估，講求企業績效。

四、市場佔有率、顧客佔有率與獲利率

在行銷的實際運作裡，市場佔有率是一個重要的衡量指標，可以清楚的瞭解某一品牌或企業在產業競爭中的地位。市場佔有率是指某品牌或產品在同業競爭中的大小比率，市場佔有率越高，表示越多人使用本品牌。如可口可樂在可樂產品的市場佔有率達60%，麥當勞佔速食市場 50% 以上。市場佔有率範圍的界定，一個公司或產業的認定會有所不同，但是大致上而言，同一個產業或競爭品牌，會有近似的看法。

顧客佔有率是指產品或品牌在消費者心目中所佔據的地位。類似廣告業所用的聲音佔有率（Share of voices），表示廣告播放後有多少目標顧客記得的比例。顧客佔有率之所以受到重視，原因是網路科技發展使網路行銷受到重視，然而在網路上刊播廣告的點選率頗低，消費者能知曉的比例甚低，廠商爲了打響知名度，增加廣告效益，所以越來越重視顧客佔有率。

「獲利」是企業永續經營的基礎，企業只有不斷賺錢，才能對社會有更多的貢獻。根據若干研究發現，市場佔有率高的企業，獲利能力會較好。也就是說，市場佔有率高的企業，通常附加價值較高，或成本較低，或設備產能利用較佳，使得在相同的銷貨收入或投資金額下有較好的利潤，大大提高了獲利力。

五、行銷策略－策略聯盟

從企業經營至行銷無不講究策略（有關策略，請參閱第 3 章），賓士汽車被塑造成高級品，可以代表尊榮與身份地位的彰顯，RV 汽車訴求休閒旅遊，保時捷代表新潮與速度。不同的定位，代表不同的行銷策略，行銷工具的運用也不同。

每一個廠商都有自己的優劣勢，企業爲求截長補短，講求策略聯盟，避免自己的弱勢並運用其他企業的長處。像 Dell 公司、Nike 公司，只掌握自己競爭優勢，其他製造功能、販售功能都交由其他企業處理。這種策略聯盟中一起合作的廠商，稱爲夥伴關係。

1-5 學習行銷理由與行銷實務制度

一、學習行銷的理由

爲什麼要學習行銷呢？行銷對我有什麼意義呢？這是初學者常常思考的問題。學習行銷有很多好處與理由，簡單的說，包含下列四點：

1. **行銷在現代化工業社會扮演很重要角色**：從事行銷的人員，必須不斷了解社會上的趨勢與需求，透過開發創造，滿足各種不同的需求。社會上每個人的需求，每個家庭的需求都可以被滿足，進而提升大眾的生活品質，可見行銷可以增進社會福祉。
2. **行銷是企業很重要的一個機能**：企業目標是要能夠生存、獲利與成長，行銷是達成這些目標的重要手段。行銷的機能包括：商品勞務的提供、價格訂定、促銷與溝通、將商品從生產者手上配銷到消費者手上等。行銷結合生產作業、財務、人力資源、採購等資源，是一項有利的企業工具。
3. **行銷提供許多就業成長機會**：在臺灣，從事行銷工作者眾多，他們有很好的工作機會，很好的薪資待遇，工作富有挑戰，可以很快得到升遷，施展個人抱負，對年輕人而言是很有吸引力的工作之一。許多高階主管或經理人也都是從行銷出身的。
4. **行銷影響我們每一個人的日常生活**：每天我們所接觸有關食、衣、住、行、育、樂等產品或品牌內容，無一不是廠商行銷的結果。何時推出新款手機、何處在打折、週年慶、作特價，都會吸引消費者注意。如果我們可以對這些生活週遭的商品或勞務多一點注意，多一些了解，就可以生活的舒適一點，對自己生活品質就可以多講究一點。

二、行銷實務制度

行銷課程通常從行銷環境，或消費者行爲開始介紹，一般的企業管理，也沒有討論實際行銷工作的運作，爲了能讓理論和實務相結合，瞭解企業實際行銷運作制度，作者於本節整理了實際上行銷運作的四種制度（圖 1-9），並加以說明。

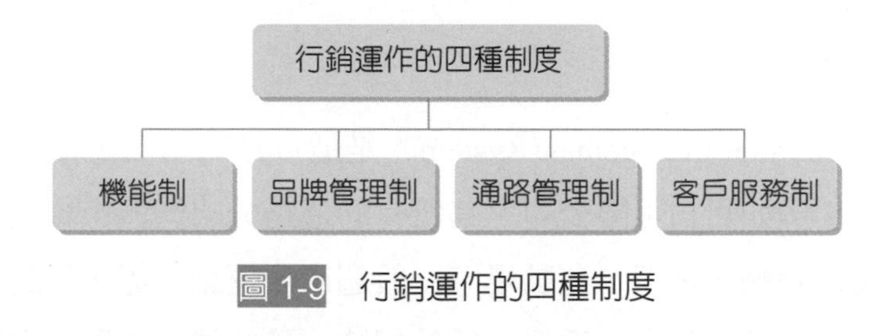

圖 1-9　行銷運作的四種制度

（一）機能制

機能制（Functional system）就是把行銷的工作，按功能或實體的動作，設單位或工作小組來完成。像區分爲廣告課、促銷課、商品開發小組，或包裝設計課，或創意小組等單位，這是一般公司最常見的設置。以機能制來設立行銷部門，主要是認爲行銷的工作，可以用專業分工的觀念來劃分工作程序，劃分出來的單位可以獨立行使功能。

機能制的好處是可以培養某一部分的專業，企業領導人可以有效的指揮各單位，各單位負責執行的工作，而不是負責政策制訂。在上層的主管可以綜理全局。但是這樣的組織，同樣有科層制度的毛病，容易產生本位主義，行銷工作很多灰色地帶，難以界定哪一個單位負責，就會成爲爭功諉過的戰場。好賣的，熱門的產品會受到較多的照顧，產品不容易推動，冷門的作業，或將來有發展之產品往往會疏於照顧。

（二）品牌管理制

品牌管理制（Brand management system）或稱品牌經理人制，一些國際性大企業，如寶鹼（P&G）、聯合利華（Unilever）、雀巢（Nestle）等企業的行銷都採用此制度。

品牌管理制的著眼點在於產品眾多，市場特性不同，所需給予的行銷支持也不同。每一個產品或品牌都有一組人負責，從產品的初生到結束，都有品牌經理負責。也就是說從創意開始，策略、產品開發、市場區隔、消費者分析，行銷溝通組合都有人專門照顧。像寶鹼產品眾多，不同的品牌，有不同的品牌經理負責，例如海倫仙度絲（H&S）、飛柔、沙宣、潘婷、幫寶適、好自在、SK-II、歐蕾、佳美、象牙、品客等多得讓人驚訝。

（三）通路管理制

通路管理制（Channel management system）是把行銷的事業，依照通路的特性，設立專門單位來管理。例如可口可樂公司，其所有的通路分成即飲市場與貨架市場，再依市場特性分成學校、餐廳、酒吧、運動場、一般超市、連鎖店等，針對不同特性，提供不同包裝、促銷活動，像演唱會、看板、戶外招牌、贊助體育活動或做店頭促銷。廣告片甚至可以全球一致，總是能打動每一個通路的消費者，使得消費者到處都可以接觸到一樣的訊息。百事可樂也以相似手法運作。

通路管理制度，適用在產品簡單，但通路複雜的企業，各種通路經營成本不同，需給予不同的行銷支持。當產品品項增多，利潤結構不同，產品需要不同程度的照顧時，這種制度可能不是那麼順利。例如可口可樂公司經營夏泉飲料、礦泉水都未見成功。

近幾年來，由於通路議價能力愈來愈強，各通路間差異性愈來愈大，掌握愈來愈多的消費資訊，因此妥善管理重要客戶（Key account），或與零售通路談判，就成了重要的課題。因爲這些

都會影響企業經營。與統一超商、頂好惠康、家樂福，大潤發等所謂專業、連鎖、大型零售店往來，更需要有專業的通路管理人員。

（四）客戶服務制

客戶服務制又稱為一對一行銷（One-to-one marketing）或客製化（Customerlization）服務。客戶服務制視每個顧客為獨一的服務單位，根據每個客戶的需求，發展顧客所需技術與服務，這與過去將顧客當成一個群體的行銷不同，也是客戶服務行銷與其他行銷制度最大差異。

隨著電腦科技的發展、網際網路普及，使客戶服務制（Customer service system）有新的進展，透過結合電腦，從以下四個方向出發：

1. 把供應商和客戶都當成一個價值鏈（Value chain）來經營。
2. 大量使用電腦網路作為企業之間的往來。
3. 強調以服務品質（Service quality）為競爭武器。
4. 發展各種客戶滿意（Customer satisfaction）系統來衡量公司和供應商、公司和顧客之間的經營。

客戶服務制需要仰仗電腦的資訊處理能力，才能將眾多的顧客資訊轉為決策依據。近一兩年發展的顧客關係管理（Customer Relationship Management, CRM）系統就是這樣因應而生的。

面對上述四種行銷制度，有的公司可能採用一種行銷制度，也有企業採用兩種制度相互補助。隨著外在環境變遷，零售通路結構改變，各種制度也會產生變化，尤其是品牌管理制，常常會配合通路管理制相互運作，或重組品牌經理，增設品類經理，或產品發展經理職務，以因應市場變動。進入不同系統工作，自然會對行銷領域有不同認識。

鮭魚之亂——改名的 CP 值何在

事情始於一項行銷活動，來自日本的迴轉壽司連鎖店－壽司郎，宣布在 3 月 17 日至 3 月 18 日這兩天內，只要姓名中有「ㄍㄨㄟ」、「ㄩˊ」，同音一字消費金額享 9 折，同音兩字享 5 折，同音同字者用餐免費。根據壽司郎統計 17 日一天就有 200 位「鮭魚」到餐廳用餐，18 日更高達 800 位。在維基百科中也可以找到「鮭魚之亂」，說明有 331 人將身分證上的名字納入「鮭魚」兩字，並討論其後衍生的外部成本尚包括浪費食物、浪費行政資源、教育與人格的貶低、實際身份的確認、以及透過媒體散播所引起的爭論與國際報導等。

姑且不論道德判斷與外部成本，若聚焦於個人抉擇，討論為何有人會願意為了免費用餐而改名，可以用 CP 值來分析。所謂的「CP 值」就是做某項行為付出的成本與獲得的效益之比較，例如購買 iPhone「付出」售價、排隊時間、上網作功課的時間心力，「得到」iPhone 的高性能、別人羨慕的眼神、時尚表徵、自信……，若個人覺得整體效益高於成本，就會採取該行為。

改名的成本，以年滿 20 歲為例，只要本人帶身分證、戶口名簿至戶政機關填表，當天即可完成換證，時間不多、費用 80 元，改回原名也是一樣的流程，限制是改名一生限三次，改名過程會登載在戶籍謄本內，媒體報導後要承受社會壓力等；而改名的效益，包含請朋友大啖免費美食，得到「很敢」的讚嘆，在 IG 上貼文得到關注等；為此改名的 331 人，就是在意朋友、想要展現膽識、喜歡得到關注的年輕人，他們不覺得改名流程麻煩或有風險，只要改回來就好，所以改名的效益高於成本，CP 值是高的！

因為此一事件爆紅，許多網友惡搞成語，例如實至名鮭、同鮭魚盡、無家可鮭等，有笑點、諷刺、融合 / 延伸性高，容易被注意與模仿，再加上有正面、負面對立論點交鋒，達到在社群媒體中快速傳播、瘋狂轉載的效果（基因繁衍），成為迷因（meme）

事件。對壽司郎來說，雖然促銷預算超乎預期，但品牌短期曝光效果超高，長期能否將知名度轉化成好感度與忠誠度，還很難說。

資料來源：數位時代 2021/03/18，聯合新聞網 / 民意論壇 2021/05/06，維基百科，動腦 2021/03/22 自由時報電子報

短影音

問題討論：

1. 請分別從市場 / 行銷觀念以及社會行銷觀念討論此一事件，在哪些方面是成功的？哪些方面是失敗的？
2. 迷因（meme）事件可以操作嗎？對行銷的影響是什麼？

重要名詞回顧

1. 行銷（Marketing）
2. 交換（Exchange）
3. 交易（Transaction）
4. 需求（Demands）
5. 市場（Market）
6. 生產觀念（Production concept）
7. 產品觀念（Product concept）
8. 銷售觀念（Selling concept）
9. 社會行銷（Social marketing concept）
10. 顧客滿意（Customer satisfaction）
11. 品牌管理制（Brand management system）
12. 通路管理制（Channel management system）
13. 關係行銷（Relationship marketing）

習題討論

1. 何謂交換？何謂交易？
2. 行銷所創造的效用有哪些？
3. 請說明行銷觀念的演進，分成哪些導向？
4. 請說明顧客滿意與關係行銷。
5. 請說明整合行銷與 4P。
6. 可口可樂，百事可樂的制度有什麼利弊？
7. 品牌經理人制有什麼優缺點？
8. 二十一世紀的行銷有什麼新的發展呢？

本章參考書籍

1. 鄭華清著（2001），24 小時品牌經理人，台北，McGraw-Hill。
2. 方世榮譯，P. Kotler 著（2003），行銷管理學，台北，東華書局。
3. P. Kotler and G. Armstrong, Principles of Marketing (N.J., Prentice Hall, 2004).
4. R. S. Archrol and P. Kolter, "Marketing in the Network Economy," Journal of Marketing, Vol. 63, Special issue 1999, 146-163.
5. G. S. Day and D. B. Montgomery, "Charting New Directions for Marketing," Journal of Marketing, Vol. 63, Special issue 1999, 3-13.
6. O. C. Ferrell and G. Hirt, Business: A Changing World (N.Y., Mc-Graw-Hill,2005).
7. R. S. Winer, Marketing Management (N.J.,Prentice Hall, 2000).

2

顧客滿意與顧客關係管理

本章重點

1. 了解顧客滿意的定義。
2. 如何衡量顧客滿意。
3. 實際上顧客滿意的執行。
4. 了解顧客價值分析。
5. 重視顧客關係管理。

行銷觀測站

FOLLOW

提升顧客忠誠的飛行常客獎勵計劃（Frequent Flyer Program）

許多商店為了培養穩定客源，常常會有許多集點計畫，像是累積星巴克的 Stars 可以兌換免費咖啡，累積加油站的加油點數可以兌換加油券等等，航空公司則是利用常客計畫，讓搭乘者願意多次搭乘同一家航空公司的航班，累積里程用以兌換下一張免費機票，都是相同的商業模式。

許多航空公司會提供「飛行常客獎勵計劃」，是給忠實乘客的一種獎勵方案，透過累積里程數即可獲得諸多好處，這些忠誠方案（Loyalty program）包括免費航班、免費使用機場貴賓室、艙位升級和旅遊折扣等。多數忠誠方案都是基於飛行里程數給予積分，然而廉價航空公司更偏好按照飛行次數而不是里程來計算積分。此外，航空公司一般會提供新進會員一筆獎勵計分來鼓勵旅客參與常客計劃，且對於同一航段上不同艙位的旅客給予不同的積分，然後定期檢核常客每年的飛行里程或次數，據以調整他們的會員資格等級及所獲得的額外福利。

對於航空公司而言，每趟飛行的成本，有部分會因搭乘人數較多而增加，如運載更多乘客時需要更多的燃油、供餐；而也有另一部分成本，是不論是否滿載都不變的，像是機師、機組人員的薪資、機場停機費、飛機維修檢測費用等，這些固定的費用，其實是航空公司最主要的成本，因此利用獎勵機票提升搭乘人數，也是變相減少成本的一種方式。兌換獎勵機票常會區分淡旺季時段，若航空公司預計能在旺季時將機位銷售一空，則獎勵機位的數量就會減少，使得旺季時獎勵機位總是一位難求。相反，若是旅遊淡季時，航空公司則會釋出較多的獎勵機位，希望能夠增加搭乘人數，降低成本。

資料來源：Miles Worker Blogger 2014/07/21，維基百科

2-1 顧客滿意的定義

「消費者至上，顧客滿意」對企業經營的重要性已不言可喻。「顧客至上」或「以客為尊」（Customer is king）意謂顧客永遠是對的，只有顧客源源不斷上門購買產品或服務，企業才能有獲利的機會。當顧客滿意、消費者接受，此種消費活動便開始傳遞企業經營的價值，就像麥當勞不只是賣漢堡薯條而已，它同時也傳遞企業價值、服務、乾淨、速度等概念。企業藉由顧客滿意，增強提升服務的原動力，例如同樣是賣中藥，有的中藥商也提供代客煎藥服務；同樣是賣咖啡，星巴克提供更舒適的環境讓顧客休閒聊天，而有的書局甚至免費請顧客喝咖啡。

顧客滿意（Customer satisfaction）的相關研究眾多，其定義也相當豐富。綜合各方學者的意見，大體可知顧客滿意的定義，包含下列三個內容：

1. 來自消費經驗。
2. 從消費經驗中，實際得到的滿足大於預期。
3. 消費者的經驗是一個過程，可以用來解釋、分析、組合、或預期一定的行為，包括了解顧客滿意的原因，或預期消費者下次購買的可能性等。

多數有關顧客滿意的定義，皆包括 1. 及 2. 點內容。第 3 點內容主要說明行銷提供的價值在於讓顧客滿意。顧客滿意會產生愉悅的情感，或是解決顧客的問題，解除內在驅力的緊張。

根據上述定義，消費經驗是指消費者實際在消費現場的體驗或感受，這種經驗將決定顧客滿意的程度。例如：消費者在餐廳享受服務時，現場服務人員的態度、言行舉止，都會直接、間接影響消費者對企業或產品的滿意程度，服務人員的態度造成消費者感受到不公平對待或覺得服務不佳，往往會影響公司形象，增加消費者不滿意。更甚者若消費者傳遞對公司產品服務不滿意給其他十位消費者時，對公司形象及聲譽就造成一定程度的傷害。

顧客價值或顧客知覺價值（Customer perceived value），也就是購物網站常提及的性價比，是指在評估一項產品或服務的划算與否時，顧客會考慮消費產品服務可以得到的性能，相對於要付出的價格（Capability vs. Price ratio），比率越高表示得到的大於付出的，購買決策就會是有價值的交易。此外，購買過程中付出的極可能不只價格，還包括時間和心力成本，而得到的也不只產品利益，還可能包括彰顯自我形象，或者享受在購買時的氛圍，相關內容如下表。

表 2-1　顧客知覺價值與性能價比

Cost			Performance/Profits	
Price	Time	Effort	Purchase	Consume
Opportunity cost	Search, Access, Operate …	Search, Access, operate …	Atmosphere, Process, People, Physical environ	Benefit (Capability) of product, Self-image

消費者實際獲得的產品或服務大於預期時，就會產生消費者滿意，同時也會增加消費者購買次數，或增加下次購買機會。例如「俗又大碗」，換言之「物超所值」令消費者可以同樣金額消費到更多的贈品或相同的消費，可以有更多的優惠折扣，或額外的服務等。

2-2 顧客滿意的現象與衡量

一、顧客滿意的現象

爲了維繫顧客的滿意度，首先要瞭解顧客滿意現象，高度顧客滿意會產生以下現象：

1. **增加使用頻率**：待得更久，吃得更多，用得更好，看得更廣，比一般人的使用頻率更多、更大、更好。
2. **經常重複購買同一品牌**：顧客滿意的一個重要表現就是重複購買，而重複購買就形成所謂的顧客忠誠度（Customer loyalty）。
3. **推薦別人使用**：希望別人也使用同樣的產品。
4. **有意或無意中使自己成為商品生活化的一部分**：例如有些人喜歡凱蒂貓，往往會購買許多凱蒂貓的玩具，衣服、鞋子、手錶等等，生活中都會出現凱蒂貓的圖像。
5. **主動提供意見或資訊給其他消費者**：例如以歌手爲核心所組成的歌友會，他的歌迷就會提供該歌手的相關訊息。

二、顧客滿意的衡量

企業對顧客滿意（Customer satisfaction）的衡量，實務上有六種方式可供運用，如圖 2-1，說明如下：

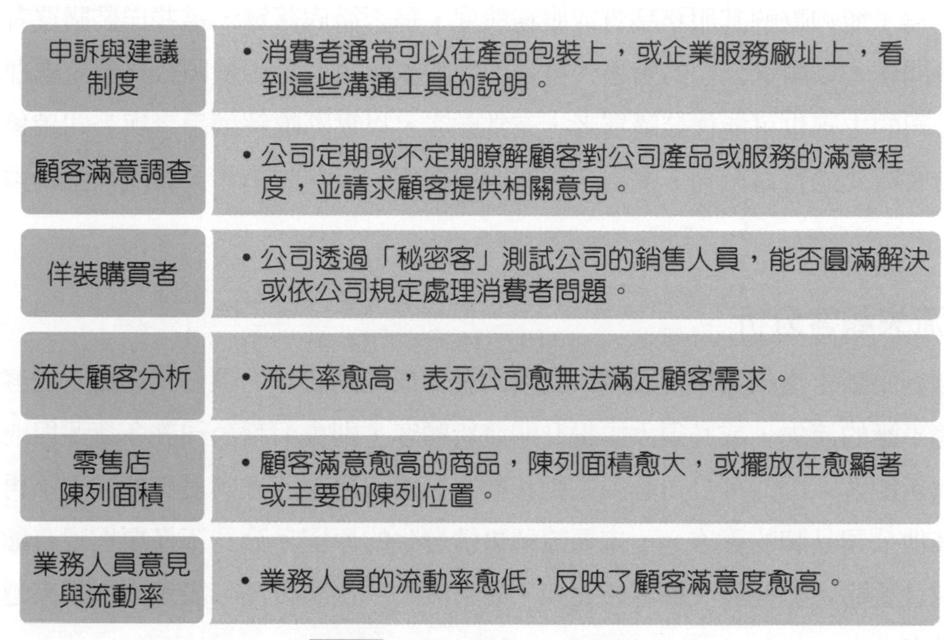

申訴與建議制度
•消費者通常可以在產品包裝上，或企業服務廠址上，看到這些溝通工具的說明。
顧客滿意調查
•公司定期或不定期瞭解顧客對公司產品或服務的滿意程度，並請求顧客提供相關意見。
佯裝購買者
•公司透過「秘密客」測試公司的銷售人員，能否圓滿解決或依公司規定處理消費者問題。
流失顧客分析
•流失率愈高，表示公司愈無法滿足顧客需求。
零售店陳列面積
•顧客滿意愈高的商品，陳列面積愈大，或擺放在愈顯著或主要的陳列位置。
業務人員意見與流動率
•業務人員的流動率愈低，反映了顧客滿意度愈高。

圖 2-1　衡量顧客滿意的方式

（一）申訴與建議制度

很多企業都設有讓消費者申訴或表達意見的管道。例如，大多數的餐廳或旅館，都備有意見箱或意見表格，可以讓消費者填寫喜歡或不喜歡的意見。其他如顧客服務專線，0800 免付費電話，或設立 Web 網頁、e-mail 或傳真專線等，以利企業與消費者溝通。企業往往可以藉由這些申訴或建議管道得到豐富的資訊。

（二）顧客滿意調查

有些人認爲不能只是由申訴與建議制度觀察顧客滿意與否，應直接衡量消費者滿意程度。因此，有些公司會採取定期或不定期以郵寄問卷，或電話訪問瞭解顧客對公司產品或服務的滿意程度，並請求顧客提供相關意見。例如，汽車維修服務一段時間後，顧客會收到汽車維修公司的電話訪問，以瞭解顧客對這次維修服務的滿意水準。

有些企業，例如百貨公司，在蒐集顧客滿意資料的同時，還會詢問顧客再度購買意願之類的問題，若顧客滿意度高，則再購買意願也會提高。

（三）佯裝購買者

公司聘請人員到公司或競爭者處佯裝購買者，以瞭解公司或對手商品的優缺點或服務品質。實務上稱為「秘密客」或「神秘嘉賓」。

企業為了能夠瞭解其服務品質或服務態度，是否徹底落實，這些佯裝購買者甚至會提出一些問題，以測試公司的銷售人員是否能圓滿解決或是否依照公司規定處理消費者問題。公司的主管也可能佯裝購買者，充當顧客，以實際瞭解競爭者與公司銷售情況。主管人員有時透過致電公司，提出各種問題與抱怨，以測試銷售人員處理這類申訴電話的狀況。

（四）流失顧客分析

老顧客不斷重複購買，可以減少公司的廣告或促銷成本，讓公司有穩定的客源。如果舊顧客不斷的流失，或必須大幅提升開發新顧客，則會消耗公司許多資源與成本，以投資爭取新顧客。因此，公司必須主動和顧客接觸或聯繫，尤其是有些顧客不再光顧，或改買其他公司品牌的顧客，一定要瞭解事情發生的原因。公司不僅要與現有顧客保持聯繫，而且要隨時監控流失顧客的比率。如果流失率逐漸提高，表示公司越來越無法滿足顧客需求。

（五）零售店陳列面積

藉由觀察外部零售店的展示，來瞭解顧客的滿意度。通常顧客滿意愈高的商品，在陳列架上的陳列面積會愈大，或擺放（陳列）位置愈明顯。反觀顧客比較不滿意的商品，陳列面積會較小，或在比較不顯著或非主要陳列位置。顧客滿意的商品，通常消費者會常購買，常購買則商品週轉率高，週轉率高則陳列位置會較大，否則店家就得常補貨，或有較多的庫存。

（六）業務人員意見與流動率

顧客滿意程度還可從公司業務人員的流動率或意見觀察出來（圖 2-2）。產品若能讓顧客滿意，則業務員都會勤於照顧，因為商品賣得好，業務員獎金就會提高，業務員就會做得起勁少有離職，而顧客對商品也比較不會有負面意見。反之顧客不滿意商品，商品週轉少，業務員獎金自然變少，久而久之，業務員也就只好另謀發展了。這類顧客不滿意的商品，往往業務員意見多、抱怨也多。所以，不用問顧客滿意與否，問一問自己公司的業務人員或銷售人員就可以得知了。

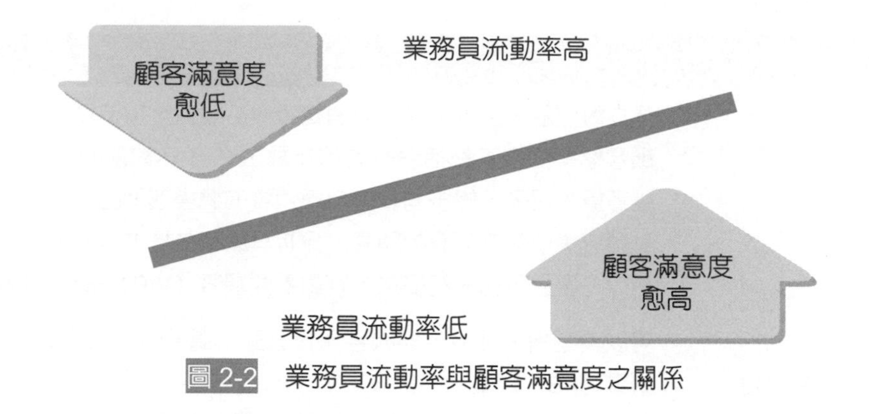

圖 2-2 業務員流動率與顧客滿意度之關係

2-3 顧客滿意制度的執行

企業運用上述的衡量工具，瞭解消費者滿意程度，並建立一套執行顧客滿意的制度，以確保瞭解顧客滿意。表 2-2 介紹之顧客滿意制度可供參考。

表 2-2 顧客滿意制度

顧客滿意制度	說明
建立顧客服務諮詢電話系統	顧客有任何服務上的問題，可直接聯絡服務中心。服務完成後，服務中心會主動電話聯絡顧客，追蹤服務成效。 例如，手機業者（中華電信）成立客服中心。
建立保證制度	使用後不滿意，可在一定期限內，給予退換貨或退款，或補貨的措施。商品有瑕疵，可獲得快速維修，或提供某一定期限、金額、使用狀況的保證。 例如，機車有二年五萬公里免費維修的保證制度。
建立確保品質的作業系統	部分產業的產品或服務，不易有標準外觀或實體可以參考，就需要建立品質保證的制度。 品保制度的落實，通常要將服務品質具體化或數量化，建立標準作業程序（SOP），或企業參加 ISO 制度，取得外部企業的認證。 例如，旅遊業、或保險業等服務業。
確保服務親切的實施	服務親切的實施，例如選拔服務親切人員予以獎勵，如每月之星。有些飯店要求能夠認識老顧客的臉龐，叫得出老顧客的名字。或企業提供老顧客優待，如集點優惠、來十次送一次優惠。 例如，航空服務則多有累積里程數，消費滿一定次數或某金額，可獲贈促銷商品。

顧客滿意制度	說明
顧客檔案建立	建立每位顧客的基本資料與消費資料，並且定期追蹤。 顧客檔案的內容包括消費者的年齡、生日、婚姻狀態、子女數、或升遷等重大日子，給予消費者參與消費的機會或理由。 針對流失或久未消費的顧客，分析其原因並提供邀約。 例如，觀光旅館、精品業，針對重要顧客（VIP）都有這項服務。
建立俱樂部或 VIP 制度	可以長期擁有顧客，與顧客保持互動，這部分也可以架設網站，透過臉書（FB）聯繫。 例如，俱樂部、VIP 會員制度，歌友會、後援會等。
讓顧客為企業傳播	建立顧客愛用訊息，傳達顧客的心聲，可以造成口碑效果，透過各種傳播媒體，如廣播，電視頻道或網路等，讓愛用者有機會發言。 例如，DHC 的讀者心聲留言，或星巴克對待顧客的服務，都有這種功能。
建立內部員工滿意制度，提高員工對公司的向心力	企業提供良好的工作環境、較高的待遇、具成長的機會、較佳的企業形象、制度化的工作條件等，都可以提高員工滿意。 例如，麥當勞內部員工滿意制度，每月一位服務受歡迎的員工選拔等。

蘋果說的算！ 2016 年設計最棒的 APP 就這 10 款

每年蘋果公司的 WWDC 全球開發者大會，都會針對當年度設計、創新、實用性等方面綜合評比，選出 10 款 APP 獲頒「蘋果最佳設計獎」（Apple Design Awards）。有方便管理每日代辦事項的「Streaks」、最佳個人健身教練「Zova」、可有效率地完成影片剪輯的「Frame.io」、專為寫作者開發的文字編輯器「Ulysses」、3D 捲軸跑酷遊戲「Chameleon Run」、古墓奇兵系列冒險遊戲「Lara Croft Go」、能輕鬆創作出效果極佳的電子音樂「Auxy Music Creation」及 3D 動態模擬解剖教材「Complete Anatomy」等，這些 APP 深受使用者青睞，也成功獲選為 2016 年蘋果最佳設計獎 10 大得主。

資料來源：每日頭條 2016/11/21

2-4 顧客價值分析

顧客滿意有助於顧客忠誠度建立，而長期惠顧公司產品，才是公司長期、值得經營、有價值的顧客。因此，必須對有價值的顧客，進行顧客價值管理，以確保顧客滿意與企業長期利益。

根據 Flint 等人（2002）對顧客價值（Customer value）的研究，發現各有不同的定義及觀念。有些人認爲顧客價值是指消費者的個人價值，包括個人的信仰、對或錯的概念、與個人行爲。但是，從企業面來看，價值可以分成經濟價值與社會價值，前者來自交易所產生的損益，後者是消費者關係滿足所帶來無形情境。

顧客價值分析（Customer Value Analysis, CVA）目前發展出三個觀點，分述如下。

一、指顧客對公司的價值

顧客對公司的價值，係指顧客或消費者長期惠顧公司所產生的價值。消費較多，購買頻率高的是重要顧客；購買量少，購買次數少的消費者，其對公司的貢獻也比較低。

顧客價值包含消費者所慾求的價值（Desired value）與所接收到的價值（Received value）兩種。價值是來自消費所產生的效益（Benefits）與付出代價犧牲（Sacrifices）之間所產生的權衡或換抵（Trade-off），再加上商品或勞務所產生相關的風險評估。

採用這個觀點，會計算顧客每次購買數量金額，算出每一次購買的機率與貢獻，設定在一個時間內，把每一次購買的貢獻加總，換算成現值，即可以算出顧客終身價值。

二、消費者對公司或品牌的知識程度

消費者對品牌的知識愈豐富，則顧客價值高。消費者對品牌的知識少，則顧客價值低。例如，消費者對 Nike 球鞋瞭若指掌，知識豐富，則購買 Nike 球鞋的機率與意願都會增加，消費者對 Nike 球鞋品牌的顧客價值就高。所以很多以發行量或瀏覽量，或人氣計算的品牌或企業，都以增加消費者對自己品牌的知識爲主要任務。同樣的若消費者習慣使用某一個網站，則對該網站的點閱率或瀏覽次數與使用時間都會增加，這樣的該網站的顧客價值也較高。

採用這個觀點的企業會測量或調查消費者對某一品牌的知識，包括對產品的聯想程度、喜歡的程度、品牌的獨特程度、品牌的知名度等等。知識愈充足，則品牌的顧客價值愈高。

三、取決於公平價值線高低

顧客價值被定義爲考量競爭條件下（Gale, 1994），以正確合理的價格，提供顧客認知品質的水準，以取得企業獲利、成長及股東價值。消費者對產品價值與品質的認知之間，存在一條權衡標準的尺度。品質愈高，價格愈低，顧客價值就愈高；品質愈低，價格愈高，顧客價值就愈低。

以市場認知品質相對比率和相對價格做兩個軸，可以化分成四個象限，高認知品質與低相對價格形成高顧客價值區，低認知品質與高相對價格形成低顧客價值區，市場認知品質與相對價格之間有一條公平價值線，表示市場認知品質與相對價格之間有一個權衡。

根據圖 2-3，可用以分析不同產品的顧客價值。當公平價值線往右下方水平移動，表示價格愈低，品質愈好，往高顧客價值移動。

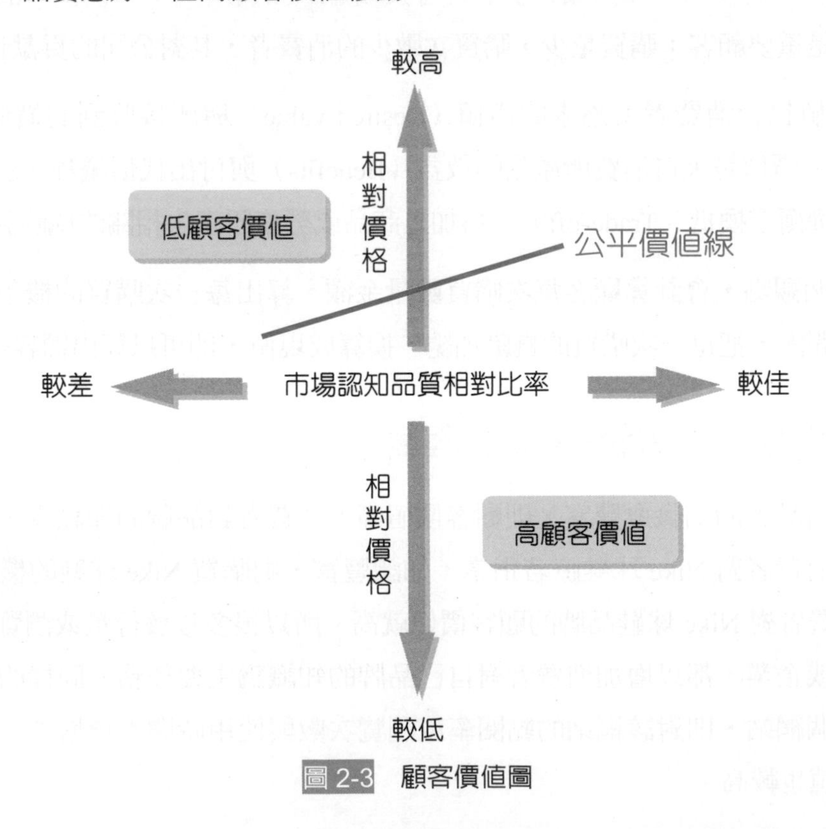

圖 2-3　顧客價值圖

資料來源：取自 Gale（1994），Managing Customer Vale（N.Y.: Free Press）

2-5 顧客關係管理

爲了讓顧客得到長期滿意，90 年代以後，行銷人員開始重視供應商與顧客的關係，於是產生顧客關係管理。顧客關係管理（Customer Relationship Management, CRM）是指爲了滿足顧客的需求，蒐集市場資訊，以獲取更多的消費者需求與行爲，使企業能長期擁有顧客，得到長期的顧客忠誠。

根據 Peppers and Rogers（1993, 2000）的觀點，一對一網路行銷稱爲「關係行銷」或「顧客關係管理」。關係行銷（Relationship marketing）也被視爲是與顧客建立、維繫、持續、與商業化的關係，以利企業交易的完成（Gronroos, 1990）。顧客關係管理是企業運用完整資源，以顧客爲導向，透過所有管道與顧客互動，用全方位的角度分析顧客行爲，瞭解每一位獨立的顧客所具備的特性，讓顧客認同企業的產品及服務，在消費時能以企業爲第一考量的對象，並願意與企業維持長久的交易關係。企業藉由顧客所累積的終身價値，來達成長久獲利的目標。例如戴爾電腦（Dell computer）建立直接緊密的顧客關係；亞馬遜網站（Amazon.com），利用電子商務顧客關係經營新典範；思科系統（Cisco system）以網路自我服務體系經營顧客與經銷商關係。

根據上述觀點，顧客關係管理有四個構成要素：

1. 瞭解目標市場與顧客（Understand markets and customers）。
2. 提供滿足目標市場顧客的產品或服務（Develop offering）。
3. 獲取顧客（Acquire customers）。
4. 保留顧客（Retain customers）。

CISCO™

一、顧客關係的特色與採用理由

顧客關係管理的特色，就是企業有效的管理其與顧客之間長期良好的關係。透過流程的改善，與適當的顧客溝通，在適當的時機，經由適當的通路，提供適當的產品及服務，以增加商機。顧客關係所具有的特色如下：

1. 企業的活動都皆以顧客爲中心來設計。
2. 重視顧客終身價値的累積，強調顧客長期多次的購買行爲能爲企業帶來長期的獲利。
3. 針對每位顧客量身訂做個人化的服務，不是將顧客歸類爲某一族群。
4. 經由累積顧客相關資訊，利用顧客的資料進行智慧型分析，使得企業能更瞭解顧客，爲顧客提供優質化的服務。
5. 鞏固原有顧客、吸引新顧客加入，以提高顧客對利潤的貢獻度。
6. 適合應用在有大量顧客群，且需要與顧客積極互動的企業，例如：銀行業或保險業。

企業採取顧客關係管理的理由有以下五點：

1. 不需大量開發新顧客就能維持穩定的交易量。
2. 降低管銷成本。
3. 更高的顧客利潤。
4. 提高顧客慰留率及忠誠度。
5. 顧客獲利的評估。

二、顧客關係管理的流程

顧客關係管理是一個透過積極使用資訊，並從資訊中學習將顧客資訊轉化爲顧客關係的互動過程。包括主要流程要素與活動群組的流程循環，如圖 2-4 所示。

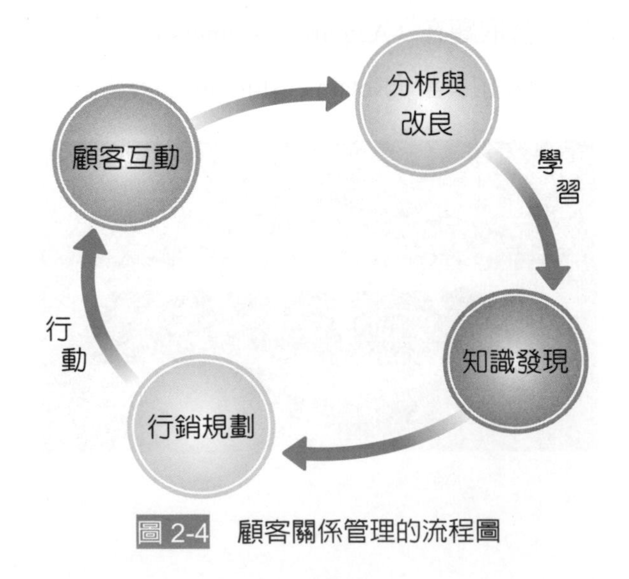

圖 2-4 顧客關係管理的流程圖

1. **知識發現**：分析顧客資訊，以確認特殊市場機會與投資策略。透過顧客確認，顧客區隔與顧客預測的流程。
2. **行銷規劃**：定義特殊的顧客產品服務、配送通路、時間表及相關事項。
3. **顧客互動**：藉由相關的及時資訊，去執行和管理顧客及準顧客的溝通服務，並提供使用一些互動的通路和前端的應用工具。
4. **分析與改良**：藉由與顧客對話中持續學習的流程階段，捕捉與分析從顧客互動與調整的訊息、溝通、價格、數量、位置、方法及時機，同時瞭解特殊顧客活動的回應所得到的資料。

三、顧客關係管理與電腦資訊系統

CRM 與電腦資訊系統相結合，試圖將行銷的內容資訊化，降低其藝術與不可量化的層面。基本觀念是：收集所有有關顧客與市場的知識，存入電腦系統。使用電腦科技，將資料整合（資料倉儲 Data warehouse）；以電腦資訊科技解析行銷資訊（資料挖掘、資料視覺化、統計分析）；創造新顧客群體需求（顧客檔案、顧客價值、顧客忠誠），如圖 2-5 所示。

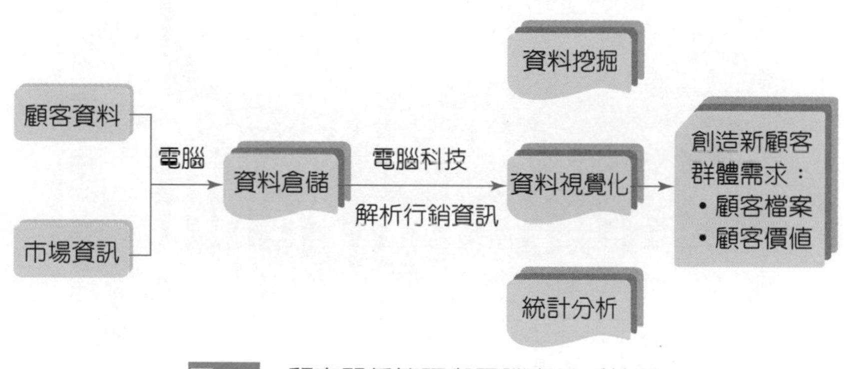

圖 2-5　顧客關係管理與電腦資訊系統圖

航空界同業或異業策略聯盟以深化服務

「飛行常客獎勵計劃」固然可以增加顧客忠誠，但是各家航空公司具有競爭優勢的航段不同，為了提供給顧客更多的選擇，增加滿意度、留住顧客，航空界會透過同業策略聯盟來深化服務，例如 2000 年 6 月 22 日由法國航空、達美航空、墨西哥國際航空和大韓航空聯合成立的天合聯盟（SkyTeam），目前已有 20 家航空公司包含中華航空。聯盟口號主打貼心呵護、溫馨旅程（Caring more about You），藉由共用其成員航空公司航班時間、票務、代碼共享、乘客轉機、飛行常客計劃、機場貴賓室、降低支出及軟硬體資源與航線網等多方面進行合作，強化聯盟各成員競爭力。此外，若在航空聯盟體系下的飛行常客獎勵計畫，由於各聯盟的航空公司可共同累積聯盟里程數，若遇上聯盟內其中一家航空公司破產或退出聯盟，點數仍可轉移到下次搭乘該聯盟其他公司的航班使用，對旅客較有保障。

目前世界上主要的的航空公司約有 240 間，其中約 60 家航空公司有彼此結盟，而分別成立了三個不同的航空聯盟，這三個聯盟總共擁有世界約 73% 的客運量。航空聯盟提供了全球的航空網路，加強了國際的聯繫，並使跨國旅客在轉機時更方便。另外，聯盟成員之間會共享資源，減少成本並同時提高對旅客的服務。舉例來說，澳航跟國泰是盟友，澳航的旅客在香港時可以使用國泰的貴賓室，國泰的旅客在雪梨時則是使用澳航的貴賓室。

	天合聯盟 (SkyTeam, ST)	星空聯盟 (StarAlliance, SA)	寰宇一家 (OneWorld, OW)
飛行國家	187	190	150
航點	1000	1293	850
主要成員	達美、法國航空、荷蘭皇家航空、中國南方航空、華航等	新航、聯合航空、泰航、全日空、漢莎、長榮等	國泰、美國航空、智利航空、日航、馬航

除了經由同業策略聯盟來深化服務增加忠誠之外，航空公司也會與住宿餐旅業或租車、交通運輸業等許多企業結成異業聯盟，例如提供機加酒進行交叉銷售（Cross selling），解決旅客交通與住宿問題，並允許常客通過在夥伴公司進行消費獲得積分，另一種方便的積分獲得方式就是通過信用卡聯名卡進行消費。

資料來源：維基百科，國際航空運輸協會

問題討論

1. 在航空聯盟中的個別航空公司，如何透過飛行常客獎勵計劃掌握重度使用者，陷入對個別公司的品牌忠誠而非對聯盟的忠誠？
2. 以飛行常客獎勵計劃說明價格與價值的關係？

重要名詞回顧

1. 顧客滿意（Customer satisfaction）
2. 顧客忠誠（Customer loyalty）
3. 顧客價值（Customer value）
4. 顧客價值分析（Customer Value Analysis, CVA）
5. 顧客關係管理（Customer Relationship Management, CRM）
6. 關係行銷（Relationship marketing）
7. 資料倉儲（Data warehouse）

習題討論

1. 請說明顧客滿意的定義。
2. 請說明應該如何衡量顧客滿意？
3. 執行顧客滿意的方法有哪些？
4. 請說明顧客價值。
5. 請說明顧客關係管理的意義？
6. 採用顧客關係管理的理由？
7. 顧客關係管理的流程？

本章參考書籍

1. Chi Kin (Bennett) Yim & P. K. Kannan (1999), "Consumer Behavioural Loyalty: A Segmentation Model and Analysis", Journal of Business Research, 44, 75-92.
2. Duffy, D. L. (1998), Customer Loyalty Strategies, Journal of Consumer Marketing, vol. 15, no. 5, 435-448.
3. Lee, J., J. Lee, and L. Feick (2001), The impact of Switching Costs on the Customer Satisfaction-Loyalty Link：Mobil phone Service in France, Journal of services marketing, vol. 15, 35-48.
4. Narayandas, N. (1996), The Link Between customer Satisfaction and Customer Loyalty: An Empirical Investigation, Working Paper, Harvard Business School, 97-017.

5. Oliver, R, L. (1999), Whence Consumer Loyalty, Journal of Marketing, 63 (special issue), 33-44.
6. Chaudhuri, R. A. and M. B. Holbrook (2001), "The Chain of Effects from Brand Trust and Brand Affect to Brand Performance: The Role of Brand Loyalty", Journal of Marketing, vol.65 (April), 81-93.
7. Szymanski, D. M., and D. H. Henard (2001), Customer Satisfaction: A Meta-Analysis of the Empirical Evidence, Journal of Marketing, vol. 29, 16-35.

NOTE

3 行銷策略規劃

本章重點

1. 了解策略定義與本質。
2. 了解策略的程序與理性策略規劃程序。
3. 說明公司策略決策的內涵。
4. 說明何謂事業策略決策。
5. 了解何謂夥伴策略。

◎ 行銷觀測站

FOLLOW

為臺灣擦亮在世界的認知度

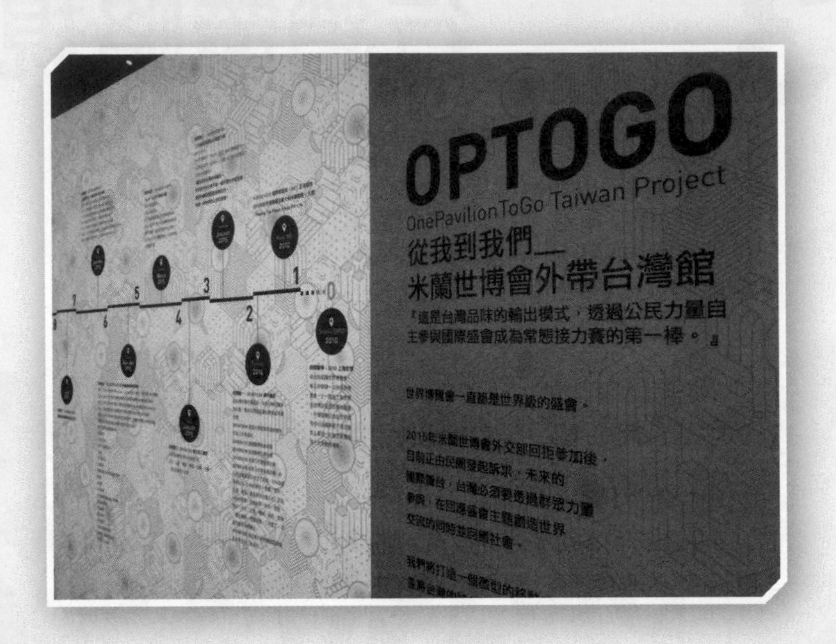

2015 年，整整過了一世紀後，世界博覽會再度現身米蘭。「外帶臺灣到米蘭世博」計畫由一群平均 27 歲的年輕人以公民團體的身分發起將世博臺灣館開幕，並持續推動著行動攤車及料理食寓計畫，因為他們不希望臺灣從世界上消失。從起初僅有的一小群人到來自世界各地的留學生、僑生和志工齊聚米蘭。大家選擇先讓自己的人生暫停，放下工作和課業，為臺灣奮力一搏。這股來自臺灣公民的動能述說著專屬於臺灣柴米油鹽醬醋茶的故事，著實讓當地居民驚呼著說下次一定要到臺灣走走。

「2020 杜拜世博會」原定於 2020 年 10 月 20 日至 2021 年 4 月 10 日舉行，後因冠狀疫情影響延後至 2021 年 10 月 1 日至 2022 年 3 月 31 日，是世博從 1851 年以來首次在中東國家舉辦。而累積過去參與米蘭世博的經驗，再考量疫情限制，「群衆的國家館」團隊今年決定以 AR 擴充實境方式，讓每一個臺灣人、NGO、甚至企業都可以參與臺灣館的設立。一層一層增高的概念，凸顯每一層樓不同的臺灣意象，預期中的世博臺灣館，將可以比 101 大樓還高，讓我們拭目以待。

資料來源：維基百科，中央廣播電台 2021/09/07

3-1 行銷策略意義與本質

一、策略的意義

策略（Strategy）是企業對達成目標的一種選擇，可以是高階主管主導，整體的、全面的、整合的與外部的導向。策略是企業使用資源的指導原則，分配資源的使用方針。也是企業規劃長期活動，企業特性的流程，換言之是支持組織價值的重要流程。「策略」應該包含企業經營的範圍、工具、差異性，與永續性等數個層面，行銷管理人員透過思考以下策略規劃的流程，才能提供適當的產品與服務給我們的顧客。

1. 了解我們的企業是什麼？
2. 我們的企業會成爲什麼？
3. 我們的企業應該成爲什麼？
4. 企業必須決定誰是我們的顧客？如何贏得我們的顧客？顧客的價值在哪裡？
5. 企業必須要擬定決策，決定以何種方法、步驟、程序來達成目標。

二、行銷策略

行銷策略是企業使用行銷資源的指導原則。行銷專業人員或行銷經理，必須針對公司所要提供的商品或勞務，制定一套如何創造需求、如何滿足顧客需求的行銷規劃或企劃案，以有限的資源尋求更多的機會，運用公司核心能力，爲公司創造更多的銷售利益與建立競爭優勢。通常，行銷策略包括幾個本質：

1. 該行銷策略應涵蓋企業所要經營的產品或勞務。
2. 爲了達成規劃，該行銷策略所運用的投資水準。
3. 爲了滿足目標市場的需要，產品線、定位、定價、配銷，與促銷該如何執行。
4. 該行銷策略應該可以充分應用企業擁有的資產、核心能力，與持續競爭優勢。
5. 策略是企業對未來投入資源的承諾，有優先秩序，比較不能更改的。
6. 行銷策略是企業連結外部關係與內部行銷活動的關鍵因素。

3-2 行銷策略的演進

1950 年代以來，行銷策略已經過許多變遷，策略的核心概念隨著時代不同，而有不同的發展。從早期的預算概念到規劃，從規劃的概念到策略思考，到現代多變的時代，策略有很大的不同（如圖 3-1）。1950 年代，採用預算控制和總體公司規劃來代表企業對未來的想法。

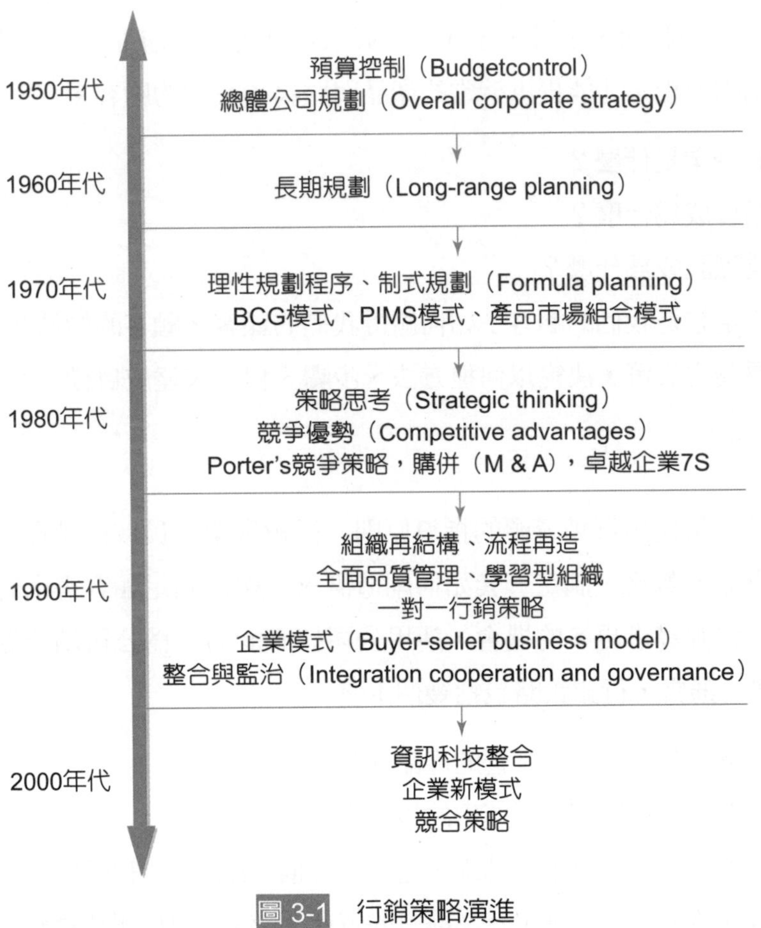

圖 3-1 行銷策略演進

「預算」是企業分配在一定期間內，資金的來源與去路，企業運用預算控制企業各種資源分配與活動，策略被認爲是預算控制的方式，當時有所謂規劃預算制度（Planning, Programming, Budgeting Systems, PPBS）、零基預算（Zero-based budget）或行政三聯制（Plan-do-see）。

另一個趨勢是強調總體公司規劃，公司規劃應該在公司總體目標經營下，包括生產、人力資源、財務、行銷等各項議題。行銷議題只是完成企業目標的一個手段，沒有個別的功能或所謂的主導性。此一發展引導後來的長期規劃。

到了 1960 年代，預算規劃有了長期性的思考，資源分配不僅限於資金，還包括許多其他的資源，並發現企業目標與使命可以有更深入的思考，於是企業以長期規劃作爲企業分配資源的依據。此時期強調企業目標、經營範圍、使命，並以長期的預測作爲策略的依據，例如財務需求預測、物料需求預測、消費者需求預測等。但是，預測的時間愈長，發現變化愈大，問題愈不能掌控，長期規劃的思考與執行就愈困難。

1970 年代，有一群人開始批評長期規劃的限制性，因此提出制式規劃的思考，認爲規劃應該是專業人士的工作，規劃應該有一套制式、或理性的思考程序。所以有理性規劃程序的理論探討、標準作業程序的實施。當時受到權變理論的影響，策略規劃的思考，形成一套應對環境變化的組合（Portfolio），有什麼情境，就配合什麼對策。

制式規劃的思考，隨著企業環境的變化，也開始受到批評，例如不切實際、難以執行、不容易預測未來狀況。因此，企業思考是不是有更符合實際需要，內容更明確，更能夠彰顯企業特色的做法，於是就開始有了所謂策略性的思考。這個時代，有幾個變化：

1. 以競爭優勢代替預測。
2. 從企業自利的觀點轉化爲利他的觀點，要求社會責任。
3. 從企業競爭轉爲顧客導向。
4. 從影響因素的計算變成顧客價值的創造。
5. 從靜態變成動態，強調彈性與適應。

到了 1990 年代以後，策略發展開始了多元的變化。90 年代以後，企業持續受不景氣的影響，獲利與成長減緩，消費者需求開始呈現停滯，並趨向更多的變化，消費者愈來愈喜新厭舊，電腦資訊科技進入人們的生活，給企業帶來新的衝擊。一方面提倡終生學習，一方面組織扁平化，改造流程，希望給企業帶來新的適應與發展。

2000 年以後，企業受到資訊科技發展的影響愈來愈大，有很多的企業結合資訊科技，而有突破性的發展，例如臉書（Facebook）、蘋果（Apple）的 iphone 智慧手機、ipad 平板電腦的發展。很多企業要進入軟體應用程式商店（App store），創造另一類行銷機會，許多以往的行銷觀點受到新的挑戰，形成新的行銷世界。

3-3 公司策略決策

一、策略層次論

一般組織中，為了讓策略規劃可以有效執行，依照組織的結構，可分成三個層次水平（Level），即公司層次、事業層次與功能層次，如表 3-1。

表 3-1 策略層次

策略層次	說明
公司層次	公司高階主管、總部或總管理處，針對企業未來的發展方向、公司願景，制定公司層次的策略規劃，有效的分配各事業部門的資源，採用成長、整合、購併或裁撤的方法，尋求企業達成經營使命。
事業層次	各事業部或子公司，依據高階主管的公司策略，使公司策略可以具體化，實際執行化，並獲取利潤。各自訂定事業層次的策略規劃，充分使用分配資源，以使事業部獲利，促使各品牌或產品線達成公司交付的目標。
功能層次	功能層次的策略規劃，是指各企業功能，例如行銷功能、財務功能，在公司與事業部門的規劃下，擬定各功能的規劃。行銷功能部門設定產品達成目標、廣告、通路配銷、公關等作業，以其達成該產品或產品線的計畫。例如，統一企業旗下子公司五、六十家，跨許多產業，舉凡食品、零售、批發、金融等。總公司可以制定統一企業集團的策略規劃，例如在未來十年內，成為華人市場最大食品王國。各子公司或事業部群，可以根據總公司的策略規劃，訂定事業部策略規劃，例如統一超商未來要開幾個店、市場佔有率要多大、採取何種競爭策略。各子公司功能部門擬定功能性策略規劃，例如統一超商的熟食要發展到什麼程度、廣告要如何製作、商品物流配送要怎麼處理配合，這些都是功能性策略規劃要去完成的。

二、理性策略規劃程序

策略規劃（Strategic planning）是指將組織目標與資源，和變化中的市場機會相配合的管理過程。**策略規劃通常是針對長期的目標、長期獲利與成長所作的長期承諾。**在行銷的領域中，行銷策略規劃程序是針對未來的行動作準備，基本上是一個理性的過程。具體的做法是有步驟的，從市場經營狀況開始，設定目標，再逐步完成目標，如表 3-2。

表 3-2 行銷策略規劃程序的步驟

步驟	說明
1. 設定長期目標	目標的設定，可以針對企業所掌握的資源設定組織經營使命，事業經營範圍，部門或產品的目標。 組織經營使命，是企業為什麼設立與存在的理由，事業經營範圍是企業從事什麼行業活動，企業所提供給社會的貢獻。部門或產品的目標是資源分配，從事營運活動的根據。根據狀況分析與環境分析，可以檢視所經營的事業、市場、產品遇到何種問題與機會。
2. 環境因素分析	對行銷人員來說，擬定規劃時，一定要對當時所面臨的市場環境作一番了解。產品或勞務所面臨的經濟、政治、法律、社會文化、科技、消費者的需求狀況、產業的供給、特殊影響事情等等，要有一個概況說明。並說明對經營情況的影響。這個背景說明，有助於決策人員決定適當的決策時機與方式。 通常以環境優劣勢分析（SWOT 分析）作工具，說明企業商品或勞務所面對環境的優勢、劣勢、機會、與威脅，評估本身的資源條件，可以知己知彼，了解自己可以掌握或可運用的資源條件。
3. 發展行銷策略	經過上述分析，可以發展出一套可行方案（Alternatives），作為解決問題、分配資源的指導原則。經由這些原則，可以作為將來執行的依據，並達成企業所設定的目標。根據企業所設定的評估準則，選擇所要採行的方案。
4. 執行、評估與控制	根據所選定的策略，制定如何執行的步驟、或方案（Program），以有效的解決企業、市場或產品所面臨的機會與威脅。執行的結果應加以評估與考核，作為將來再執行的參考。

三、總體環境分析

（一）SWOT 分析

SWOT 即組織的優勢（Strengths）、劣勢（Weaknesses）、機會（Opportunities）及威脅（Threats），是分析企業組織內部的優勢及弱勢，及其所處的外在環境的機會和威脅的一種工具。SWOT 分析最大的優點是可以從企業組織的角度來看整體的狀況，根據分析結果比較可以擬訂一個成功的策略（如表 3-3）。

1. **內部條件**：包括企業本身的財務能力、技術能力、市場競爭力、品牌形象、製造能力與成本結構、人力資源等。

2. **外部環境**：包括科技、經濟、政治局勢，社會、文化與法令政策變化、競爭者動態、市場需求的潛力與演變、通路系統的消長。

表 3-3 SWOT 分析

內部條件 / 外部環境	優勢（Strengths）	劣勢（Weaknesses）
機會（Opportunities）	OS	OW
威脅（Threats）	TS	TW

SWOT 分析是策略規劃過程重要的一課。企業的策略規劃決定企業未來的發展方向與目標。要決定這些未來的事，就要評估企業的內部條件與外部環境。內部評估可以得知企業的強、弱勢，外部評估後，則可看到利與不利的機會與威脅。表 3-4 是 SWOT 分析中，常見的內部與外部因素。

表 3-4 SWOT 分析中常見的各類因素

內在優勢的因素	內在弱勢的因素
1. 關鍵領域中的核心能力 2. 足夠的財務資源 3. 公認的市場領導者 4. 達到經濟規模 5. 本身擁有技術、成本優勢 6. 具產品創新技能 7. 較佳的廣告活動 8. 高水準的技術能力 9. 良好的政商關係	1. 缺乏明確的目標 2. 過時的設備 3. 欠缺管理才能，苦於內部作業 4. R&D 落後於人 5. 產品線狹窄，市場打不開 6. 品牌形象不佳 7. 通路不健全 8. 資金缺短 9. 單位成本偏高
潛在的外在機會	**潛在的外在威脅**
1. 進入新市場區隔 2. 開創新顧客群 3. 有能力移轉技術 4. 向前或向後整合 5. 降低貿易障礙 6. 新技術的產生 7. 市場需求殷切 8. 市場快速成長	1. 低成本的新競爭者加入 2. 替代產品銷售量增加 3. 市場成長緩慢 4. 人口結構老化 5. 城鄉結構改變 6. 外匯管制 7. 不景氣 8. 顧客或供應商議價能力提升

（二）PEST 分析

另一種總體環境分析方法，稱爲PEST分析，即政治環境、經濟環境、社會文化環境、技術環境。有些學者加上LE，變成PESTLE分析，L是指法律或法規環境，E是指道德環境因素。

四、總體策略分析

根據理性策略規劃程序，策略會有一個應對外在環境的指導原則。根據形成的狀態，可區分成穩定（Stable）策略、成長（Growth）策略、縮減（Retrenchment）策略、及綜合（Combination）策略等四個策略，又統稱爲總體策略（Grand strategy），說明如下：

1. **穩定策略**：穩定策略主要的特性是，維持現狀而沒有明顯的改變。如針對目前相同的顧客，提供相同的產品或服務，保持企業市場佔有率，或維持相近的投資報酬率，此種策略，通常在企業環境較爲成熟，產業成長緩慢，或管理階層對過去績效滿意，因此不敢或不太願意有太大的變動而採用。一般像食品業，五金機械工業，較成熟的產業，都傾向採用穩定策略。其次像麥當勞或微軟公司，過去績效優異，也會採穩定策略。

2. **成長策略**：成長策略意味著公司提升營運水準，銷售金額提高，增加員工，提高市場佔有率。成長可以分成內部成長與外部成長，內部成長包括水平整合、垂直整合。垂直整合又可因上下游關係，有向前整合，向後整合。外部成長包括購併及多角化等多項策略。高科技產業通常有兩位數以上的成長。

Shopify 不是 Shopee——網路賣家的新選擇

臺灣消費者都熟悉 Shopee（蝦皮購物），成立於 2015 年，總部設在新加坡，是一個線上電子商務平台。Shopify 則是總部在加拿大的跨國電子商務平台，成立於 2004 年，目前在美國已經超越 eBay，成為僅次於亞馬遜的電商平台，其主要服務小型零售商，提供賣家開設線上商店的簡化流程，而且相較於其他電商平台收費低廉，每月花費 29 美元就能成為跨國電商，深獲小型賣家青睞。

多數購物網站都是以服務消費者為主，再藉由廣大的市場吸引賣方加入，以亞馬遜為例，上架一項商品再加上打廣告，賣家會被抽成約 30%。Shopify 則提供非常多元且完整的網站模板，內建結帳頁面和支付工具，還可免費試用 14 天，在疫情期間，協助許多小企業轉戰網路電商，因為秉持著「賣家至上」，在 2020 年翻倍成長，並開始推出名為 Shop 的購物 app，秉持著協助賣家的立場，不收上架費和廣告費，只收交易手續費，推薦給消費者他原本就喜愛或有興趣的品項，或者協助消費者探索當地商家，讓更多消費者向賣家購買。

Shopify 讓小型特色賣家在網路開店變得簡單，是一個以接觸消費者、發展消費者關係為主的銷售平台，會協助賣家分析流量進而精準投放廣告，其不同於傳統電商平台，打造出 D2C（Direct To Consumer/DTC）直接面對消費者的銷售模式，有助於 dropshipping 電商行銷模式，未來發展值得期待。

資料來源：商周 2021/03/08，工商時報 2021/08/06，維基百科

Shopify 介紹

3. **縮減策略**：縮減策略是指降低企業的營運規模，可能是削去某些部門、裁減人員、減少所提供的產品或服務，此種做法意味公司在某些方面受到挫敗、或產業狀況不佳，或企業調整經營方向。**像裕隆汽車在連續三年虧損後，調整組織結構，搬遷生產基地，改變經營策略，才能轉虧為盈。**
4. **綜合策略**：針對不同的層級、不同部門、不同事業單位，可以有不同的策略做法，結合穩定策略、成長策略、縮減策略，在不同事業體實施；或在不同的時間裡，同樣的事業單位採用不同的策略，稱爲綜合策略。**採用此種策略，應該注意各個策略間的一致性、資源互補性，避免因不同策略，產生事業單位的衝突，造成資源浪費，形成更嚴重的問題。**

3-4 事業策略決策

一、波士頓策略組群分析

1960 年代韓德森（Henderson）創用「波士頓策略組群」（Boston Consulting Group, BCG），該分析於 1970 年代相當盛行。

（一）BCG 模式群組分析

這個模式，首先將分析單位設立為策略事業單位（Strategic Business Unit, SBU）。每一個 SBU 都是一個利潤中心，獨立營運，可以清楚設定目標、分配資源、了解成本、掌握利潤情況。SBU 的理論是根據經驗曲線的效益，因為專業分工、創新過程、標準化、新科技，使得每一個 SBU 的經驗曲線，會隨生產量增加，而單位成本降低。累積成本的優勢，可以增加銷量，提高市場佔有率。

BCG 的策略矩陣，如圖 3-2 所示。該模式以 SBU 營業額大小為圓圈，圓圈大小，表示營業額大小。其詳細內容說明如下：

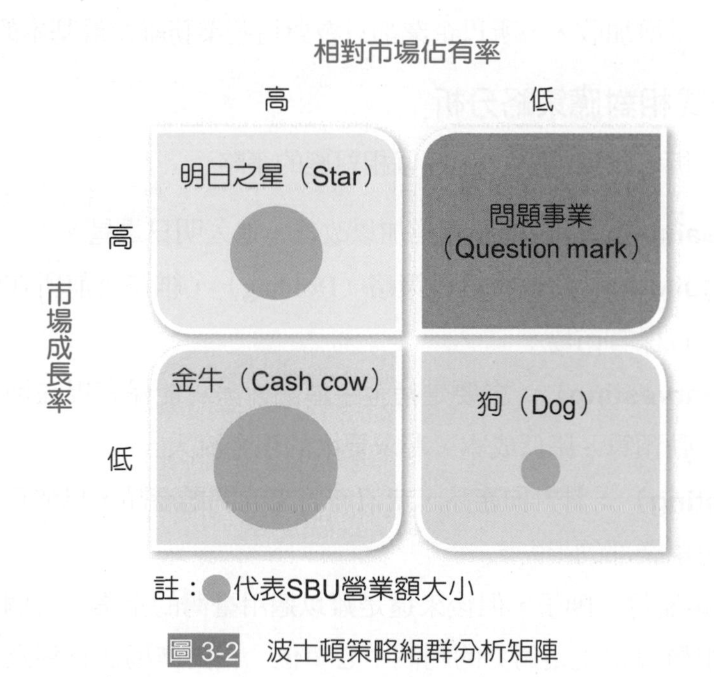

圖 3-2 波士頓策略組群分析矩陣

資料來源：參考 Day, Diagnosing the product portfolio,1977

1. **狗（Dogs）事業**：是指市佔率低且市場低成長的業務，或是本公司市場率不好，但產業其他競爭者也不好。這類業務通常只能維持收支平衡。雖然這些業務可能實際上協助其他業務，但從會計角度來看，因為這類業務未能為公司帶來可觀的收入，所以對公司來說沒有用處，且這些業務降低了公司的投資報酬率。
2. **問題事業（Question marks）**：或稱問題兒童（Problem child），是指市場高成長，但是企業本身市佔率低的業務，或是自己的事業做得不好，但別人做得很好。由於相對市場成長率高，故需要公司大量的投資。但因為相對市場佔有率低，這類業務未能為公司帶來可觀的收入，結果出現大筆現金淨支出。
3. **明日之星（Stars）**：是指相對市場成長率高，且相對市場佔有率高的業務。這些業務均被期望成為公司未來的重要關鍵業務。雖然這些業務需要投入更多的資金維持市場領導者地位，但若能達到此目的，這些投資都是值得的。若能維持市場領導者地位，當市場轉趨成熟時，「明日之星」區域的業務就會變為「金牛」區的業務，否則「明日之星」區的業務就會逐漸移向「狗」區域。
4. **金牛（Cash cows）**：或稱錢牛，是指擁有高市佔率及市場低成長的業務。這類業務通常都為公司帶來比維持業務所需還要多的現金收入。它們通常都被認為是穩定和缺乏成長，所屬市場已經成熟，所有企業都想擁有的龍頭業務。因為投資在這類業務並不會大量增加收入，所以企業都只會對這些業務維持最基本的開支。

（二）BCG 模式相對應策略分析

根據上述的分析，BCG 模式提出四個相對應的策略：

1. **獲取策略（Gaining）**：將問題事業加以改善，進入明日之星。
2. **建立策略（Building）**：或稱持有策略（Holding），維持目前所在的相對位置，在象限內不動，以保有市場。
3. **收穫策略（Harvesting）**：主要是指金牛產品。盡可能保有現在地位原則下，減少投資、刪減活動預算、降低成本，尋求更大的現金流入。
4. **撤資（Divesting）**：針對狗產品，或沒有將來的問題產品，以清算或減少投資、或出售，來減少事業部的損失。

BCG 模式曾經流行一陣子，但後來還是難以適用臺灣的企業。一個是計算基礎的問題，如國內企業很難算得上是獨立的利潤中心單位。相對市場佔有率及市場成長率，怎麼計算與合併討論。另一個是模式的可行性建立在學習經驗曲線的存在，可降低成本，很多產業都沒有或少有這種學習曲線，或到了水平階段，就難以適用了。

二、波特的競爭策略

波特從產業競爭的觀點，提出三個基本策略：全面成本領導（Overall cost leadership）、差異化（Differentiation）、集中（Focus）等。採用全面成本領導策略，主要的競爭優勢是握有低成本的地位，且策略目標是整體產業。如果競爭優勢是來自產品的獨特性，則可以採用差異化策略。在某一個區隔市場內，可以採用集中策略或稱焦點策略（如圖 3-3）。

圖 3-3　波特競爭策略

（一）全面成本領導

企業採用全面成本領導策略（Overall cost leadership）主要受下列八個因素影響：1. 規模經濟；2. 經驗曲線；3. 時間因素；4. 地理位置；5. 機構的力量；6. 政策決定；7. 整合與連結的程度；8. 人際關係。通常隨企業經營規模愈大，生產量增加，透過經驗累積，生產作業會愈來愈熟練，因此，單位成本會愈來愈低。地理位置愈靠近原料或市場，組織機構愈龐大，成本會比其他沒有這些優勢的廠商便宜。

成本較低有幾個好處，一是遇戰則戰，廠商間殺價競爭時，低成本的廠商可以有較大的殺價空間，且由於低成本，可以防止其他競爭廠商或替代品進入市場。低成本策略也意味著要有足夠的市場佔有率，才能支持這個策略。透過較大的固定成本投資，低成本的經營，會有較大的產量，較大的市場佔有率，銷量增加，也可以提升固定資本的產能利用率，形成規模經濟，造成另一循環的單位成本降低，提高毛利。

全面成本領導策略，大都使用在工業生產上，例如石化原料、大宗物資等行業。有些行業經驗曲線較平緩，累積熟練程度並不明顯，並不適合採用全面成本領導策略。

（二）差異化策略

差異化策略（Differentiation strategy）是尋求企業在產業中，具有獨特性，這種獨特性可以來自設計、品牌形象、技術創新、產品特殊屬性、對顧客服務、或來自銷售通路的建立。同樣實體商品可以因服務不同，而有不同銷售機會；同樣的服飾，在高級百貨公司的專櫃服務，和在批發市場的服務，銷售對象與售價均不相同。服務產業更是因人而異，例如醫師看病、保母看護，服務更是差異化。

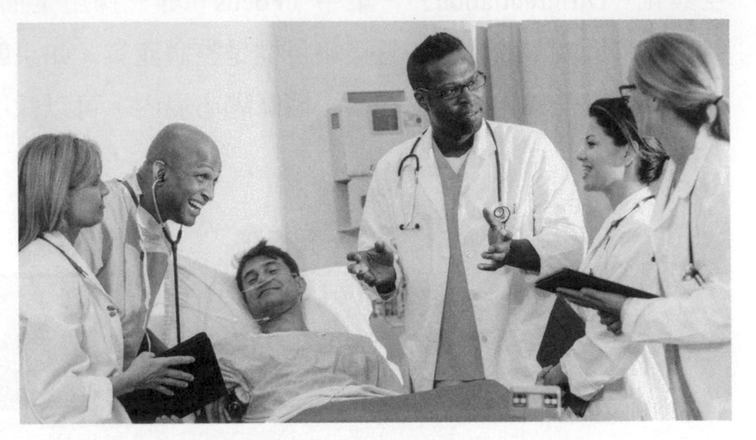

差異化的理論基礎，來自獨占性競爭的觀點，每間廠商都有自己獨特的屬性，但都不足以影響整個市場。建立本身的差異性，可以降低消費者對價格的敏感度，提高消費者品牌忠誠度，增加與供應商或採購人員談判的籌碼，減少進入障礙。差異化如果與替代品之間有更大的區隔，或品質差異，將可以減少替代品威脅的機會。

差異化的程度通常必須考慮成本高低，不能因為過分強調差異化，而忽略了成本的問題。有時候過度差異化，市場銷量不足，會增加許多生產成本、裝配倉儲成本，抵消了差異化的效果。一般量販店，如家樂福、大潤發，往往會要求廠商提供特別規格的包裝產品，這種要求將增加生產作業、配銷的成本，如果銷量無法支應成本的增加，販賣給這些通路是不賺錢的。

（三）集中策略

集中策略（Focus strategy）可以很多形式，包括只針對一個產品、一個地理區域，或某一目標市場，採用這種策略的企業，通常是某一產品或某一市場的優勢者，而無法擴及整個產業。很多中小企業，都採用這個策略。

三、適應策略

為了因應經濟環境的變化，企業應該有相對應的策略來應對。依據 Mile and Snow（1978）所提出適應策略，企業應對的角色有四種，如表 3-5。

表 3-5 企業應對的角色

企業應對的角色	說明
前瞻者（Prospector）	企業重視未來發展，以創新、開發新市場、新產品、新技術等方式，研擬長期策略規劃，掌握企業生存環境中的機會，避免威脅。
分析者（Analyzer）	企業分析競爭優劣勢後，其應對策略，主要是追隨已成功的競爭者，或是市場上前瞻者的創新開發策略，以追求低成本的獲利機會，比較像模仿策略。
防禦者（Defender）	企業針對某一市場區隔、某一產品，做有限的產品製造或作業，獲取某些市場競爭優勢的利基，防止競爭對手的入侵。
反射者（Reactor）	企業通常沒有長期的規劃，少有市場分析詳盡計畫，也不是專精於某一市場領域，但隨時保持彈性，調整組織，以因應市場上的競爭行為。

3-5 夥伴策略

策略除了以相互競爭爲基礎外，還可考慮以合作（Collaboration）爲基礎。在某些情況下，爲了掌握競爭優勢，企業與企業之間並不一定要競爭，更可藉由相互合作達成共同目的，因此夥伴策略就愈受到企業的重視。不同的組織、企業，可以因爲共同的目的、共同開發新技術、新的研發創新，來開拓新市場，共享資源。

透過合作的夥伴關係，使得小企業得以和大企業取得競爭優勢。「競合關係」（Co-opetition）表示企業間既合作（Cooperation），又存在競爭（Competition）。網際網路事業的出現，最能支持這種既競爭又合作的夥伴關係。例如 HP 和 Dell 公司，既是競爭對手，雙方也合作開發 Linux-based 的軟體服務市場。

競合的方式，根據合作的方式，可分成四種。相互依賴的程度，則決定了合作夥伴關係可以維持到什麼程度。

一、簡單的夥伴關係

即兩個企業組織之間，存在較佳的供銷合約，例如沃爾瑪百貨（Wal-mart）和寶鹼（P&G）公司，雙方有較優惠的供應合約（Supplier arrangements），寶鹼公司可以依據沃爾瑪百貨的銷貨與庫存，直接出貨給沃爾瑪百貨，而不用透過中間商。

二、採「異業結盟」或「策略聯盟」

企業組織雙方存在較佳的事業合作，一般稱爲「異業結盟」（Horizontal alliances）。不同的行業、不同公司，爲了服務同一個市場或相同消費者，採取異業結盟的合作。例如台新銀行和新光三越百貨公司合作，發行台新銀行新光三越信用卡；亞馬遜公司（Amazon）和書商或玩具反斗城簽約，提供線上購物相當優惠的價格，銷售書籍與玩具。

這種異業結盟的方式，再進一步，可以說「策略聯盟」（Strategic alliances），企業組織可以在某些方面合作，如產品研發、共同製造、共同開拓市場，或共享資源，結合雙方優點，共享對方優勢。例如可口可樂和雀巢公司的合作，可口可樂公司可以享有雀巢公司開發雀巢檸檬茶系列商品的優勢，取得該商品；雀巢公司可以享有可口可樂通路開發與行銷的優勢，銷售雀巢其他茶系列商品。

三、合資或購併

合資（Joint ventures）是雙方共同出資某一個百分比，成立另一家企業組織，進行研發或開發市場。這也是全球性企業，拓展海外市場很重要的一個策略。例如日本 SONY 公司，和易利信（Ericsson）公司，共同出資 50 － 50 比例，合資成立 SONY ERICSSION 公司，共同開發手機市場。

購併（Merger & Acquisition, M&A）是合作最深切的方式。購併也是國際企業，或全球性企業擴張的一種方式。購併可以讓被購併的一方繼續存在或消滅。購併可以有很多的優點，例如生產方面因爲取得對方的技術、人才或市場，而發揮一加一大於二的綜效（Synergy）；此外在管理上、財務上也都有很多優點。購併也會因爲雙方組織文化、溝通等問題，發生適應不良的情形。例如 1999 ～ 2000 年的美國線上（AOL）購併華納時代（Time-Warner），號稱史上最大購併，卻是失敗收場，市場不如預期。2001 年雅虎（Yahoo ！）購併臺灣的奇摩網站，看起來是成功的個案。

行銷的世界

世界博覽會

世界博覽會，又稱國際博覽會及萬國博覽會，是一個具國際規模的集會。其目的在透過國際性的展覽平台，使參與國家針對某些主題上得到廣泛的聯絡與交流，是當時社會文明智慧的記錄和對未來的前瞻。

世博會的起源是中世紀歐洲商人定期的市集，故起初只牽涉到經濟貿易。到了 19 世紀，市集的規模漸漸擴大，商品交易的種類和參與的人員愈來愈多，影響範圍愈來愈大，從經濟到生活到藝術到理想到哲學……等。而到了 20 年代，這種具規模的大型市集便稱為博覽會。

第一屆世博會在 1851 年於英國倫敦舉行。當時英國是最早工業革命的強國，因此英國便計劃透過一個大型的展覽，以展示其強大之國力。發起人是維多利亞女王的丈夫阿爾伯特親王。英國人自豪地把這次世博會稱為「偉大的博覽會」。有鑑於世博會可為主辦國帶來龐大的產業與經濟效益，31 個經常參與或舉辦世博會的國家，在 1928 年簽署國際博覽會條約，並成立負責規範管理世博會的國際展覽局，至 2010 年止，共有 157 個成員國。計劃申辦的國家須向國際展覽局遞交申請書，提出舉辦時間和具體主題內容，然後於成員國大會上透過投票表決。主辦的國家或城市都會高度重視這項大事，因為這是展示國家富強的一個指標。

世博會往往會趨向某些重要議題，從 20 世紀末開始，環境保護的議題即成為關注的焦點。2015 年 5 月 1 日到 10 月 31 日世博會於義大利米蘭舉辦，這是繼 1906 年後米蘭第二次舉辦世博會。「潤養大地，澤給蒼生」是此次世博會的主題，主要關注點放在全世界居民獲得健康、安全和足夠食品的權利上。

資料來源：維基百科

問題討論

1. 說明辦理大型活動時必須思考之行銷策略規劃步驟。
2. 探討公民團體發起之活動其是否適用於行銷策略規劃之步驟。

重要名詞回顧

1. 策略（Strategy）
2. 策略規劃（Strategic planning）
3. 總體策略（Grand strategy）
4. 波士頓策略組群（Boston Consulting Group, BCG）
5. 策略事業單位（Strategic Business Unit, SBU）
6. 狗事業（Dogs）
7. 問題事業（Question marks）
8. 明日之星（Stars）
9. 金牛（Cash cows）
10. 全面成本領導（Overall cost leadership）
11. 差異化策略（Differentiation strategy）
12. 集中策略（Focus strategy）
13. 異業結盟（Horizontal alliances）
14. 策略聯盟（Strategic alliances）
15. 合資（Joint ventures）
16. 購併（Merger & Acquisition, M&A）

習題討論

1. 請說明策略的意義與本質。
2. 請簡要說明策略的發展歷史。
3. 何謂 BCG 模式？有那幾種策略？
4. 請說明波特的三個基本策略？並說明其影響原因。
5. 請說明理性規劃程序的步驟。

本章參考書籍

1. Kotler, P., Marketing Management (N.J. : Prentice Hall, 2005).
2. Porter, M. E., Competitive Strategy (NY: Free Press, 1980).
3. Porter, M. E., Competitive Advantage (NY: Free Press, 1985).
4. Kotler, P. and G. Armstrong, Principles of Marketing (N.J. : Prentice Hall, 2005)
5. Czinkota M. R., Marketing: Best Practices (NY: The Dryden Press, 2000).
6. Hunger, J. D. and T. L. Wheelen, Strategic Management (NJ: Addison-Wesley, 2004).

NOTE

4 消費者行為

本章重點

1. 說明重視消費者行為的原因。
2. 清楚消費者行為的定義。
3. 介紹消費者行為的模式架構。
4. 說明購買決策過程。
5. 說明情感因素對消費者行為的影響。
6. 以涉入理論分類消費者行為。

行銷觀測站

FOLLOW ···

台達綠建築

那瑪夏民權國小：臺灣莫拉克風災後，台達捐建的該校校園，經國家地理頻道拍攝紀錄片，於全球 35 個國家播映，致力推廣綠建築。

台達 2006 年率先於臺南科學園區打造全臺第一座通過臺灣綠建築九項指標的黃金級企業廠辦，自此「環保、節能、愛地球」成為經營使命。其除了所捐建之校園皆採太陽能發電系統，以達淨零耗能及下一代綠色校園的新典範外，台達也積極扮演國際企業公民的角色。2015 年法國巴黎所舉辦的聯合國氣候會議中，台達在大皇宮裏展出的 21 棟綠建築與永續發展策略，即呼籲地球公民共同加入減緩氣候變遷的行列。

綠建築是指建築物之整體生命週期，含括其被建造及使用之過程，皆能達成環境友善與資源有效運用。換言之，綠色建築在設計上試圖從人造建築與自然環境間取得一個平衡點。這需要設計團隊、建築師、工程師及客戶在專案的各階段中緊密合作。是一種以人為本，貼近生活方式的環保舉措，企求建造一個能節約能源、資源、水、回歸自然，並舒適和健康的生活環境。

資料來源：台達官網，維基百科

4-1 重視消費者行為的原因

行銷觀念認爲廠商應該創造消費者或顧客價值，傳遞、溝通與交易顧客價值，以滿足消費者需求。「以客爲尊」透過了解與滿足消費者需求，與顧客保持良好關係，才能獲取長期利潤，因此行銷人員重要的課題就是了解顧客。研究消費者行爲之所以重要，可以從下列幾項來看：

1. **消費者影響力大**：顧客永遠是對的。知道消費者爲什麼會購買某些產品，如何購買等因素。行銷人員就可以有效擬定行銷方案，滿足消費者需求。如果顧客不滿意我們的產品與服務，就不會購買產品，使公司沒有收入來源，也就不能營利，最後將被市場淘汰。
2. **教育並保護消費者**：研究消費者行爲，可以促進消費者更理性，更有智慧的採取某些行動。透過教育消費者，協助讓消費者了解應有的權益。政府機構、社會單位從消費者立場來立法，或執行保護消費者權益，都有助消費者被公平合理對待。例如知名洗髮精被消費者團體驗出有致癌物，爲了保障消費者權益，賣場都會緊急下架。
3. **有助形成公共政策**：若干對消費者權益的研究，有助於形成公共政策來保護消費者。例如開車要繫安全帶的政策、消費者購買商品有七天鑑賞期、消費者有權利知道產品製造商、製造日期、營養標示等權利，或鼓吹健康均衡飲食，適當運動等，都是重要的公共政策。
4. **影響個人決策**：消費者透過消費者行爲的了解，可以更了解自己與他人的購買行爲，提升自己消費能力，改善生活品質，更可以激發成就動機，讓自己生活品質更好。
5. **研究消費者的工具與研究方法提升**：隨著科技進步，研究工具的開發，現在消費者行爲研究，可以更有效的探測、分析消費者需求，與解釋更多不同的消費現象。

4-2 消費者行為定義

消費者的購買決策同時受到許多複雜因素的影響，從個人觀點出發，消費者購買商品時，歷經一連串的思考過程，包括爲何要買？買什麼？何時買？跟誰買？如何買？爲了瞭解消費者的決策，就必須研究消費者行爲。

消費者行爲可從兩個方面來定義。從外顯行爲的觀點來看，消費者行爲（Consumer behaviour），是指人們取得、購買、處置或使用產品與勞務的決策過程與行爲。這些行爲，如購買某些商品或服務、他人餽贈、參加一場舞會、或收藏珍品等，都是一種消費者行爲。根據這個的觀點，消費者行爲是人們進行取得、消費，和處置產品與服務的活動。

1. **取得**：需求喚起，蒐集資訊，評估選擇所要購買商品。
2. **購買**：6W1H（Whether、When、Where、What、Why、Who、How）。
3. **處置**：包裝、選擇、儲存、轉換等。

從消費者個人心理因素來看，消費者行爲是研究消費者本身的動機、情感、認知、態度等心理因素，與消費者環境互動的過程。包括消費者需求、慾望的滿足、個人、群體與組織選擇購買決策的過程。人們的消費行爲是相當複雜的，受到很多因素影響，往往不容易瞭解。

消費者行爲所討論的概念，大部分來自行爲科學、心理學、社會心理學、社會學或人類學的範圍。

行銷講求滿足消費者需求，行銷產品或勞務之前，應先了解我們的消費者是誰、誰在購買、誰在使用我們的商品。因此，必須要對消費者的消費行爲作進一步的探討。

根據美國行銷協會（AMA）對消費者行爲的定義爲：「消費者情感與認知、行爲以及環境的動態互動結果，藉此人類進行生活上的交換行爲」。消費者情感（Affect）是指對於刺激和事件的感覺、情緒、心情，情感反應可能是正面的或負面的，喜歡或不喜歡，反應強度有所不同；認知（Cognition）是指消費者的想法，對外世界的認識與解釋，在思考、了解與解釋刺激和事件時，所涉及的心理結構與過程。

上述觀點是從消費者內在的心理層面來說明的，消費者行爲包括人們所經歷的思想與感覺，以及消費過程中執行的行動，也包含環境中影響思想、感覺及行動的所有事物。

4-3 消費者行為模式架構

消費者面對各式商品與服務，如何利用有限的資源購買會經過一個選擇的過程。1968 年 Engel, Kollat & Blackwell 提出 EKB 模式，並多次修正，EKB 模式則是最常用來研究上述消費者行爲的模式。根據消費者理性的處理資訊的過程，修正後的 EKB 模式（Engel, Blackwell & Miniard, 1990）分成「訊息投入」、「訊息處理」、「決策過程」、「決策過程的影響」等四大部分（如圖 4-1）。

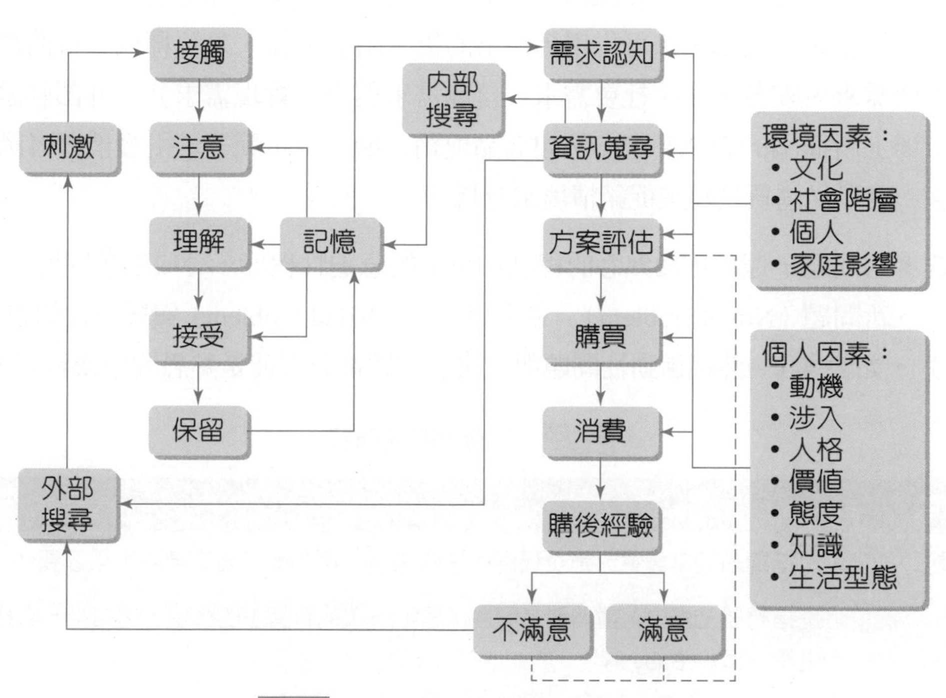

圖 4-1 EKB 模式：消費者決策過程

消費者購買決策程序是 EKB 模式的重心，這個決策過程可以分成五個步驟，包括：1.問題認知階段（訊息輸入）；2.資訊尋找階段（資訊處理）；3.方案評估階段（決策過程）；4.選擇階段（決策過程變數）；5.購買結果階段（外界影響）。EKB 模式假設消費者的購買過程都是理性的，每一個步驟都清楚知道自己需要什麼，且消費者清楚知道自己對產品的評估方式與準則。此模式的特色是以決策過程爲中心，結合相關之內、外因素交互作用所構成，並視消費者行爲是一個連續過程，而非個別行動。

一、問題確認

問題確認，或稱問題知曉、知曉需求（Problem awareness；Awareness of need）是指消費者能清楚辨識自己的需求，知道自己的需求問題。商品或勞務的購買，可以幫消費者解決問題，滿足其需要，購買決策確認消費者的問題是什麼。以人類基本需求，如食衣住行等匱乏爲例，例如餓了要找東西吃、冷了要有衣服穿等，消費者問題一旦產生，會感到被剝奪、不舒服、不滿足、感到缺乏等，需要加以滿足或解決。

問題的產生，主要來自兩種刺激，外部刺激與內部刺激。內部刺激是指來自消費者本身的生理或心理的刺激，例如飢餓、焦慮，會產生不愉快。滿足需求，會產生快樂、愉悅、幸福的感覺。內部需求可以用馬斯洛的需求階層理論，來解釋或分析消費者需求（包括生理需求、安全需求、社會需求、自尊需求與自我實現需求）；外部刺激是指消費者在市場上所面臨的資訊刺激，例如商品促銷、展示或示範等，引發消費者購買該品牌的慾望。可以從購買情境或促銷情境來分析。

消費者的問題，還可因爲熟悉的程度或決策的急迫性程度，分成熟悉問題（Familiar problem）、新問題（Novel problem）、衝動性問題（Vivid problem）與緩決性問題（Latent problem），如表 4-1。然而衝動性問題與緩決性問題都有可能是熟悉問題或新問題。

表 4-1　消費者四種問題

問題	說明
熟悉問題	是指問題經常發生，是一種例行性的決策，例如飢餓要吃東西、累了要休息等。
新問題	是指問題的發生，對消費者而言，是第一次或新產生的情境，例如第一次找工作、生第一個小 Baby 等。
衝動性問題	是指需求的產生，急需要立刻加以滿足，例如口渴想喝水、下雨需要一把雨傘。
緩決性的問題	表示問題很重要，但不需要馬上作決定，可以蒐集充分資料後再作決定，例如購屋。

決策過程最初階段是需求的確認，是個人價值觀或需求與環境因素互動，喚起慾望，引發決策之必要。上述是問題確認的主要來源，而動機則是從事某特定目的之行爲的持續驅策力。

二、資訊蒐集

資訊蒐集（Information search）是尋找對決策有用的資訊，幫助消費者做決策，有了需求動機後，就會再有下一步行動。首先消費者會搜索存在內部記憶中的知識，如果這些資訊無法解決問題，則向外界尋求。

時間壓力會阻礙資訊的蒐集，產品的購買經驗會影響對資料蒐集的行爲，負面經驗則可能增加資訊蒐集的數量。消費者在蒐集商品品牌時，有幾種可用的購買資訊蒐集方式，包括資訊的來源、資訊搜尋的策略、資訊搜尋的數量與知覺影響選擇商品組合，分別敘述如下：

1. 資訊的來源

(1) 來自行銷人員可以控制的資訊與行銷人員不可控制的資訊。來自行銷人員可以控制的資訊，是由廠商所提供的，例如廣告、商業印刷品、賣場促銷等；行銷人員不可控制的資訊，例如透過朋友介紹、口碑、雜誌新聞報導等非直接由廠商所提供的訊息。

(2) 來自公司內部資訊與來自外部資訊。內部資訊，例如公司的財務報表、銷售數據、顧客名單等；外部資訊，例如公會資料、學術研究機關的數據，或政府出版刊物的資料等。

2. 資訊搜尋的策略

(1) 例行性搜尋：表示常態性、程序性的搜尋，沒有額外的訊息提供，通常產品爲日常用品或消費者的經驗品，經常購買，單價較低，消費者不需額外付出心力搜尋，或消費者關心程度較低，買錯商品所需付出的代價小，所以需要搜尋的資訊少，決策簡化也比較快速。

(2) 廣泛性搜尋：是指額外、新增的搜尋，搜索時間較長，但資訊蒐集較詳細。通常是單價高、消費者缺乏購買經驗或很少購買、購買的頻率低，萬一買錯可能會招致極大風險與損失，所以消費者願意花時間精力去搜尋資訊，關心程度較高，需要很多購買資訊，決策時間長也比較複雜。例如一般消費者購買汽車、房子、高價音響珠寶等。

(3) 有限搜尋：是指以有限的時間與精力，搜尋或評估。通常消費者對購買的產品有一些經驗，但是遇到的是新問題，所以需要重新蒐集資訊，較花時間與精神，這類搜尋通常注重資訊的比較，例如價格、品質、數量、或功能差異等比較。

3. **資訊搜尋的數量**：搜尋數量主要是指所要搜尋的資訊數量多寡，資訊愈多，所耗費的時間與成本愈高；資訊愈少，知覺性風險（Perceived risk）愈高。這種知覺性風險，可能來自心理、社會、財務、績效或過時陳舊的風險。

4. **知覺影響選擇商品組合**

   (1) 知覺組合（Awareness set）：指消費者所知道品牌的組合及所知道的資訊，例如購買牙膏。知覺組合可以包括很多品牌，例如黑人牙膏、高露潔、家護牙膏、德恩耐、獅王、哈麗露等。

   (2) 喚起組合（Evoked set）：指消費者購買該類商品時，所想到的品牌。當消費者想要買牙膏時，可能想到品牌，例如黑人牙膏、高露潔、家護牙膏。

   (3) 考慮組合（Consideration set）：表示消費者購買該類商品時，考慮可能購買的組合。例如當消費者到賣場購買牙膏時面臨購買決策，可能考慮到敏感性牙齒的防護，所以會考慮購買舒酸定、高露潔等敏感性專用的品牌。

無品牌行銷時代來臨了嗎？

根據一項2010年美國超過一千位消費者的調查，以及另一項2010到2012年英、美、加三國近三千位消費者的長期調查，得到社群媒體如何影響購買行為的5個數據：(1) 91%的人會因為線上體驗而去實體店面；(2) 89%的消費者會用搜尋引擎去進行調查；(3) 62%的消費者會在線上調查後，最後才在實體店面完成購買決策；(4) 72%的消費者對於網路上的產品評價的信任度，與親友推薦相仿；(5) 78%的消費者認為，企業在社群媒體上的貼文會影響他們的購買決策。

消費者在資訊搜尋的便利性提高與成本降低之後，更加主動地進行搜尋甚至線上體驗，也因此降低了知覺風險，進而在產品選擇時，得以回歸各項產品屬性或利益的表現，而不迷戀品牌。以消費者會高度涉入的自行車或醫美產品為例，年輕族群重視 CP 值，會在網路上尋找具功能性、設計感的產品，購買後也不吝分享或給予評價，進而使得自媒體或俗稱的網紅成為新興的重要訊息來源，因此品牌的光環可能還不如具有「話題性」的分享文（開箱文）呢！

資料來源：Social Media Today 2013/06/13

作者訪問連結

三、可選擇方案評估

消費者完成搜尋並取得足夠資訊後，會對可能的選擇方案加以評估，便於做出決定。評估的標準從消費及購買觀點，所希望得到的結果，進而表現在所偏好的產品屬性上。評估的準則成爲個人需求、價值觀、生活型態等因素在特定產品上的需求。

選擇方案評估可以藉助評估的工具，來加以評估屬性、權重。一般常用的工具可分成有償的與無償的兩類，有償的模式是列出產品屬性，將各個屬性評分或列出重要程度，予以加權，計算出各個屬性下總分；無償的方式可以用推論的方法或權衡互換，或將不重要的屬性剔除等方式，作方案評估。值得注意的是，品牌知名度也會影響方案的評估。

四、購買行為

消費者評估各種方案後，會產生購買行爲。根據上述資訊搜尋方式，可分成四種購買行爲。

1. **例行性購買行為（Routine response behavior）**：購買低關心度產品，產品低價，有經驗購買，是一種便利（方便）品。例如購買電池、礦泉水。
2. **有限決策購買行為（Limited decision making）**：購買熟悉品牌，曾有購買經驗或類似產品，但遇到新問題。例如收音機、自行車產品的購買行爲。
3. **廣泛決策購買行為（Extensive decision making）**：購買高關心度，購買頻率低，少購買，是一種特殊品。例如首次購屋、汽車、電腦，往往要考慮很久，蒐集很多資訊，才會下決策。

4. **衝動性購買（Impulse buying）**：通常是非規則或非預期購買。例如購買昂貴的香水、迷人性感的內衣，或購買百貨公司週年慶打折的商品等。

購買行爲相當複雜，除了上述的因素外，還受到其他消費者態度的影響、非預期情境因素的影響。其他同儕、親朋好友的態度會影響個人的決策，突發性、臨時性的因素也會影響，例如商店辦促銷、大特價，或是因爲假米酒事件，使得番面鴨等冬令進補的行業生意一落千丈。

五、購後經驗

消費者前次使用經驗會成爲下次使用的參考。如果使用的經驗是滿意的，消費者下次會繼續購買的機會增加，就會形成重覆購買。反之，若消費者使用的經驗不滿意、退貨或抱怨，則下次再購買的機會就會很低，或產生轉換購買其他品牌。

很多產品買了以後，才開始蒐集該商品的資料。例如汽車、房屋這種屬於大金額、個人偏好程度高的商品，往往買了車子後，才注意到滿街的人都跟我開一樣的車、買了房屋後才注意到住的地方，蒐集更多關於房屋造型、建材、各種社區的差異等資訊。這種購後再去蒐集更多的資料，以彌補認知和事實之間的差距，稱爲認知失調（Cognitive dissonance）。行銷人員爲了減少認知差距，往往要提供更多的資訊，讓消費者在購買後可以有更多接觸訊息機會，以加強消費者信心。

消費者購後的經驗，可能是滿意或不滿意，對行爲的影響可能是退出不再購買，例如商品或服務太差，消費者不願意再消費，或形成口碑，廣爲宣傳，或下次再重複購買。重複購買是形成品牌忠誠（Brand loyalty）度很重要的一步，有品牌忠誠度意味著消費者會持續的購買某一品牌，或產生品牌轉換（Brand switching），購買其他品牌。這些都是行銷人員在經營品牌時要注意管理的地方。

在EKB模式中，把影響各階段決策過程的因素分爲個人差異及環境變數等外在因素：

1. **個人差異**：包括消費者本身資源、知識、人格、價值觀、對產品的態度及其生活型態等。購買決策會受到個人特質的差異所影響。
2. **環境因素**：包含文化因素、社會階層因素、個人因素與家庭情境等因素所影響。

4-4 消費者情感

上一節提到，消費者行爲另一個研究觀點，是從消費者本身的心理因素來探討，包括消費者本身的動機、情感、認知、態度等心理因素，與消費者環境互動的過程。情感因素對消費者購買決策、行爲影響，佔有很關鍵的地位（Oliver, 1993）。因此，本節討論情感因素對消費者行爲的影響與過程。

情感（Affect）是一種心理的內在狀態，是心智眞實且主觀的感覺（Feelings）與心情（Moods）的表現，而非針對特定事物的感觀（Cohen, Pham and Andrade, 2006）。

情感，包含情緒（Emotion）、心情，用以說明心智的轉變過程，而非心理過程而已，所謂心智過程是認知對事件或思維的準備狀態。情緒是指短期的，可能是數秒、數分鐘、數小時的反應，對特定某人或某事件的強烈感覺；心情是指長期的，可能是數天到數星期的反應，缺少刺激的情緒，較不強烈的感覺。如圖 4-2 所示。

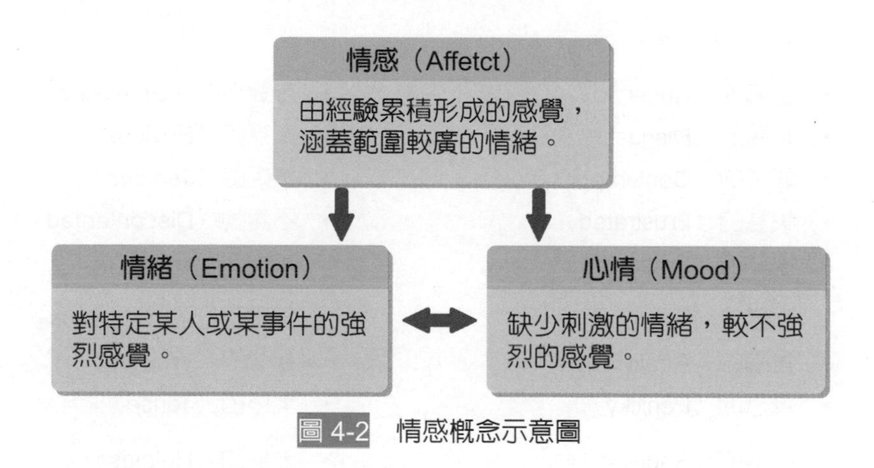

圖 4-2　情感概念示意圖

資料來源：P. Robbins and A. Judge (2008).Essentials of Organizational Behavior (9th Edition) , ch7:Emotion and Moods.

研究情感對消費者行爲影響，通常將情感分成兩種狀態，包含正面情感（Positive affect）與負面情感（Negative affect）。正面情感包括愛、愉悅、快樂，顯示出一個人感到熱情、有活力、敏銳的程度，當個體處於高度正面情感時，顯得精力旺盛、興高采烈、積極的；負面情感包含驚訝、憤怒、悲傷、害怕、羞愧、厭惡等各種令人反感的心情狀態，當個體處於高度負面情緒時，會表現出懼怕、緊張、懷有敵意等（Watson, Clark & Tellegen, 1988; Beatty & Ferrell, 1998）。

Laros and Steenkamp（2005）認爲情感具有層次性，將正面情感與負面情感分類成更多的組成因素，如表 4-2。

表 4-2 情感分類內容

正面情感	滿意	• 滿意的（Contented） • 滿足的（Fulfilled）	• 平靜的（Peaceful）
	快樂	• 樂觀的（Optimistic） • 受到鼓舞的（Encouraged） • 充滿希望的（Hopeful） • 快樂的（Happy） • 喜歡的（Pleased） • 充滿喜悅的（Joyful）	• 放心的（Relieved） • 興奮的（Thrilled） • 熱烈的（Enthusiastic） • 興趣（Interest） • 高興（Joy）
	愛	• 迷人的（Sexy） • 浪漫的（Romantic） • 熱情的（Passionate）	• 鍾愛的（Loving） • 多情的（Sentimental） • 忠心的（Warm-hearted）
	驕傲	• 驕傲（Pride）	
負面情感	生氣	• 生氣的（Anger） • 厭惡的（Disgust） • 鄙視的（Contempt） • 失意的（Frustrated） • 惱怒的（Irritate）	• 未實現的（Unfulfilled） • 羨慕的（Envious） • 嫉妒的（Jealous） • 不滿的（Discontented）
	恐懼	• 恐懼的（Fear） • 害怕的（Afraid） • 驚恐的（Panicky）	• 緊張不安的（Nervous） • 擔心的（Worried） • 緊張的（Tense）
	悲傷	• 悲傷的（Sadness） • 沮喪的（Depressed） • 痛苦的（Miserable）	• 無助的（Helpless） • 懷舊之情（Nostalgia） • 內疚的（Guilty）
	羞愧	• 罪惡的（Guilt） • 害羞的（Shame）	• 尷尬的（Embarrassed） • 羞辱的（Humiliate）

資料來源：Oliver(1993)；Laros and. Steenkamp（2005）

麥當勞訴求「歡聚、歡樂在麥當勞」、7-11 統一超商採時尚模特兒廣告，傳達平價流行時尚，讓消費者產生像模特兒一樣迷人、浪漫的情感。上述皆是情感因素的運用，正面情感有助於消費者的購買行爲。消費者買到自己喜歡的品牌（如 Nike）或商品（球鞋），正面情感（滿足的、滿意的）會增加；對某些品牌或商品具有正面情感時，消費者會產生消費者滿意，也會影響其再購買意願，形成品牌忠誠度。

許多香菸廣告或檳榔廣告，都會告訴你吸菸很可怕，或檳榔吃多了會得口腔癌，使消費者產生恐懼情感，進而拒絕該產品，以減少消費。電影產業或流行音樂產業，販賣的也是情感，「美麗人生」或「那些年，我們一起追的女孩」，片中混合的幸福和不幸的事件，感人的故事讓觀看電影的觀眾在電影結束後同時擁有幸福與悲傷兩種情緒而感到快樂與悲哀。

4-5 消費者購買行為分類

涉入程度是情感因素的一種研究。涉入程度（Involvement）是指消費者對產品或服務，情感投入的高低程度，不同涉入程度消費者的產品採用過程也有差異。涉入程度高，表示消費者情感投入高，願意花很多時間去蒐集，很多錢去購買，投入很多的心血與感情；涉入程度低，表示消費者情感投入低，不願意花很多時間去蒐集，不願花很多錢去購買，不願投入很多的心血與感情。

對於產品高涉入的消費者，例如蒐集古董、珠寶、名貴跑車，消費者產品採用過程順序是：知悉→瞭解→興趣→評估→試用→採用。低涉入者，沒有花很多時間精力，像買衛生紙、香皂、日常用品一樣，消費者採用過程是：知悉→試用→評估→採用。以人類行爲的層級效果來觀察，知悉與瞭解是屬於認知層面，興趣與評估是情感層面，試用與採用是行爲層面。

根據消費者對產品和品牌的涉入程度的不同，將消費者決策行爲區分成四類，如圖 4-3 所示：

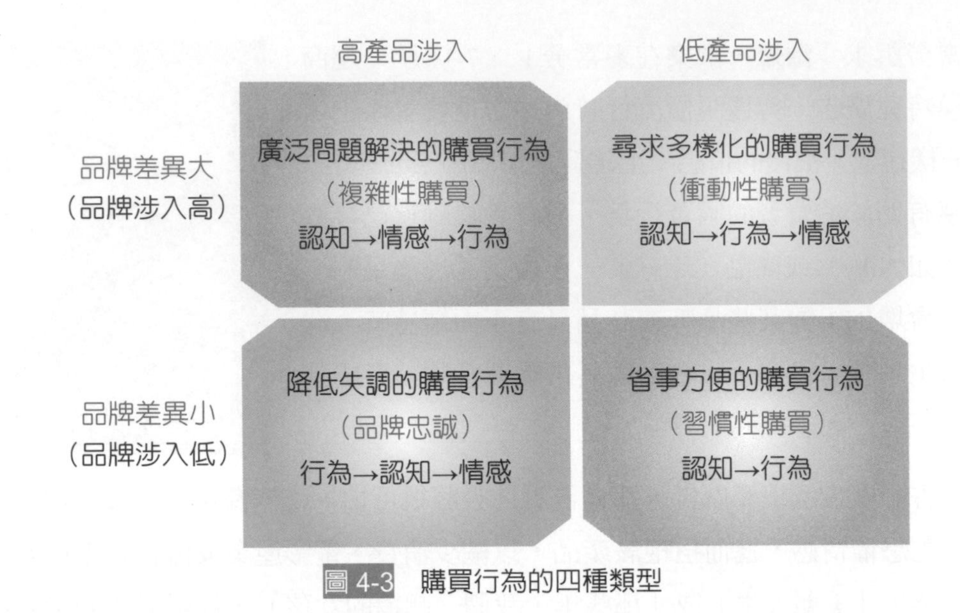

圖 4-3　購買行為的四種類型

資料來源：Taylor Mark B.(1981), “Product Involvement Concept: An Advertising planning point of View ” . Attitude Research plays for High Stakes,pp.94-111

1. **複雜性購買行為**：消費者對此類產品涉入程度高，同時品牌競爭差異相當大，決策風險也相當高，例如房屋、汽車、休閒度假中心會員證。
2. **降低失調的購買行為（廣泛問題解決的購買行為）**：消費者對此類產品涉入程度較高，同時品牌競爭差異不太大，但消費者轉換品牌意願不高，因其中隱含社會性風險很高，因此新品牌較不易打入市場，例如牙膏、香水。
3. **尋求多樣化的購買行為（衝動性購買行為）**：消費者對此類產品涉入程度低，同時品牌競爭差異相當大，因此消費者忠誠度不大，追求新品牌意願強烈，例如洗髮精、休閒食品。
4. **習慣性購行為（省事方便的購買行為）**：消費者對此類產品涉入程度較低，同時品牌競爭差異不太大，消費者品牌忠誠度和偏好不強，例如報紙、冷凍蔬菜、罐頭。

臺灣能源爭議

2021 年歐洲洪災，圖為比利時列日街頭淹水
圖片來源：安納杜魯新聞社

2021 年，福島核災已發生十年，然截至目前，許多問題仍未善後，甚至沒有解決時程及辦法，當地居民回流比率更不到一成。這對擁有四座近斷層帶核電廠的臺灣，極具警示。然而，該年五月全臺之接連停電，卻引發公眾對能源轉型的疑慮。事實上，根據 2020 年台電資料顯示，我國核能為 12.7% 的總能源佔比，火力發電為 80.2%。

核能支持者認為核電具低碳與穩定供電等優點，卻忽略核能在開採、提煉、濃縮、發電過程中產生的巨大污染。而過去一世紀大量地燃燒化石燃料，加上大幅開墾林地，造成大氣中二氧化碳和溫室氣體濃度增高，導致氣候變遷。接踵而至的乾旱、熱浪、暴雨、暴雪、森林大火、水患、冰川融化、海平面上升，進一步衝擊生態、引發物種滅絕及糧食危機。

2015 年《巴黎氣候協議》為控制全球升溫，與會國首次同意將氣溫升幅限制在工業化前水準以上 1.5℃之內，且各國每五年檢討「國家自定減碳貢獻」，一起努力降低二氧化碳的排放。然截至 2018 年，人類活動又造成地球升溫 1℃，距離 1.5℃只差半度。

資料來源：聯合新聞網，綠色和平，維基百科

問題討論：

1. 「接受環保理念」是屬於何種類型之購買行為？

2. 「接受環保理念」之行為架構模型為何？

重要名詞回顧

1. 消費者行爲（Consumer behaviour）
2. 問題確認（Problem awareness）
3. 資訊蒐集（Information search）
4. 知覺組合（Awareness set）
5. 喚起組合（Evoked set）
6. 考慮組合（Consideration set）
7. 例行性購買行爲（Routine response behavior）
8. 有限決策購買行爲（Limited decision making）
9. 廣泛決策購買行爲（Extensive decision making）
10. 衝動性購買（Impulse buying）
11. 認知失調（Cognitive dissonance）
12. 情感（Affect）
13. 涉入程度（Involvement）

習題討論

1. 請說明 EKB 消費者行爲模式的內容。
2. 請說明情感的分類與內容。
3. 根據資訊搜尋方式，分成哪三種購買行爲？
4. 消費者行爲受哪些個人因素所影響？
5. 根據涉入程度，消費者有哪些購買行爲分類？
6. 請說明消費者購買的決策過程。
7. 消費者的問題，可因爲熟悉的程度分成哪幾類？

本章參考書籍

1. Kotler, P. , Marketing Management (N.J. : Prentice Hall, 2003).
2. Kotler, P. and G. Armstrong, Principles of Marketing (N.J. : Prentice Hall, 2001).
3. Czinkota M. R., Marketing: Best Practices (NY: The Dryden Press, 2000).
4. Sheth, J. N., B. Mittal, and B. I. Newman, Customer Behavior: Consumer Behavior and Beyond (NY: The Dryden Press, 1999).
5. Engel, J., R. D. Blackwell, and P. W. Miniard, Consumer Behavior (NY：The Dryden Press, 1993), 7th.

NOTE

5

影響消費者行為環境因素

本章重點

1. 說明影響消費者行為的環境因素。
2. 說明文化因素。
3. 了解社會因素。
4. 探討個人因素。
5. 掌握心理因素。
6. 了解國家文化模式。

行銷觀測站

FOLLOW

《滴答滴答一世紀》巴塞爾鐘錶展 100 年

第一屆的瑞士產業博覽會於巴塞爾（Basel）隆重開幕，共吸引了 831 家廠商參展及 30 萬人次的訪客。巴塞爾博覽會是世界鐘錶珠寶行業最為重要的貿易盛會和潮流風向標，前身係瑞士產業博覽會，第一屆於 1917 年的巴塞爾隆重開幕，2017 年剛好 100 年。

在 1,300 多家參展商中，臺灣只有一家通過推薦審核，這位獲邀之臺灣珠寶藝術家，也是唯一獲邀的華人名叫李承倫，成長於苗栗頭份鄉下，童年喜歡在中港溪畔撿石頭，國小開始彈琴，家人希望他能成為安穩的音樂老師，但他把父親辛苦攢下來的學琴費用，瞞著家人拿去買賣玉石。大學畢業後，美國亞歷桑納提供全額獎學金，李承倫因此前往寸草不生的沙漠地帶，攻讀音樂碩士，也意外尋獲寶石事業的礦源。

李承倫因認識眾多礦主，並用買賣琥珀和結婚禮金，一百萬元起家，學成歸國在松江路開設的珠寶店卻橫遭「納莉」風災滅頂，一夕破產。痛定思痛之餘，他辭掉原本學校兼差的教職，全心投入寶石產業，化身寶石獵人，走訪天涯海角世界五十多國。他自己設計、加工、研磨、切割，還設立寶石鑑定所及博物館，終極目標，就是要打造一個臺灣始終欠缺的百年珠寶品牌。

資料來源：《文茜的世界周報》臉書 2017/04/08，《鏡 Media》2017/03/10

5-1 影響消費者行為的環境因素

根據第四章所述，研究消費者行爲，可以明瞭人們購買或使用產品的決策過程與行爲。人們的消費行爲相當複雜的，受到很多環境因素影響，往往不容易瞭解。行銷講求滿足消費者需求，因此，必須要對影響消費者消費行爲的環境因素作進一步的探討。

影響消費者行爲的環境因素，分爲兩大類，一是總體環境（Macro environment）因素，二是個體環境（Micro environment）因素。

一、總體環境因素

行銷所面臨的經濟環境因素，包括市場供需、競爭狀況、利率、通貨膨脹、失業率、經濟成長率等因素，足以影響一個國家或區域經濟組織的體質好壞或福祉。如果景氣不好、失業率高、物價水準上升，行銷就會面臨很多困境，包括刪減行銷預算、減少品牌行銷活動，而經濟環境不好，更使得消費者消費意願低落，購買商品的意願也相對減少。

行銷也受到以下四個因素的影響，說明如下：

1. **技術環境因素**：技術是一種技藝與設備的組合，影響行銷人員使用商品或服務的設計、生產製造和配銷。例如手機、網際網路、通訊設備的精進，改善了行銷的溝通交流行爲，傳播的效果就更廣泛了。
2. **社會文化因素**：是來自一個國家或社會的社會結構或文化。社會結構，是指一個人和群體在社會中的關係位置；國家文化，是指一個社會認爲重要的價值觀，和社會所接受或受約束的行爲常模。文化的影響除了反映於消費者的需求偏好外，亦反映於管理技術上。臺灣人對日本文化有一定的偏好，喜歡吃日本料理、聽日文歌曲、看日劇、到日本觀光、喜歡日本汽車、日本產品，這些都反映出日本文化對我們的社會文化的影響。麥當勞在世界各地皆有分店，唯有印度分店不出售牛肉製品，在回教國家，麥當勞則販賣以羊肉爲主的「大君麥香堡」（Maharaja Mac）。

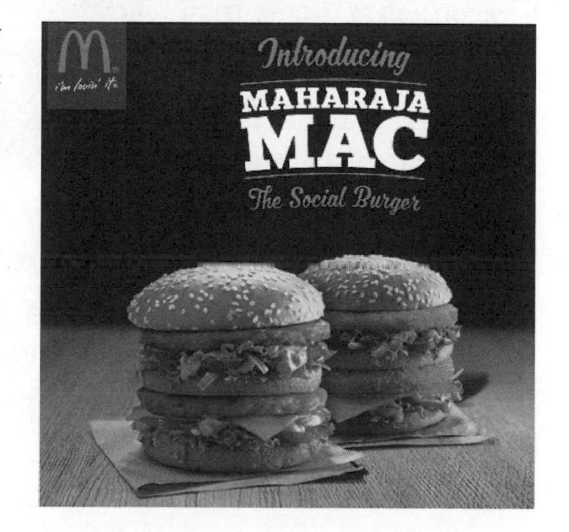

3. **人口統計因素**：是指一個地區或環境人口的特性，例如性別、年齡、種族、性向與社會階層等，目前的現狀或改變的結果。少子化與高齡化是國內企業行銷須面臨的環境挑戰，同時也帶來了許多機會，例如老人照護、養生保健產品、寵物及寵物醫療保健的需求增加。然而社會趨向少子化與高齡化的情況，也帶來了許多威脅，例如幼稚園及中小學及大專院校已普遍有招生不足的現象，少子化也代表著牛奶、衣飾、安親班、托育嬰等需求的萎縮；而以兒童爲主要訴求對象的麥當勞，及以年輕人消費爲主的便利商店，勢必調整其商品組合與目標客戶群爲因應。
4. **政治與法規因素**：法律或管制的變化結果，例如消費者保護法、智慧財產權、環境保護等法規，都會影響企業行銷的營運。如商品包裝須符合各項法規要求標明廠商、生產日期、原料成分等之外，還要提供消費者免付費電話專線、產品營養標示，這些都要清楚的告訴消費者。

Uber 在臺灣市場的存在價值

2013 年 5 月 Uber 進入臺灣市場試營運，7 月底與租賃車公司合作，主打高級黑頭車 UberBlack 切入市場，到 2014 年 5 月推出平價車款「菁英優步」，才開始招募一般人用自家小客車加入司機行列，自我定位為創新「共享經濟」的服務提供者。司機只是利用私家車在餘暇時出借人車，充分運用多餘的產能，且因為是自用車，在清潔維護以及安全注重甚至是品牌等級等方面，都比一般計程車有明顯優勢。此外，在叫車與付款流程方面，使用手機 APP 與信用卡扣款，完全透明有效率，深受上班族與商務人士喜愛。在進入市場建立品牌形象之後，價格搭配促銷推廣也漸漸親民，進而擄獲不少學生族群與年輕女性，在臺灣市場中已明顯威脅到一般計程車的營收。

隨著總體營收成長，Uber 每趟車次對車資抽成 20% 至 25%，透過信用卡扣款，完全不經過臺灣管轄，至此 Uber 未繳營業稅以及司機未納勞健保的問題浮現，再加上自認並非經營汽車運輸業，而不接受公路法納管也不怕輕罰。經過幾年斡旋，2016 年 11 月 16 日台北市國稅局發出兩張稅單追補 Uber 在台行銷公司 1.35 億元稅金。12 月 9 日立法院三讀通過《營業稅法》修正案，跨境電商需設稅籍繳 5% 營業稅，Uber 也必須繳稅。

此外同步修改《公路法》，提高對 Uber 和駕駛的罰款，對 Uber 的罰金最高可達 2,500 萬元，創下全世界最高，號稱「Uber 條款」。累計罰款預估達 11 億此外同步修改《公路法》，提高對 Uber 和駕駛的罰款，對 Uber 的罰金最高可達 2,500 萬元，創下全世界最高，號稱「Uber 條款」。累計罰款預估達 11 億 5,600 萬元，並勒令歇業，此舉也讓 Uber 決定在 2017 年 2 月 10 日暫時停止在臺灣市場的服務。兩個月後，Uber 又宣布將重回臺灣，可能與租賃業者合作，未來發展值得關注。

「共享經濟」為閒置資源的再分配，讓有需要的人得以較便宜的代價借用資源，持有資源者也能或多或少獲得回饋。在網路社群與行動裝置的助力下，加速共享經濟的發展，例如私人汽車透過平台實現共乘作用（Uber）、人們的空房也能租借給旅客換取報酬（Airbnb）。然而 Uber 若僅是提供資訊平台服務，利潤空間就會縮小，必須透過汽車派遣升高對司機的主控權來建立優勢。近來，愈來愈多人質疑，Uber 和 Airbnb 究竟算不算利益公平均分的「共享」經濟，還是只是網路媒合服務，最後創造一群低薪的兼職服務提供者取代了全職服務者？

資料來源：數位時代 2017/02/10，科技新報 2017/02/12

二、個體環境因素

人的需求（Need）與慾望（Want）是無止境的。需求是指人們尋求更美好的生活情境，所產生不滿足的情況。例如追求美好生活、生活品質、滿足飢餓、口渴、飲食、睡眠的驅力（Drives）。這些情況，可能會受到遺傳上，生物本能上與心理上諸多影響，也會受到後天環境上的影響，例如氣候、地理區域、生態環境的影響。

慾望是指某種特定的需求，想要得到該需求，以改善不滿足的情形。例如眼睛想看美麗的事物、耳朵想聽好聽的聲音、嘴巴想吃好吃的食物、想要永遠青春美麗。從個人特質上來說，慾望受到個人價值觀、生活環境與文化環境的影響。從後天情境來看，人們的慾望受到技術、經濟條件、政治規範所左右。

根據相關學者的研究，消費者行爲的影響因素，如圖 5-1 所示。消費者行爲的理論認爲購買的行爲會受外部刺激的影響。外部刺激分成行銷刺激與環境刺激兩種。

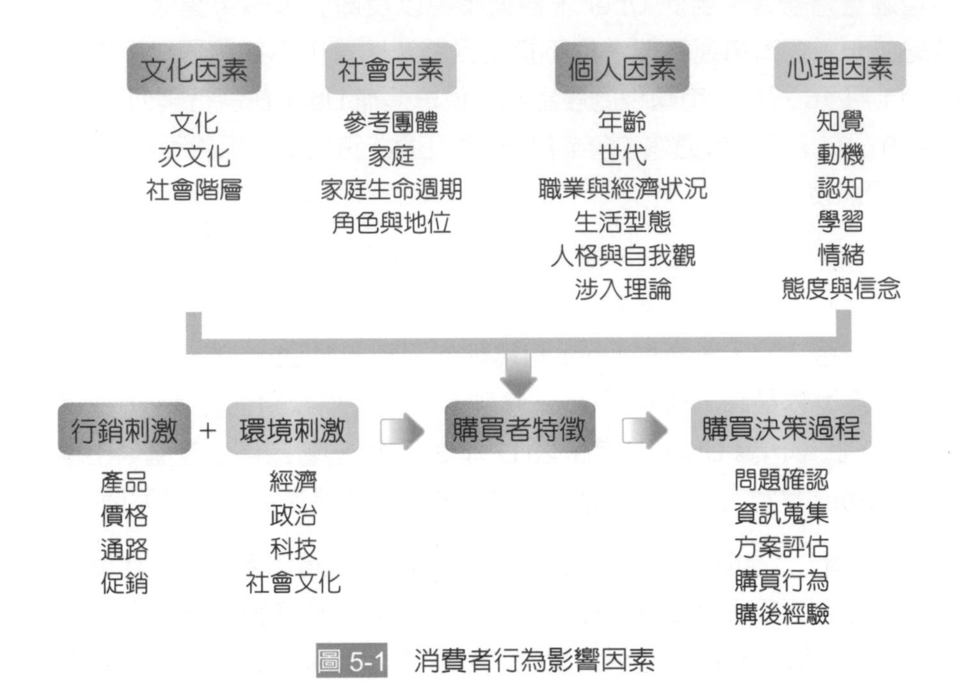

圖 5-1 消費者行為影響因素

行銷刺激是因爲行銷活動而產生的，行銷活動包括產品、價格、通路、促銷等行銷組合的影響，消費者會因看到、聽到、想到、吃到、接觸到而有不同的感受。環境刺激是指消費的大環境，包括政治、經濟、科技、社會文化，都會影響消費者的選擇，通常這種情況不是消費者個人所能改變的。例如肚子餓了、嘴饞了，就會想找東西吃（行銷刺激），景氣不好、收入有限（經濟刺激），就只好省吃儉用，現在社會上瀰漫減肥瘦身，即使吃東西，也講究營養與熱量（社會文化刺激）。消費者每天接觸的刺激相當多，影響的程度也大不相同。

以下說明文化因素、社會因素、個人因素與心理因素，對消費者購買行爲的影響。

5-2 文化因素

一、文化的定義與內容

（一）意義

文化（Culture）可以說是一個較廣泛的生活方式，代表一個組織或社會的成員之間，不斷的學習或分享意義、儀式、常規或傳統與整體的改變，也是一群同質的人具有相似的價值觀、理念與態度，並且代代相傳。**文化包括語言、宗教信仰、種族、教育、生活方式與國家等。**

文化是一個長期的影響，例如東方人以米食爲主、華人吃飯用筷子、南方人早餐有稀飯及醬菜、北方人吃豆漿及燒餅油條、湘川之人喜辛辣之食，這些都代表一個區域文化的特質。文化也可以表現該區域或國家的共同價值觀，例如美國人的價值觀普遍是追求成就、充滿活力、個人主義、實際、強調物質享樂等。東方人則比較保守、順從、追求精神滿足、比較群眾導向、講究忠孝節義。

（二）文化的內容

文化的內容，可以包括語言、教育程度、宗教信仰、價值觀與審美觀等項目。分述如下：

1. **語言**：全世界有三千多種語言，加上方言有一萬多種，即使是相同語言，意義也不同，它可以反應一個社會文化的重心以及社會的科技水準。語言是一個溝通工具，翻譯錯誤的成本更高，即使像臺灣和中國大陸，雖然文化同源，但是語言表達的方式就有很多的不同，例如我們說「品質」，大陸說「質量」、我們說「行銷通路」，他們說「行銷渠道」、北方人說你很「面」，就好比我們說這個人「很差勁」、「很茱」一樣。
2. **教育程度**：教育普及的國家，通常是文盲少、識字率高、人民素質也較好；教育不普及的國家，通常文盲多、識字率低、人民素質低、經濟發展也較落後。行銷的方式會有不同選擇。文盲多的國家，產品包裝要藉助大量圖片，或簡易的說明方式，讓消費者易懂。

3. **宗教**：宗教是文化結構上的重要一環，足以左右消費者行爲及廠商的行銷策略。例如印度教國家禁食牛肉，因爲印度不僅保護牛，不吃牛肉，甚至將牛視爲神聖的特徵，因此對牛特別地尊敬；而回教國家則禁食豬肉或酒類商品，回教國家強調不能追求物質生活，所以名牌汽車（如賓士汽車）就不能以「身分地位象徵」作爲行銷重點。宗教同時也規範男女兩性在社會上的角色，例如回教國家禁止婦女駕駛汽車。
4. **價值觀**：價值觀是人們分享且深植於人心的信念及規範，態度則是根據價值觀決定或採取的行動。人面臨許多的狀況，必須作選擇，價值觀有助於人們的選擇決策。上述價值觀包括：
   (1) 對時間的看法：緬懷過去、活在當下或放眼未來。
   (2) 對成就感與工作的看法：追求成就或及時行樂。
   (3) 對財富的看法：富貴如浮雲、勤儉節約，或夢想一夕致富。
5. **審美觀**：審美觀是指消費者覺得什麼是美？什麼是不美？審美觀會影響消費者對產品的包裝、標籤、外型或顏色的視覺感受。音樂、電影、藝術，會影響消費者對廣告接受程度。包括使用的廣告代言人、品牌的形象等。行銷地區就可以涵蓋臺灣、香港、新加坡與中國大陸等華人多的市場。

二、次文化

文化可以包括更小的次文化團體，在一個文化群下，一群人（Category of people）有一致的態度信仰與價值觀。

次文化（Subculture）可以區分爲國家、宗教、種族、地理區域。許多次文化是一個重要的市場區隔，提供行銷人員有關產品與行銷方案的決策參考。例如在美國，有專門設計給拉丁裔美國人看的電視頻道、點心食品，也有專門提供非裔美國人穿的衣服、黑人電影、黑人酒吧、黑人網站，臺灣人住宅忌諱「4」，香港人偏好「8」，這些一樣是一種次文化的表現。

三、社會階層

人類社會中或多或少都有社會階層的情形，階層可能以特權階級的方式存在，從小出生即享有特權，例如英國、日本皇室。階層也可能以流動的方式存在，隨著生活方式、所得水準、生活品質有所變化。

社會階層（Social class）是指社會中較具同質且持久性的群體，這些群體按階層排列，每一個階層的成員具有類似的價值觀、興趣及行爲。社會階層不只反應所得水準，還包括職業、教育、居住地區、服飾、家庭生活與休閒生活等特徵。例如中南部鄉下地區，就比較喜歡觀看鄉土劇，如「烏來伯與十三姨」之類的節目。中上階層、政商名流與高所得人士則喜歡打高爾夫球。

根據 Coleman（1983）的研究，美國的主要社會階層分成七等，如表 5-1，包括上上階層（少於 1%）、上下階層（大約有 2%）、中上階層（12%），中產階層（32%）、勞動階層（38%）、下上階層（9%）、下下階層（7%）。社會上大多是中產階層與勞動階層，上上階層與下下階層在社會階層中都是較少的一群，而上下階層則界於中間。

表 5-1 美國主要社會階層

階層	說明
中產階層	指支領薪資的白領與藍領工人，或軍公教人員。企業中階主管，通常屬於理性的購買者，關心時勢流行，希望子女接受較好教育、居住在城鎮中較好的地區或文教區。
勞動階層	指支領薪資的藍領工人，或過著勞動階級生活型態的人。這個階層的人，大量依賴親朋好友在經濟上與情感上的支援，生活圈以親朋為主，假期以國內休閒為主，比較有強烈的性別角色及刻板化印象。
上上階層	往往繼承大批財富，有聲名顯赫的家族背景，例如連戰家族，中信辜家等，他們是古董、珠寶、高房價、高爾夫球、拍賣、國外旅遊、高級服飾最主要的目標市場。
下下階層	此階層貧困無依，經常失業，居無定所，靠社會救濟或慈善機構協助過日。
上下階層	一群在職業上或事業上有特殊能力表現的一群人，擁有高所得或財富，並力爭上游想要進入上流社會。在社會或公衆事物上往往表現積極，喜歡購買名牌或象徵財富地位的東西。
中上階層	通常無顯赫家勢與財富，是一群相當專業的人士，或公司企業中的高階主管，他們重視前途，對子女教育關心，熱心參與社會公益，他們也是高級住宅，名牌服飾，新科技產品主要的市場。
下上階層	下上階層只比下下階層的窮人稍好，他們從事靠體力、非技能且收入低的工作，通常教育水準不高。

5-3 社會因素

一、參考團體

參考團體（Reference group）是指對個人有影響的群體，個人作決策時，會直接或間接受其左右影響。有些團體是個人出生到生活中，有長期密切相關互動，例如家庭、親朋、鄰居、同學同事，稱爲初級團體；有些是因爲職務帶來的關係，較正式、不常密切往來，例如商業團體、專業團體、宗教團體或社團活動等，稱爲次級團體。初級團體和次級團體對個人影響程度不同。

人們思考與行爲受參考團體的影響，參考團體藉由產生壓力，迫使個人接受新的知覺、行爲與生活型態，產生一致性的要求，影響個人對產品與品牌的選擇。至於影響的強弱，受個人價值觀念，產品與品牌差異有所不同。政府提倡禁煙，想要在團體內抽煙，也形成同儕壓力，讓很多人不能在公開場合抽煙喝酒。某一個階層，以某些形式來標明自己的團體，也會要求該成員遵守該形式，例如幫會儀規，青商會，獅子會。

受參考團體影響的產品與品牌，廠商的行銷就必須要設法接觸參考團體中的成員或意見領袖（Opinion leader），運用意見領袖對產品與品牌的意見，或使用資訊，可以影響整個參考團體。例如流行服飾或流行音樂，可以透過意見領袖來散播，電視上的名主播、知名演員穿戴或使用的東西，往往會吸引其參考團體成員的注意而形成流行。

二、家庭

家庭是社會中最重要的購買組織，也是被廣爲研究的領域。行銷領域中，關於家庭的研究分成幾項：一是家庭成員的角色，與對購買品項決策，二是婦女地位的演變。

家庭角色，分爲丈夫、妻子、子女等，不同國家或文化，家庭角色會有很大差異。在傳統的東方社會，妻子被要求對丈夫順從，男尊女卑，許多家裡重大支出都是由丈夫決定，或是家中年長者。我國受到美國文化的影響，夫妻對產品的購買參與程度也受到改變。妻子對家庭中食物、雜貨的購買具有決定權，而家庭大採購時，傾向夫妻共同決定，例如電冰箱、電視機的採購。買房子時，丈夫決定地點、坪數，妻子決定裝潢、家具陳設，包括窗簾的顏色。購買汽車，大致是丈夫的決定，但是顏色由妻子挑。

玩具、流行商品的購買，兒童與青少年就扮演很重要角色。現代父母親願意買給兒童更多的玩具，常常陪子女去麥當勞、玩具反斗城，兒童在這方面具有發起者、影響者的角色。又受到兒童青少年對零用金的支配力提高，連帶提高網路遊戲產品、卡通動畫、漫畫、休閒點心、可樂、爆米花、文具、流行音樂、電影與服飾等商品消費力，這些產業也因此蓬勃發展。

其次，婦女角色的演變，也是一個研究重點。婦女由早期是丈夫的附屬品到今日獨立個體的自覺，購買產品也跟著變化。今日社會上有女性信用卡，女性購物商店，專給女性開的汽車（Opel、Corsa），婦女參與許多以前所沒有從事的行業，例如公車司機、警察，許多大企業的高級主管也都是女性，例如HP、臺灣的大陸工程公司。婦女比以前有更好的機會，更獨立的經濟能力，在購買產品上就有更大的自主權。

三、家庭生命週期

家庭生命週期（Family life cycle）塑造出不同的消費需求，如表 5-2。人的一生從小到老死，隨著需求不同，不斷的改變所購買的產品與服務。小時後吃嬰兒食品，長大後吃不同偏好的食物，到老又有新的需求，人的一生就是這樣不斷的變化。

表 5-2 爲家庭生命週期的六個時期，說明一般消費者的購買行爲，大體上，前一時期的消費會影響後一時期的產品與品項，每一個階段都有不同的需求。但是，並不是所有的人都一定會有這樣的發展，例如現代都會文明發展，離婚率增高導致單親家庭增加，小孩提早社會化，許多商品與購買行爲都有不一樣的變化，如安親班需求增加，易微波、快可食用產品增加等，甚至很多夫婦不願生小孩，而使空巢期提前到來。

表 5-2　家庭生命週期階段

家庭生命週期階段	購買或消費行為
1. 單身階段 （年輕，不住在家裡的單身者）	薪水有限、慾望無窮、喜好流行娛樂、意見領袖吸引異性。例如手機、簡單家具、小家電、廚房、March 汽車、流行服飾、音樂、PUB
2. 新婚時期 （年輕沒有小孩）	購買率高且集中。例如訂婚結婚喜餅、籌畫結婚階段、攝影禮服、買汽車及房子、裝潢、家具、度蜜月、UB、G&M 卡
3. 滿巢一期 （小孩六歲以下，頂客族）	購買家庭開支，多為電化用品。例如洗衣機、電冰箱、冷氣機、嬰兒食品、玩具、娃娃車、聽診器、感冒藥、旅行車、托嬰保育、才藝教育、鋼琴、小太陽保險
4. 滿巢二期 （小孩六歲至未成年）	財務狀況漸佳，喜歡大量採購大宗物品。例如購買許多食物、清潔用品、腳踏車、音響、補習支出、教育保險費用、電腦設備、網路遊戲、PS2
5. 滿巢三期 （兒女成長獨立，年老夫婦）	財務狀況佳，有些兒女已工作，購買產品比較有主見。例如換新房子、換車子、較佳家具裝潢、雜誌、醫療、注意養生、運動、出國旅遊、退休計畫
6. 空巢期 （無子女在家，獨居）	對自己覺得圓滿、對老年旅遊、娛樂、年老教育有興趣。例如送禮及捐贈、退休消遣、醫療保健支出、生前契約、獨居生活照顧、安養中心、後事安排

四、角色與地位

一個人的一生總會參加一些社團，如學校社團、社會的組織、俱樂部或政黨。個人在團體中的地位由其角色與地位來界定。角色是指一個人被期望去做符合的行爲或舉止，例如公司的總經理被認爲開賓士車、Armani 服飾、勞力士手錶、喝皇家禮炮（Chivas Regal）等產品聯想在一起。角色配合地位象徵的產品，通常是行銷常用的手法，角色行銷對兒童、女性與青少年這三大族群最爲有效，因爲他們最容易被感動，也最容易認同商品或企業所塑造出來的角色，而適合的產業也多是一般性的消費商品。

5-4 個人因素與心理因素

一、年齡與世代

許多行銷的產品，會以年齡來作區隔，小孩子市場上的奶粉、玩具、紙尿片等；青少年市場有手機、休閒食品、包裝飲料、流行音樂服飾等；成年人市場有旅遊、電器用品、汽車、房子等。在不同的年齡有不同的購買需求，每一個階段都會面臨一些挑戰與機會，使得消費行為受到改變，例如失業變窮、投資賺大錢，都會改變一些消費行為。

世代行銷愈來愈受到重視，一般研究分成X世代、Y世代。X世代是指戰後嬰兒潮，約1963～1975年代之間的人，比較古板老式的消費群，整天以工作為中心，為賺錢給下一代而省吃儉用，追求成就、階級與社會地位，消費型態講究經濟實惠。Y世代大致是1975年以後出生的，基本上是喜歡流行、時髦、前衛、不以工作為生活中心，認為工作是維持生活的手段而已，喜歡名牌服飾、流行音樂、錢花光了再找工作、追求享樂。N世代（Next generation）是指網路媒體興盛後，熱衷打BBS、玩線上遊戲、網際網路交流訊息的一群。其中E世代（Electronic generation）稱為電子媒體的下一代。D世代（Digital generation）稱為數位媒體時代。基本上他們是生活在虛擬的世界，往往以為那就是眞實世界，消費習性也習慣藉由從網路中消費。表5-3為X、Y、N世代在消費產品上的比較表。

表5-3 X、Y、N世代在消費產品上的比較

消費產品	X世代	Y世代	N世代
汽車	賓士、富豪、福特	BMW、march	Opel、RV
可樂	黑松、可口可樂	百事	
茶水	高山茶、老人茶	茶裏王、花茶	
雜誌	時代、財星、讀者文摘、講義	壹周刊	玩遊戲、Safari
報紙	中時、聯合	蘋果日報	ipad、ipod、iphone
手錶	勞力士、天梭	Swatch，Baby G	
歌手	江蕙、余天	許慧欣、蕭亞軒 周杰倫、孫燕姿	韓國SJ，少女時代
流行品牌	小美、義美、大同、聲寶、嘉裕	Levi's、Nike	線上遊戲、潮牌

二、職業與經濟狀況

一個人的消費型態也受到職業影響，勞工階層會購買工作服、工作鞋、看鄉土戲劇；公司的經理或白領階層會買名貴的西裝、出國旅遊、參加鄉村俱樂部、獅子會等活動；所得水準高的人，會花錢買昂貴服飾、高品質音響、汽車、房子；所得較低的消費者，可能以購買經濟實惠產品爲主。行銷人員可依職業及經濟狀況作市場區隔，以分析消費者的行爲。

三、生活型態

生活型態（Life style）是指一群人有相同或近似的生活方式，彼此的活動、興趣、意見、態度都很接近。生活型態是這幾年來常被使用的變數，並與世代行銷相連使用，生活型態通常是由消費者的特性，如性別、種族、年齡層、個性、文化、參考團體、需求、情感與購買行爲而決定的。

有若干調查，例如「爆米花調查」、「ICP 消費者生活型態資料庫」，都會把調查的結果公佈，嘗試將消費者分類，有助於了解。像爆米花報告認爲未來生活型態有 16 個趨勢，包括繭居、呼朋引伴、夢幻歷險、以享樂爲報復、小小放縱、追求寄託、自我主張、女性思維、新好男人、反忙碌潮流、自願脫離、追求健康的狂熱、人老心不老、警戒的消費者、打倒偶像、拯救社會。

有的將消費者分成 X 世代、Y 世代、E 世代等，而最近流行年級分類，像「5 年級」、「6 年級」、「7 年級」，表示對各種商品追求偏好不同。「7 年級」，指民國 70 年以後出生的消費群，喜歡流行的商品，願意嘗試廣告商品，生活方式自當不同於「4 年級」或「5 年級」。「4 年級」會比較注意健康食品，保守、比較不願意有變化。

「樂活」（Lifestyle Of Health And Sustainability, LOHAS）的概念，表示生活追求健康與永續性，重視環境保護，願意花費時間金錢以提升個人發展與潛能。屬於這種概念的產業，包括有機食品、提升能源效益的產品、使用太陽能設備、醫療選擇、瑜珈術、生態旅遊等。

生活型態將消費者分成兩類，一類是時間限制者（Time-constrained），另一類是金錢限制者（Money-constrained）。金錢限制者追求低成本的產品與服務，wal-mart 即是此例；時間限制者通常想要在一個時間內做兩三件以上的事，例如一面開車，一面講手機，一面吃東西、騎腳踏車，一面搭交通工具，一面運動。商品的設計就要愈方便，愈簡單使用，例如無線（藍芽）、自動導航之類。

其實應該還要加一種「顯示性追求」，消費者追求名牌，願意花錢、花時間，表示尊榮，以彰顯自己的身分、地位或品味，或追求流行。例如穿名牌西服、帶名牌手錶、用名牌包包、上五星級餐館、吃很貴的料理、買名車、打高爾夫球、參加俱樂部、國外休閒村渡假、住帆船飯店，愈是知名、熱門、愈昂貴，愈有人去消費。

四、人格與自我觀念

人格是一個人面對週遭的環境，長期且一致的反應方式。人格通常分成內向、外向、樂觀或悲觀，或有人分成積極、自信、自主、順從、社會性、防衛性與適應性的特質來敘述，依據每個人的反應方式，將人格加以分類。在消費者行爲分析時，各種人格型態與產品或品牌選擇之間，常有高度相關，積極、自主或熱心公益的人格，通常比較願意購買創新產品，對產品不滿意時，也比較願意表達出來。順從個性者比較會有追隨大眾的購買行爲。

自我觀念與人格特質相近，是指消費者如何看待自己。研究上分成實際上的自我（Actual self-concept）、理想中的自我（Ideal self-concept）及他人眼中的自我（Others self-concept）。實際上的自我是消費者實際上如何看待自己；理想中的自我是理想上個人認爲自己是怎麼樣的一個人；他人眼中的自我是別人怎麼看待這個消費者。通常三個自我之間並不一致，有時候會產生差異，在決定購買行爲時行銷人員要了解究竟要滿足哪一種自我，例如年輕小姐喜歡吃（實際上的自我）巧克力、冰淇淋，可是理性上（理想中的自我）卻擔心發胖，要減肥，要身材苗條，怕別人說自己身材不好、愛吃鬼（他人眼中的自我）。

五、涉入

涉入（Involvement）是指消費者對產品、個人情感相關的程度。如果個人對產品相當關心，會去蒐集相關資訊，或個人對產品是相當重視的，稱爲高度涉入；如果消費者對產品消費不太去蒐尋資訊或不太重視，稱爲低度涉入。通常消費者對單價較低、買錯風險較低、容易取得的商品，屬於低度涉入，例如買香皂、衛生紙、餅乾等。對於單價較高、買錯風險較高、不容易取得的商品，是高度涉入，例如購屋、購車、古董與珠寶等。

涉入又可以因爲關切的時間程度不同，分成持續涉入（Enduring involvement）與情境涉入（Situational involvement）兩種。持續涉入是指長時間、持續的對產品表現關切，例如消費者可能長期會蒐集音響、火柴盒、洋娃娃等；情境涉入是指特定情境或特別時期表現出關切，是屬於短暫的，問題一但解決，關切便會消失，例如衣服被弄髒，馬上要解決的就是洗掉，或換一件衣服。通常持續涉入發揮到極端，就是高度涉入。

六、知覺

知覺（Perception）是指消費者對外在環境的資訊加以選擇、組織、解釋的過程。行銷人員要能夠了解消費者的知覺來源與過程，進而影響消費者的選擇。一般而言，消費者的知覺由三個步驟組成，說明如下：

1. **感覺（Sensation）**：感覺是消費者五官所看到、聽到、聞到、摸到、嚐到的一切官能性的反應，例如冷熱的感覺、看到美麗的女生、聽到周杰倫的音樂、吃一客牛排、聞到臭豆腐的味道等。
2. **組織（Organization）**：消費者要把相關的感覺組合起來，相似的感覺會放在

一起。例如在麥當勞，有漢堡、薯條可吃，可樂、咖啡能喝，有玩具可以玩，可以聊天、作功課。

3. **解釋（Interpretation）**：根據相關刺激，消費者的組織，消費者對於某些事物表示喜歡或不喜歡，或作某些判斷、說明。如消費者喜歡熱門音樂、喜歡麥當勞的服務、不喜歡可樂，因爲怕胖，怕熱量太高。

知覺的形成，主要受到三方面的影響，包括刺激的特性、資訊的內容與消費者的特性。刺激的特性是指刺激屬於感官性的或資訊性的，感官刺激會引起五官強烈反應，資訊刺激可以提供消費的情報消息。資訊內容主要是指刺激的眞實呈現，例如消費者每次去麥當勞，每次看到、感受到的眞實情形、有哪些人、有哪些服務人員、服務的情形、辦何種活動等。消費者的特性，包括消費者年齡、性別、職業、經濟情況、使用情形等。

與消費者溝通的過程，往往有很多干擾因素，使知覺產生偏誤而影響溝通。最常見的三種知覺選擇的偏誤如下說明：

1. **選擇性的暴露**：例如在每天眾多的廣告訊息中，消費者只會選自己喜歡的訊息去看，不喜歡的訊息會去避開，跟自己喜歡的人講話，用自己喜歡的東西，不喜歡的就放一邊去。
2. **選擇性的注意**：是指消費者只會注意自己有興趣的事物，沒興趣的事物，往往會視若無睹，視而不見。一個對汽車沒興趣的消費者，給他看再多汽車廣告，傳遞更多汽車資訊，就是引不起他的興趣，他也不會去注意。
3. **選擇性的解釋**：消費者對訊息的內容往往會依照自己的觀點加以解說，甚至扭曲原來的意思。消費者不喜歡小汽車，會把小汽車比喻爲女生開的或沒錢人開的車。消費者喜歡某個影星歌手，即使該影星歌手吸毒犯法，都還會爲其解說，合理化其行爲。

和平青鳥

建案可以怎麼行銷？書店可以怎麼抓住人們的眼光與依戀？於是漂亮的樣品屋變身為一間快閃書店（pop-up store），標榜「會消失的書店」而引起話題的和平青鳥 × 達永秋鄉，結合建築、文創、展覽的魔幻空間，有了出現的契機。

成立於 1977 年的達永建設全為自建自銷，以每年推案總銷 20~40 億元的速度穩扎穩打，二代莊政儒想法很創新，在接受周刊訪談時說：「臺灣的樣品屋很浪費，接待中心造價至少數千萬，但只有展示樣品屋的功能，用完就拆掉，以消費者第一次走進門到交屋，最多才 5 次，我們想讓接待中心在有限的時間達到最大的用途，因此開始有了結合咖啡廳、書店的構想。」

位於捷運麟光站附近的「達永秋鄉」建案樣品屋，和獨立書店青鳥書店結合，文青式的行銷吸引許多朝聖者打卡，更帶來「話題性」與公共報導，35 天完銷 21 億後，還因熱潮不斷而延後結束快閃，咖啡廳仍可每月創造 300 萬元的營業額。達永建設透過「複合式場域空間實驗」，改寫接待中心的創新文本，讓建築從產品定位，到行銷的過程，徹底顛覆既定印象，卻能持續實踐品牌的承諾，藉此加深品牌印象。

而青鳥書店創辦人蔡瑞珊不畏出版業的景氣低迷，從 2016 年起陸續開了數間書店，包含著重設計與藝文的華山青鳥，位於屏東孫立人將軍行館的南國青鳥，已快閃消失的和平青鳥，著重劇場與表演的南村劇場．青鳥．有設計，以及結合私廚與自然生態的森大青鳥等。訴求書店的存在「不是為了獨立、不是為了隔絕，是為了自由」，把書店當作一座城市挖掘歷史的起點，因此各有文化深度、各有迷人姿態。其中討論度最高的是和平青鳥，因為注定要消失的美麗，而讓人更珍惜，更要打卡、發動態分享，進而推波朝聖熱潮。

這是一次成功的異業合作，獲得德國 iF 國際設計獎，更是讓人回味無窮、印象深刻的快閃。

參考資料：八大電視 2020/02/07，Bazaar 2019/11/07，自由時報 2019/08/21，維基百科

和平青鳥介紹

問題討論：

1. 請從總體環境因素思考，快閃店的機會與威脅何在？
2. 請根據個體環境中的個人因素與心理因素，討論會參與快閃店的消費者樣貌，進行目標客群側寫。

重要名詞回顧

1. 總體環境（Macro environment）
2. 個體環境（Micro environment）
3. 文化（Culture）
4. 次文化（Subculture）
5. 社會階層（Social class）
6. 參考團體（Reference group）
7. 家庭生命週期（Family life cycle）
8. 生活型態（Life style）
9. 樂活（Lifestyle Of Health And Sustainability, LOHAS）
10. 涉入（Involvement）
11. 知覺（Perception）

習題討論

1. 請說明影響消費者行爲的因素有哪些？
2. 請說明社會階層的分類。並以國內情況說明適用情形。
3. 請以商品舉例說明家庭生命週期演變。
4. 請說明什麼是生活型態？
5. 請舉例說明各世代的特色與發展。
6. 最常見的三種知覺選擇的偏誤是什麼？

本章參考書籍

1. 莊安祺譯，費茲．波普康，麗詩．馬瑞格得原著（1996），新爆米花報告：Next 時代生活消費全預測，台北，時報文化。
2. Kotler, P. , Marketing Management (N.J. : Prentice Hall, 2003).
3. Kotler, P. and G. Armstrong, Principles of Marketing (N.J. : Prentice Hall, 2001).
4. Czinkota M. R., Marketing: Best Practices (NY: The Dryden Press, 2000).
5. Sheth, J. N., B. Mittal, and B. I. Newman, Customer Behavior: Consumer Behavior and Beyond (NY: The Dryden Press, 1999).
6. Engel, J., R. D. Blackwell, and P. W. Miniard, Consumer Behavior (NY: The Dryden Press, 1993), 7th.

6

市場區隔、目標市場與定位

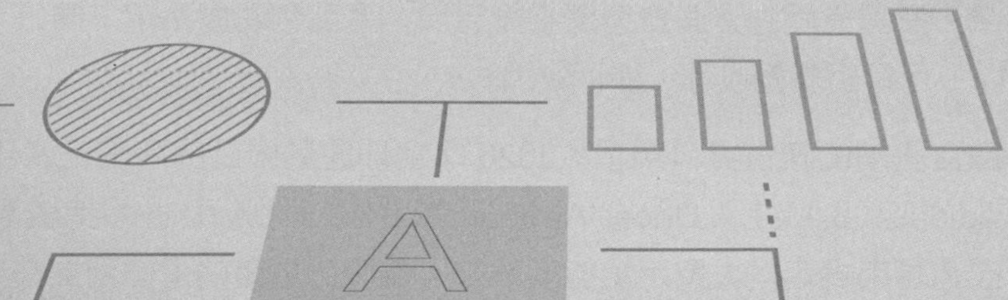

本章重點

1. 瞭解市場區隔、目標市場與定位的理論。
2. 掌握目標市場選擇的過程。
3. 說明市場區隔變數。
4. 擬定企業市場的區隔。
5. 認清市場定位。

行銷觀測站

FOLLOW ···

是誰擊敗了愛迪達成為全美第二大運動品牌？優勢還在嗎？

在美國運動品牌市場，NIKE 向來獨領風騷，Adidas 緊追在後，2014 年 9 月 5 日來自德國的老牌運動品牌 Adidas 第一次被擠到了第三的位置，取而代之的品牌，就是擁有黑科技魔法的美國本土公司－Under Armour（簡稱 UA）。UA 成立於 1996 年，在 2013 年的銷售額為 23.32 億美元，到 2015 兩年間增長了 65%。

UA 的成功秘訣是「品牌精神」，口號「I Will What I Want 成就我要成為的」，不同於 Nike 的 Just do it，訴求的消費群體是年輕充滿活力的青少年，利用網路影片進行溝通，塑造專注、與眾不同的品牌個性，產品強調科技材質與技術。正如同樣年輕的運動服飾品牌 Lululemon 橫掃北美，年輕的運動品牌正在搖動傳統大牌的地位。

然而，縱使 2011 到 2016 年的營收每年維持 20% 的成長，不過根據今周刊報導，對照 2015 年最高峰，UA 在 2017 年市值卻蒸發 168.5 億美元（約新臺幣 5 千億元），神話一夕破滅。探討原因包含消費者還不夠忠誠、產品創新度不足、擴張太快又過度集中北美市場、用打折救營收等，種下敗因。

全球紡織資訊網的統計資料顯示，2020 年全球運動服飾品牌前三名依序為 Nike（8.6%）、adidas（8.1%）、Under Armour（2.8%），UA 市佔率持續衰退，這個品牌從機能衣利基市場走向大眾市場的過程中，雖將市場區隔延伸到女性、童裝、運動鞋，甚至休閒產品線，想要擴大消費族群，但是市場定位無法有鮮明、獨特的價值主張，塑造與主要競爭對手的差異性，優勢恐怕無以為繼。

362 likes

資料來源：引用自商業洞察 2014/12/11，科技報橘 2015/09/04，今周刊 2017/11/29，全球紡織資訊網 2021/01/08。

6-1 目標市場與區隔的理論

一、市場區隔理論

公司無法在一個廣大的市場上，將一個商品滿足所有的消費者，所以行銷人員相信，市場是一定要區隔的。針對不同的購買者，不同的商品，不同的行銷需求組合，將市場劃分成幾個可以確認的區隔（Segments），在同一區隔內的一群消費者具有相近似的消費特質或行爲，這就是所謂的市場區隔（Market segmentation）。選擇一個或多個區隔的市場來經營，提供其所需商品，滿足該市場消費者的需求，該市場就是一般所稱目標市場（Target market）。

行銷人員認爲，有區隔的市場會比沒區隔的市場要好，因爲可以找出消費者確實的偏好與需求，所以能清楚目標顧客，提供明確的產品與服務，以集中行銷資源，提高行銷的效益，使經過區隔的市場更具吸引力與競爭力。而沒有區隔或區隔不好的市場，會追逐過少的群體，造成提供過多產品與服務，浪費資源、增加成本、效益降低、作虛功、不實際。

由於消費者的偏好不容易確認，因此市場區隔不容易確認。一般而言，消費者的需求可以分成同質型偏好、擴散型偏好、集群偏好三種，如圖 6-1。

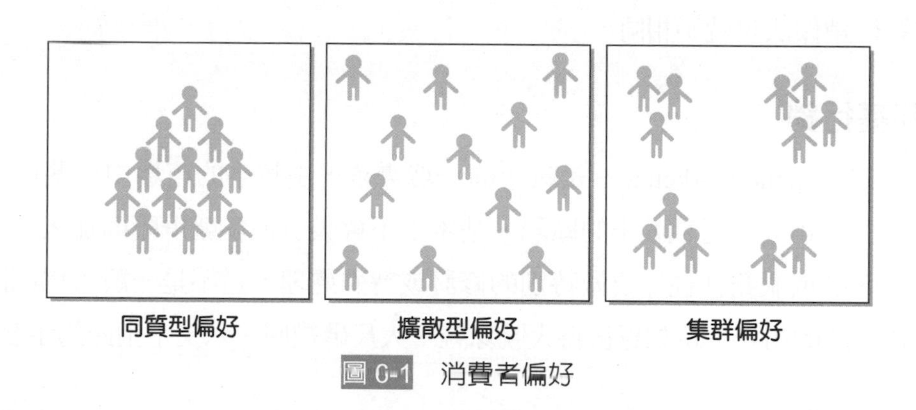

圖 6-1　消費者偏好

1. **同質型偏好**：表示消費者對該商品或服務的偏好，是頗爲一致的。
2. **擴散型偏好**：表示消費者偏好是極不相同，差異性很大。
3. **集群偏好**：表示消費者可以分成不同的若干群體，各群體內需求是相似的，但是群體之間是有差異的。

傳統的行銷是講求市場區隔與群聚間的目標市場行銷，現代行銷則是透過網際網路，藉著一對一的行銷科技與工具，鎖定個別化的顧客，將行銷帶入新的領域。

二、市場區隔層級

市場區隔代表公司可以提高瞄準目標精確度的一種努力的過程。透過大量行銷，可以創造最大的潛在市場。區隔可以有四種層次，即以市場、利基、微市場（Micromarket）與個人。行銷人員相信，目標市場與區隔，應該會由大的市場區隔，大量行銷，逐漸深入到以個人為主較細小的區隔，如圖 6-2 所示。

圖 6-2 市場區隔演進概念

以市場作區隔，行銷人員根據消費者的慾望、購買力、地理區域、購買態度及購買習性的差異，尋找消費者偏好較大且可以確認的區隔，形成所謂市場，根據市場的需求提供商品或勞務，例如汽車市場被區分為房車、休旅車、貨車的市場，再針對各市場特徵所擬定的行銷作法也就不相同。

（一）利基行銷

利基行銷（Niche marketing）是較小的一塊需求，由較小的市場中一些尚未被滿足的一群消費者所組成，這種較小的區隔，基本上不會吸引很多競爭廠商加入，市場的需求也較小，商品或服務往往需要做特別的修訂或特殊處理，這不是一般市場區隔者願意經營或有利可圖的市場。例如專售特大號球鞋、大尺碼禮服、六支手指頭的手套等。

（二）個體行銷

目標行銷可以將行銷對象層次鎖定在更細小的市場上，例如某個產品、某種通路或某個區域。舉例如下：

1. **針對特殊產品**：提供某一小群人特別的需求，例如Levi's針對女性牛仔褲市場發展名師設計的牛仔褲、限量供應的個人化牛仔褲。
2. **針對特殊通路**：依據顧客特殊屬性提供所需商品，例如專爲貴婦紳士手工量製的西服店、皮鞋店。
3. **針對特定地區**：對某些特定地區的顧客群加以研究，設計滿足其需要的行銷方案。這種地區群可以是貿易區域、鄰近區域、鄉鎮街道或個別的商店。例如銷售美國地區和歐洲地區的寢具，床櫃之類的規格截然不同，美國地區有盆浴的習慣，歐洲地區大都淋浴，對浴盆的需求也不相同。

（三）個人化行銷

個人化行銷（Individual marketing）區隔最終級的層次是每單一的個人，完全根據個別消費者的需求，量身訂作其需要，故可稱爲「一對一行銷」或「顧客化行銷」。又或者個人可依照自己的方式和企業互動，因此又稱爲「互動式行銷」，也就是企業的顧客關係管理內涵。

個人化是產品差異化的一個特殊情形。利用網路的資訊，可以幫助個人作決策上的協助，行銷人員可以根據消費者的需求，爲顧客量身訂作，提供顧客個別所需要的資訊。就長期的觀點，協助顧客作決策，爲顧客量身訂作，可以建立公司與顧客的忠誠度和信任。這種關係的建立是長期的，也是所謂的關係行銷。

6-2 目標市場選擇的過程

一、目標市場選擇過程步驟說明

選擇潛在市場、區隔、分析、並加以組合，這個過程就是所謂的目標市場選擇過程。重要過程步驟，詳如圖 6-3 所示。雖然在實務上可能因產品、策略或作業特性而有所修正或整合，但基本上，目標市場選擇過程仍能分成這些步驟。

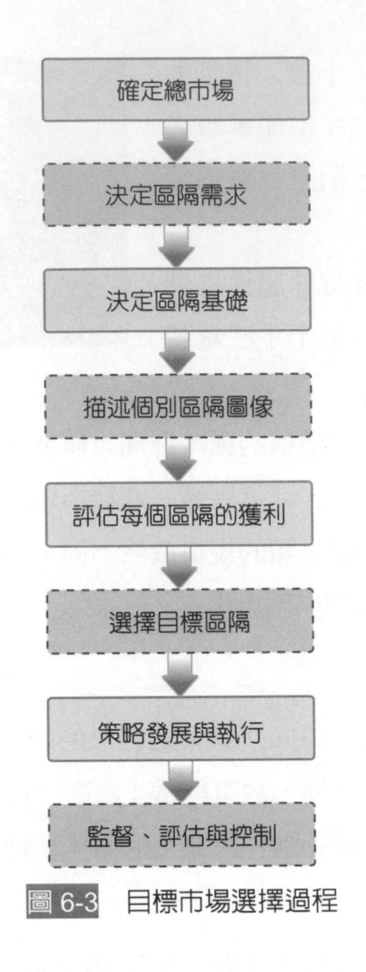

圖 6-3　目標市場選擇過程

（一）確定總市場

依照行銷人員的產業經驗、調查或已有的次級資料，確定所要進入市場的總規模大小、消費者的各種特性與消費購買習慣、商品服務特性與種類、總市場內的廠商與競爭對手，並對競爭者與競品作概略分析。

總市場規模大小的估計，通常可以了解這個市場過去的發展與未來的潛力，可以作爲進入這個產業，尋求機會與問題的參考。例如藥品市場規模有四百億，速食麵市場約有一百億，優酪乳市場有三十億，規模大小不同，成長不同，機會與問題也大不相同。這個階段的消費者與競爭對手，由於狀況還不明確，例如許多玩具或食品等產品，購買者和使用者是不一樣的，因此針對可能的產品與市場，購買行爲與潛在消費者，必須進一步了解。

（二）決定區隔需求

並非所有的市場都可以進行需求區隔，例如市場爲同質偏好市場，可能不需要作需求區隔；但若市場屬於擴散型偏好，不僅不容易擬定市場需求區隔，而且其區隔成效也不見樂觀。但幸好大部分的市場還是可以進行需求區隔，一個成功的區隔，包括以下五個重要因素：

1. **同質的（Homogeneous）**：有著相近似的消費習慣、購買動機與行爲。
2. **可衡量的（Measurable）**：可以用一些標準測得消費者的偏好、性別、年齡、所得、職業、消費型態或生活型態。
3. **可接近的（Accessible）**：不能區隔出來的市場企業無法經營，或是消費者群不容易辨認，找不出獨特的屬性，購買行爲沒有一定的常態。
4. **有足夠的規模量（Substantial）**：有足夠的規模量才能養活產品，使產品獲利。如果區隔市場規模太小，沒有利潤可得，這個市場是不能存在的。
5. **可行動的能力（Actionable）**：不同的區隔，企業可以用不同的行銷組合、行銷資源進入不同的市場，影響消費者，使消費者產生購買行動。

（三）決定區隔基礎

這個步驟是運用區隔的各種相關變數作基礎，找出可以區隔的市場。一般常使用的區隔變數包括：地理變數、人口統計變數、心理變數與行爲變數四大類（有關各種區隔變數說明，詳見 6-3）。

通常很難一次就可以用區隔變數區隔出市場，往往必須嘗試很多不同的區隔變數，才能找到一個或幾個較合適的。進行區隔時，有時候要分層處理：第一層，先用某些變數界定出一些市場，再用一些變數在第一層的限制條件下找出第二層的區隔市場，然後反覆運作，找出可以經營的市場。市場愈複雜或愈細緻，則使用的分層愈多。

幾經辛苦區隔出來的市場，可以把市場上的競爭者或競爭產品帶入市場作測試，看看能不能反應市場的眞實狀況，有沒有區別能力與分群的能力。很多實務上業界使用的區隔方法，常常是許多區隔變數的集合概念，反應出產業的經營智慧，可能不是在該產業就不會用到。例如有些速食麵業者用麵的形體來區隔市場，像袋麵、杯麵、碗麵、桶麵，在這些區隔下再分析市場。價格與品質也常被若干日用品業者拿來作區隔變數，隱含著消費者使用得到利益的觀點。

（四）描述個別區隔圖像

所謂圖像（Profile）是指詳細形容市場區隔內的消費者特徵，通常可以用畫圖來解說，也可以用圖表列出。使用個別區隔圖像，主要在能夠清楚看出每一個區隔出來的市場是有獨特性，可以做行銷策略與組合的動作。例如將市場分成ABC三個市場，如表6-1。

表 6-1 市場區隔形式與圖像表

	A 市場	B 市場	C 市場
規模			
顧客人數			
成長率			
圖像			
地理變數			
人口統計變數			
心理變數			
行為變數			
產品使用情形			
知名品牌			
市場佔有率			
使用時機			
其他			
溝通行為			
媒體使用			
廣告投資			
促銷活動			
其他			
購買行為			
通路分配			
購買地點			
購買頻率			
價格帶			
決策過程			
其他			
圖像說明			

（五）評估每個市場的獲利

在經過個別區隔圖像描述後，針對每一個市場作需求預測、銷售量預測與成本分析，以計算經營該區隔的獲利能力。需求預測可以有短期需求和長期需求的規劃預測，可以借助一些分析工具來進行，通常至少有一年、三至五年或十年的預測，愈長期，準確與詳細程度會愈不精確，但可以看出未來趨勢。銷售量預測，可以比照需求預測，並考量產能利用情形，通路擴散程度，消費者接納程度作調整。根據銷售預測，可以估算成本結構、單位成本，計算損益兩平的價與量，並編製預算。

（六）選擇目標區隔

選擇目標區隔，並不是僅就獲利情況就可以做決定，獲利能力是一個選擇準則。但是，企業主管或行銷人員還可以有其他考量，例如企業本身是否有能力或意願進入該市場，進入障礙高或低，該市場競爭態勢是否有利於經營等。其他準則至少包括：1. 選擇市場最大的；2. 選擇最容易進入的；3. 選擇競爭對手較少的；4. 選擇產業競爭最小的；5. 選擇市場最小的；6. 選擇競爭對手很多的；7. 選擇資訊障礙最大的或最小的；8. 可以和現有產業或通路競爭優勢結合，可以有綜效等。

其次，選擇目標區隔，可以只有一個目標區隔市場，也可以有兩個以上的選擇；可以把兩個市場合做一個市場來看，或多個市場合起來經營；也常有不同時期進入不同的區隔市場。就好像切蛋糕，可以切很多塊，每塊大小可以不一樣，可以一次吃一塊，也可以一次吃好幾塊，也可以先吃某一塊，再吃另一塊，或下一次再吃哪一塊。不一定選最大塊的先吃，也不一定挑最好吃的先吃，料最多的那一塊先吃，還要看吃蛋糕當時的情境與自己的情況。

（七）策略發展－執行與控制

選擇出區隔的目標市場後，行銷人員要發展經營這個市場的定位策略，並據此草擬行銷組合方案。

二、選擇目標市場的策略

選擇目標市場的策略，可以從策略的觀點來看，把策略分成無差異以及差異二個觀點，分述如下：

（一）無差異觀點

市場需求雖然有很大不同，多元化與差異化，但是把不同市場需求，看成一個市場，採取標準化的產品，一套行銷方法來應對不同市場需求，可稱爲標準化全球行銷策略，或稱單一市場策略。採取這種策略的品牌，例如微軟視窗系統，全球市場佔有率高達90% 以上，所以微軟將全球需求看成一個市場，基本視窗功能全世界都一樣，差別只是各地的語言輸入方式而已。其他像高科技產品，如各種防毒軟體、iPad、iPhone 等產品，都是標準化產品行銷全球。著名鑽石廠商戴比爾斯（DeBeers），全世界鑽石市場佔有率高達 80%，全世界也採用「鑽石恆久遠」（A diamond is forever）作爲廣告訴求。

（二）差異化觀點

差異化觀點或可稱多區隔觀點，這個觀點可以採用以下兩種策略：

1. **集中策略（Concentration strategy）**：市場需求雖然有很多差異與不同，但只選擇其中一個市場來經營。例如賓士汽車、勞力士手錶、萬寶龍（Mont Blanc）筆，都是以高品質高價位市場來區隔消費者需求。採用這種策略的好處是可以集中使用資源，並大量生產，產生規模經濟，且全球品牌形象較容易維持或塑造。其缺點是消費者買到的都是標準化產品，選擇性差；當消費者需求改變時，如果應變不好，可能會面臨虧損或退出市場的危機，例如英國積架（Jaguar）汽車，現代人已不喜歡手工且昂貴的汽車，所以銷售不佳，連年虧損，最後連福特也只好賣掉手上的握股。
2. **多市場多區隔策略**：係指針對市場不同需求，提出不同產品、不同行銷方案來滿足消費者需求。這個策略又可以分成以下四種可選擇的策略：
   (1) 選擇性策略：係指如只選兩個或三個自己能力所能及的市場作目標，或稱差異化策略。例如賓士汽車，除了高價位高品質市場之外，還有一個小汽車市場，Smart 汽車，也是高價位市場。
   (2) 產品專家策略：係指針對多個產品需求不同的市場所採用的策略，例如 P&G 與 Unilever 洗髮精市場的策略。P&G 有飛柔、海倫仙度絲、沙宣、潘婷等品牌；Unilever 有多芬、麗仕與 mod's hair 等品牌。
   (3) 市場專家策略：若將一個產品廣泛的在各個市場經營，例如可口可樂，可以在超市、量販店、便利超商買到，也可以在麥當勞、KTV、餐廳點用，雖然價格可能不同，但都是可口可樂。

(4) 全市場策略：係指也可以採用所有市場區隔都經營的策略。例如 Tiffany 精品的策略，從很貴的百萬美元珠寶，到很便宜幾千元的白金飾品都有銷售。這些策略的優點是可以滿足顧客需求。但是缺點是當市場不夠大，消費者市場區隔過小，就會產生銷售遲緩，不能獲利的情形。

6-3 市場區隔變數

消費者市場區隔常用的區隔變數（Segmentation variables），可以分成四大類：地理性區隔變數，人口統計區隔變數，心理方面區隔變數，行爲方面區隔變數（如表 6-2），說明如下：

表 6-2　常用市場區隔變數之說明

區隔變數	說明	
地理變數（Geographic variables）	地區、省籍、都會大小與位置、城鄉與郊區、天氣、氣候	
人口統計變數（Demographic variables）	年齡、性別、職業、教育、所得、家庭人數、家庭生命週期、世代、社會階層、宗教、國籍、種族、文化	
心理統計變數（Psychographic variables）	生活型態、消費者活動、興趣、意見、人格特質、價值觀	
行為變數（Behavioral variables）	利益訴求	品質、經濟、服務、速度、方便
	使用頻率	使用情境：一般、特殊 使用場合：地點、時間、氣氛 使用內容：未使用、初次使用、一般使用、重度使用
	品牌忠誠度	忠誠的程度、態度忠誠、購買忠誠
	品牌偏好	產品或品牌知名度、喜歡、偏好的程度
	購買情境	問題知覺、資訊蒐集、評估、決策、行動
	決策過程	產品涉入程度、購買知覺風險、購買傾向

一、地理性的區隔變數

地理性的區隔變數包括區域、城市、都會區域、鄉鎮、都市密集程度、氣候等。居住大台北區的居民，都市化程度較高，中南部鄉村感受較強。住在陽明山，外雙溪的高級別墅，和三重新莊住宅區，人文景觀自有不同。

二、人口統計的區隔變數

人口統計區隔變數如年齡、家庭人數、家庭生命週期、性別、所得教育、宗教、種族、國籍、社會階層與世代，這是最普遍也最常使用的基礎。一方面是人口統計變數較其他變數好衡量，另一方面也因爲消費者的慾望偏好及使用情形，與這類變數有很好的關連。目前對各網站的研究分析，大都也是以人口統計變數爲主。例如蕃薯藤網站自己所做的使用者分析，也是以人口統計變數作區隔，性別上，男生佔 57.1%，女生戰 42.9%。職業以上班族 53%，學生 44%，家管 3% 居多。年齡分布以 16 ～ 20 歲佔 25.8% 最多，21 ～ 25 歲佔 21.9% 居次。

三、心理特徵的區隔變數

心理特徵的區隔，最常用生活型態、價值觀與人格變數。生活型態反應一個時期消費者對商品或服務的主流思考。例如臺灣啤酒請伍佰先生做代言人，反應本土與流行的訴求；日本三多力酒公司以親情共享做主題，表現生活溫馨的片刻；阿貴、幹譙龍、賤兔等都是網路行銷創造出來的角色，都可以代表現在時下年輕族群對生活的一種態度。

行銷人員很早就使用人格作爲區隔市場的一個變數，賦予商品或服務一個品牌個性。尤其是汽車，福特汽車的購買者被認爲是獨立、衝動、有男子氣概的一群人，而豐田汽車則被視爲喜歡日本文化、細緻、節約、較不男性化的一群人。

價值觀是屬於消費者比較深層的一種態度，往往很難改變。例如上一代的人被教育成要勤儉，刻苦耐勞是一種美德。但是現代年輕人，喜歡消費，錢愈多愈好，工作過得去便可，對外在的新鮮，新奇的事項愈能接受，而且社會的價值觀也一直在轉變。

四、行為方面的區隔變數

行爲變數可以依購買者對商品的知識、態度、使用時機或反應，區隔成不同的群體。行爲的變數包括：使用時機、利益追求、使用者狀況、使用率、忠誠度、購買準備階段與態度。愈來愈多的行銷人員運用行爲變數作區隔。例如平安旅遊保險，國內租車線上租用服務、餐飲業網路團體訂購服務、會員促銷電子報、旅遊資訊指南等。

傳統市場區隔的觀點，認爲運用市場區隔變數，所區隔出來的市場也要有一些可衡量性，市場要夠大可被消費者接近。每個市場都是有差異化的，可以採取具體行動，才有意義。但是隨著個人化、顧客化行銷或網路行銷的衝擊，這些觀點都受到修正。既然市場是以個人爲基礎，滿足其需要，獲取長期利益才是根本。市場會隨著顧客的需求被滿足，逐漸提升規模與深度。

將各區隔變數之條件整理如表 6-3。

表 6-3　消費者市場的主要區隔數

區隔變數	條件	說明
地理變數	地區或國家	北美、西歐、中東、印度、加拿大、日本、東南亞
	區域	北部、中部、南部、東部
	城市或都會區的大小	5,000 人以下、5,000 ～ 20,000、20,000 ～ 50,000、50,000 ～ 100,000、100,000 ～ 250,000、250,000 ～ 500,000、500,000 ～ 1,000,000、1,000,000 ～ 5,000,000、5,000,000 人以上
	人口密度	都市、市郊、鄉村
	氣候	熱帶、溫帶、寒帶

表 6-3 消費者市場的主要區隔數（續）

區隔變數	條件	說明
人口變數	年齡	2 歲 以 下、2-5、6 ～ 11、12 ～ 19、20 ～ 34、35 ～ 49、50 ～ 64、65 以上
	性別	男、女
	家庭人數	1 ～ 2、3 ～ 4、5 以上
	家庭生命	年輕－單身、年輕－已婚－無小孩、年輕－已婚－有小孩、年紀大－已婚－有小孩、年紀大－已婚－無小孩－年齡在 18 歲以下－年紀大－單身－其他
	週期	單身期、新婚期、滿巢期或空巢期
	所得	低所得、中所得、高所得、極高所得
	職業	專門職業與技術人員、經理人員、公務人員及老闆、職員、銷售人員、工藝人員、操作員、農人、已退休者、學生、家庭主婦、未就業者
	教育	小學或小學以下、中學肄業、中學畢業、大專畢業、研究所
	宗教	道教、佛教、天主教、基督教、猶太教、回教、印度教、其他
	種族	白人、黑人、亞洲人、非洲黑人
	族群	閩南人、客家人、外省籍、原住民（以臺灣為例）
	世代	X 世代、Y 世代、E 世代
心理變數	生活型態	成就者、努力向上者、辛苦奮鬥者
	人格	強制的、合群的、權威的、有野心的，內控型與外控型
行為變數	使用場合	一般場合、特殊場合
	利益	品質、服務、經濟、便利、速度、安心、希望
	使用者狀況	未使用者、過去使用者、潛在使用者、第一次使用者、經常使用者
	使用率	輕度使用者、中度使用者、高度使用者
	忠誠度	無、中等、強烈、絕對態度忠成、購買忠誠
	購買準備階段	不知曉、知曉、有興趣、有慾望、有意購買
	對產品的態度	熱衷、正面態度、冷淡、負面態度、有敵意

6-4 企業市場區隔

企業市場的區隔可以引用消費者市場區隔所使用的區隔變數，如地理的、利益的與使用率等變數。企業市場的區隔程序步驟，可以參考消費者市場的區隔步驟。雖然有很多區隔觀點是可以共用的，但是兩個市場還是有一些差別，區隔的基礎、執行都有若干差異，例如企業市場的區隔一定要全面了解採購的程序，才能切實正確的擬訂出企業市場區隔的變數。

表 6-4 企業市場主要的區隔變數

區隔變數	說明
人口統計	產業、公司規模、成長趨勢、地理位置
作業特性	科技、使用者與非使用者狀態、顧客能力
採購方式	採購功能組織、權力結構、現行關係、採購政策、採購準則
情境因素	緊急情況、特定用途、訂購數量
人員特徵	買賣雙方相似性、對風險的態度、忠誠度

一、人口統計變數

人口統計變數包括企業所在的產業、規模大小、成長趨勢、地理位置等因素。有些中小企業屬於地方廠牌，有些企業如 IBM、Nike 銷售全世界，有些公司產品項目較少，銷售管道有限，有些企業產品種類眾多，銷售通路廣泛，仍然需要有好的區隔市場，才能提供顧客較好的服務。

銷售公司在進行市場區隔時，同時要考慮自己的公司規模大小，自己公司對行銷資源運用的能力，公司行銷努力所能達到的範圍，不至於過分擴充行銷支持而超過公司負荷，造成公司負擔。

二、作業特性

作業特性是指目標市場的作業（如科技、產品或品牌使用的狀態、顧客的能力），以及科技使用的程度，會影響公司提供的產品型態，供應廠商來源，自然形成不同的區隔。相對而言，產品使用愈頻繁，上下游廠商關係愈密切；產品使用愈不多，彼此關係就不會親密。

三、採購方式

採購方式可以分爲內部因素與外部因素。內部因素包括組織所要購買的產品、採購政策、採購準則，例如價格、品質、成本、交期、數量。外部因素如買賣雙方的關係、供應商的數目、雙方的談判協商力量等。採購的過程還可分成初次採購、新採購、與長期採購者，不同過程可以形成不同的區隔，提供不同的需求。

四、情境因素

情境因素包括正常訂購或緊急訂購，使用作爲加工的情況，大訂單或小訂單等，可以作爲不同的區隔。例如貨運公司大都處理大訂單，運輸量大的產品，宅配公司大都處理較小訂單，運輸量少的產品，服務不同、取價不同、市場需求也不同。

五、人員特徵

買賣雙方的個性也會影響區隔，例如喜歡風險與規避風險。供應階段中的關係也可以形成區隔，如雙方有忠誠度較高或信任程度高低。通常製造廠商對自己的協力廠商或衛星工廠，會有較大的信任，雙方忠誠度也較高。

6-5 市場定位

一、定位的選擇

定位（Positioning）是指在消費者心目中的地位。定位始於任何產品、服務、公司機構，甚至個人都可以加以定位，相對於競爭者的產品、服務、商品或競爭者本身，在顧客心目中的形象或地位。定位是針對潛在顧客的心理作用，將商品或服務深植在潛在顧客的心目中。

例如在汽車市場，現代（Hyundai）Getz 和台塑的 Matiz 定位在小型車與經濟；朋馳（Mercedes）和凱迪拉克（Cadillac）定位在豪華；保時捷（Porsche）和 BMW 定位在性能；富豪（Volvo）定位在安全。在飲料市場，可口可樂定位在年輕、歡暢；七喜（7-up）定位爲不含咖啡因健康飲料。

行銷人員藉由定位來指出商品在消費者心目中的看法或地位。根據 Ries and Trout（1982）的觀點，知名的產品會在消費者心目中產生獨特的地位。像世界最大的飲料業是可口可樂，臺灣最知名的沙士是黑松沙士，提起罐裝咖啡最有名氣的是，Mr. Brown 咖啡。這些品牌都是擁有很獨特的地位，競爭者是很難取代其在消費者心目中的地位。所以區隔策略應該尋求商品在消費者心目中的地位，以差異化（Differentiating）的做法，清楚而一致的和別的品牌有所區隔。

（一）有效的定位

但是光有定位是不夠的，一定要將消費者和行銷人員結合起來，所以要講求有效定位（Effective positioning）。有效的定位表示：1. 消費者在心目中怎麼看待該商品；2. 市場行銷人員想要消費者怎麼看待該商品；3. 定位策略可以清楚使消費者心目中的品牌形象反映到該商品的品牌形象。

新北市歡樂耶誕城如何屢創佳績吸引人氣

新北市政府從 2011 年開始，每年都以超高的聖誕樹為創意亮點，打造出濃濃耶誕氣氛的聖誕城，加上知名歌手舞台開唱吸引人氣，在 2014 年締造出 24 億元的亮眼商機，2015 年更引進投影式的聖誕裝置，帶來 32 億商機，2016 年則精心打造全國面積最大 3D 光雕投影和 3D 立體光雕耶誕樹，展期 45 天，屢屢為新板特區業者創造無限商機，同時提升城市能見度，帶動觀光餐飲產值。

如何把聖誕樹變成搖錢樹？首先要有明確的定位，「新北市歡樂耶誕城」的誕生，是透過新板特區之都會意象，結合耶誕節的歡樂氣氛，打造適於各個年齡層遊玩的大型遊樂園，營造新北市歡樂幸福的氛圍，並提升新北市的城市知名度。不同於台北市是工作的場域，新北市希望營造成遊樂的場域。

其次，每年在場域空間與活動規劃兩大層面，都極盡可能的追求最大或與眾不同，塑造差異化賣點，並且與台北市的跨年晚會錯開，主打不同的訴求，把歡樂耶誕城打造成適合全家遊樂、情侶約會的首選，也因此不像跨年晚會只有一天的人氣匯集，而能拉長時間與效益。

現在北部民眾的心目中，都認為耶誕節就是要去新板特區看超大耶誕樹，而跨年就是要去看 101 煙火，這就是有效定位，使得特定事件（節慶）行銷得以在消費者心目中產生獨特連結與不可抹滅的地位。

資料來源：維基百科，交通部觀光局臺灣觀光年曆

作者訪問連結

（二）知覺圖

分析區隔變數和定位的概念，要借助知覺圖（Perceptual mapping）的方法。在反覆的區隔作業中，找出區隔變數，以兩個區隔變數作橫軸與縱軸作出一個矩陣，將該產業中所有的商品定位標示在這個矩陣中，根據定位標示，畫出或找出不同的分布特性，這就是知覺圖。根據知覺圖，可以看出現有區隔市場的分布，找出市場的機會點或發掘市場潛力的所在。

根據知覺圖的定位可以發展出不同的策略，基本上有以下四種策略：

1. 強化並調整商品在消費者心目中的地位，例如 Avis 汽車強調自己是租車業的老二、七喜汽水定位自己是非可樂（Uncola）的飲料。
2. 發掘市場尚未重疊的定位，例如當年「舒跑」定位自己是運動飲料，有別於可樂或汽水的市場。
3. 重定位，例如花王「若碧絲」洗髮或洗面商品，已經重定位了多次，最早是「美麗的壞女人」，後來是以「潤髮」爲主重新定位。
4. 其他可用定位，依據各種區隔變數，如價格、品質、產品屬性、使用者、競爭狀況、企業形象等，找出其他可用的定位，這些相關定位策略甚至可以混合運用，如宣稱自己是三大電腦供應廠商是全亞洲最娛樂的電視台之一。

最後，根據定位策略發展行銷組合與執行計畫，如產品組合、價格組合、配銷通路組合、促銷活動與廣告組合。可以在執行中或執行後的一定時間，設立一些控管程序，監督或評估作業，以確保目標、策略、執行作業的一致性。萬一經營狀況有變動，可以即刻偵知，並將目標市場與區隔作必要的調適。

在決定公司的市場定位或產品定位時，首先要分析競爭者在目標市場中的定位，了

解各競爭者在知覺圖中的位置，然後再來決定本身的定位，茲以自用轎車爲例說明產品定位的選擇。

假若目標市場的購買者主要注重轎車的兩種屬性－大小與造型。汽車公司針對這兩種屬性調查各競爭廠家的轎車在潛在顧客心目中的地位，如圖 6-4 所示之產品知覺圖。其中 A 廠牌被視爲經濟／新潮的轎車；B 爲中間型的轎車；C 爲經濟／古典的轎車；D 爲豪華／古典的轎車。圖中圓圈的大小代表它們的銷售額比例。

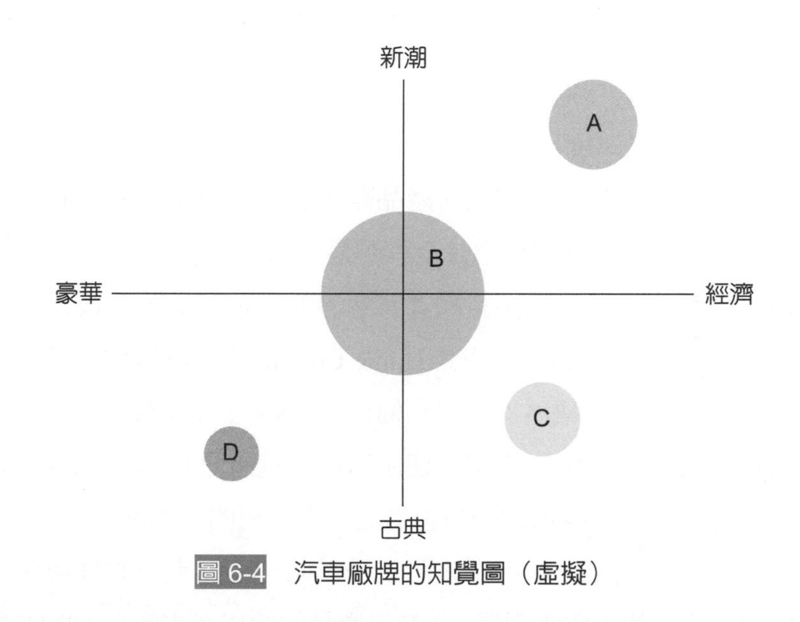

圖 6-4　汽車廠牌的知覺圖（虛擬）

了解競爭對手的位置後，公司接著要決定將本公司的廠牌定位於何處？它主要有兩種選擇：一是定位在競爭廠牌附近，竭力爭取市場占有率。假若：1. 本公司可以製造出比競爭者更優異的轎車；2. 目標市場足夠容納兩個競爭者並存；3. 資源較競爭者豐富，及 4. 所選的定位與公司長處能相互配合的話，便可作此選擇。假若公司認爲生產經濟／新潮的轎車，與 A 廠牌相競爭，可能有較多的潛在利潤與較低的風險，則公司須針對 A 廠牌轎車加以研究，設法從產品的特色、款式、品質與價格等方面選擇有利的競爭性定位。

另一種選擇是生產目前市面上沒有的轎車，例如豪華／新潮的轎車（圖 6-4 西北角象限），由於競爭者尚未提供此型式之轎車，公司若推出此型車，將能吸引有此需求的購買者。不過，在做此決定之前，公司必須先確定：1. 生產此種豪華／新潮的轎車，在技術上可行性；2. 在預期的售價水準內，生產此種豪華／新潮的轎車係屬經濟可行；3. 有足夠多的顧客欲購買此款轎車。假若具備上述條件，則公司可說已發現到市場上未被滿足的需要「空隙」，則可考慮採取具體行動來填補此一空隙。

廠商一經決定其產品定位後，接下來便要研訂周詳的行銷組合決策。若廠商決定採行高價位／高品質的定位，則產品的特色與品質就必須勝人一籌，經銷商的服務信譽要能贏得顧客的口碑，推廣活動的格調要高，並要能吸引購買力強的顧客。

二、定位方法

定位方法有很多種，行銷人員應依據產品的特色與優點、組織擁有的資源、目標市場的反應和競爭者的定位等因素，選擇一個有效的定位方法。以下是七種可用的定位方法：

1. **以產品屬性定位**：最有力的定位方法之一是依據本身產品擁有而競爭者產品沒有的某些產品特色或特色的組合來定位。產品差異必須是眞正差異，同時對顧客而言是有意義的。例如迪士尼樂園宣稱它是全世界最大的主題遊樂場。
2. **以利益定位**：這種方法是先找出對顧客有意義的一種利益，然後以此利益來定位。例如康寶公司（Campbell Soup）將其 Home Cookin 罐裝湯定位爲可立即食用、無防腐劑，此一定位提供兩種利益：便利和健康。寶鹼公司將海倫仙度絲洗髮精定位爲「治療頭皮屑的專家」（廣告強調「使用海倫仙度絲是您告別頭皮屑的開始」），也是以利益定位。另外，較低的價格也是定位中常用的一種利益。
3. **以使用者定位**：明白指出目標市場也可以是爲某一產品定位的好辦法。例如百事可樂將其可樂定位爲「新生代的選擇」，是以產品的使用者來定位；3M 的廚房清潔具，「一把抵兩把，何需瑪麗亞」，也是以家庭主婦作訴求。
4. **以用途定位**：產品的用途或使用場合也可提供定位的機會。例如舒酸錠牙膏強調抗過敏；黑人牙膏強調口氣更清新；青箭口香糖強調去除異味；airway 口香糖則具有清涼提神效果。
5. **以競爭者定位**：有時候將自己和一知名的競爭者相比較，並說明自己比競爭者好也是進入潛在顧客心目中的最有效方法。例如 2005 年運通汽車（KIA）強調 Carnival MPV 休旅車就比 Mazda 同型的 MPV 休旅車便宜 30 萬，比 Mazda MPV 休旅車更好操作；1983 年普騰（Proton）電視機在臺灣上市時也以「對不起，新力」（Sorry Sony）的廣告來強調其高品味、高格調的定位；美國艾維斯租車（Avis）針對最大的租車公司赫茲公司（Hertz），提出「老二主義（No. 2ism）」的定位（廣告強調「當你只是老二時，你更加賣力」），也是以對抗競爭者來定位的成功實例。

6. **以產品類別定位**：行銷人員有時會發現他們在和整個產品類別相競爭，特別是當他們的產品可用來幫助顧客解決某一問題，而對此一問題顧客仍然習慣用其他產品類別來解決。例如聯邦快遞（FedEx）常常被用來代替「快遞」的概念，或以「宅急便」通稱小貨件的物流。

7. **以結合定位**：這種方法是將自己的產品或商店和其他實體相結合，希望那個實體的某些正面形象會轉移到自己的產品或商店身上。例如有的產品或商店叫做「台大」牛排、「台塑」羊肉爐，就是意圖以結合來爲其產品或商店定位。或稱自己公司是「宏碁」、「華碩」供應廠商，讓自己公司產品或品牌可以和「宏碁」及「華碩」產生連結，提升地位。

三、重定位

定位一旦確定之後，並非永遠一成不變。行銷人員有時必須爲產品、商品或組織本身進行重定位（Repositioning），以改變產品、商店或組織本身在顧客心目中的形象或地位。

麥當勞（McDonald's）自 1984 年進入臺灣後，即以「歡樂美味在麥當勞」（Good time great taste）爲定位，1994 年起改以「麥當勞都是爲你」（We do it all for you）爲其定位，2001 年起臺灣麥當勞又將其定位改爲「歡聚歡笑每一刻」（Every time a good time）。2003 年重新定位爲「I'm Loving it」，試圖將青少年主要的消費市場，拉回店裡來消費。麥當勞能不斷配合市場情況和競爭情勢的改變而調整其定位，是它在臺灣市場屹立不搖的重要原因之一。

UA —「I Will What I Want 成就我要成為的」

UA專注於改善產品舒適度與功能性，因為初期主要生產緊身運動衣，所以訴求「棉是我們的敵人」，不同於主要競爭對手的定位，很快地就在運動服市場佔有近 80% 的市占率，也開啓了以吸汗滌綸為材料的體育裝備新潮流。UA 做了和當年蘋果非常相似的一件事：不迎合消費需求，而是創造消費需求。

UA 的目標客群是國中以上至初出社會的年輕人，樣貌側寫則是願意勤奮運動但非以運動為職業者。雖然職業運動員對喜愛運動的消費族群有影響力，但作為後進者，UA不像NIKE或Adidas，在贊助球員或找代言人時有先佔優勢，因此改弦更張訴求「專注於運動」而非追求完美，不斷傳遞堅持運動的理念，讓人們變得更加願意運動，對普羅大衆更具說服力。

UA 於 2011 年在官網發起了“Ultimate Intern Program”活動，徵求來自全美各地的 13-24 歲青少年，以實習生的名義加入 UA，採用數位行銷手段協助品牌在社區進行推廣。此活動最終招募到 15,000 位報名者，迅速幫 UA 在 Faebook 和 Twitter 等社交媒體上打開知名度，活動效益讓 UA 在 Facebook 的粉絲增加了 12 萬，在 Twitter 的跟隨者增加了 4,000 人，順利打入青少年市場，達成心理市佔率。

用獨特的角度，說運動的故事。2014 年 UA 邀請一位女性拍攝一段訪談，32 歲 Misty Copelan 的真實故事，腿部有著運動員稜角分明的線條，腿型身高胸圍種種條件都不適合跳芭蕾，因而被芭蕾舞學院拒絕入學，應該以悲劇收場的故事，最終因為專注於與衆不同，而成為當代最負盛名的美國芭蕾舞劇團的獨舞者，是一個「I Will What I Want 成就我要成為的」真實故事，彰顯了品牌精神。另一段影片請到金氏紀錄全球最有錢的超模 Gisele Bündchen，整部影片從頭得尾沒有旁白也沒有音樂，就只是 Gisele 猛力的對著沙袋踢腿、揮拳，牆上投影出鄉民對她的評語「Gisele 只不過是個模特兒、Under Armour 什麼鬼啊！她看起來好假、她一點也不特別、棒呆了她可以做任何事、她老了、她很完美、太瘦了、想嫁給她老公、她是個媽媽…」，隨著不斷出現的各式各樣留言，配上 Gisele 專注的運動，你會漸漸的感受到，什麼是「成就我要成為的」這句話的意思。

年輕的品牌沒有能力在產品線寬度上與大品牌競爭，專業於耕耘利基市場，對品牌的快速塑造和傳播有很大好處。產品線專注於提供專業等級的裝備而非休閒，進行差異化行銷，瞄準青少年消費者，提倡特定的生活方式以及與衆不同的價值觀，以及會幫產品說動人的故事，最終成就了 UA「I Will What I Want」的品牌魅力。

UA 的策略是先從男性緊身機能衣利基市場，逐步將產品線延伸到運動鞋、休閒產品，並將市場延伸到北美以外的區域，還有女性與兒童市場。但是如創辦人凱文・普朗克（Kevin Plank）所說：「我們要從一個北美公司轉型為全球公司，從運動衣的業務轉型到包括運動鞋業務，從做男人生意轉型到做人的生意，從專注於性能和表現的產品轉型到既有性能又潮的產品（出自 Q2 電話會議）」，如何平衡專業運動品牌形象與逐步放開的產品線，將是 UA 發展面臨的最急迫問題。

UA 形象廣告

資料來源：科技報橘 2015/09/04，今周刊 2017/11/30

問題討論

1. UA 如何創造消費需求？如何定位？
2. UA 採用差異化行銷你覺得有什麼優缺點或風險？

重要名詞回顧

1. 市場區隔（Market segmentation）
2. 目標市場（Target market）
3. 微市場（Micromarket）
4. 利基行銷（Niche marketing）
5. 個人化行銷（Individual marketing）
6. 區隔變數（Segmentation variables）
7. 地理變數（Geographic variables）
8. 人口統計變數（Demographic variables）
9. 心理統計變數（Psychographic variables）
10. 行爲變數（Behavioral variables）
11. 定位（Positioning）
12. 有效定位（Effective positioning）
13. 知覺圖（Perceptual mapping）
14. 重定位（Repositioning）

習題討論

1. 請說明市場區隔的想法。
2. 請說明市場區隔的步驟。
3. 何謂利基行銷？
4. 請說明消費者的圖像表內容。
5. 請說明市場區隔的變數有哪些。
6. 請說明選擇目標市場的策略有哪些。

本章參考書籍

1. Kotler, P., Marketing Management (N.J.: Prentice Hall, 2009).
2. Al Ries and Jack Trout, Positioning: The Battle for Your Mind (NY: Warner Books,1982).
3. W. Hanson, Principles of Internet Marketing (Ohio: South-Western College, 2000).
4. J. Strauss and R. Frost, E-Marketing (N.J.: Prentice-Hall, 2001).
5. Jock Bicker, Cohorts II: A New Approach to Market Segmentation, Journal of Consumer Marketing, Fall-Winter, 1997, pp.362-380.
6. 參考網站：www.nintendo.com/corp/history.html 與 sega.jp/IR/en/ar/ar2001html/ar2001-02.html 等網站。

7 產品決策

本章重點

1. 說明產品定義與分類。
2. 界定產品階層。
3. 了解產品線決策。
4. 說明新產品開發。
5. 學習產品生命週期與決策。

行銷觀測站

FOLLOW ···

全球最「牆」飯店

英國「衛報」報導，極力避免身分曝光的英國街頭塗鴉藝術家班克西，以 14 個月的時間，秘密進行他的飯店改裝計畫。2017 年在約旦河西岸的巴勒斯坦自治區城鎮一伯利恆，一道以色列興建的 8 米高圍牆旁，開了一家只有 10 個房間、每天僅 25 分鐘日照，集住房、博物館、抗議與畫廊於一身、號稱「全球景觀最爛」的「圍牆飯店」。該飯店所有的房間望出去都是隔離牆，有些還可以看到以色列監視塔、碉堡掩體及屯墾區。然而該飯店 2017 年開放營運消息一傳出，網路訂房早已爆滿。班克西則說：「牆壁現在是很夯的話題，但我早在川普讓它變酷前就迷上它了。」

隔離圍牆是指在兩個國家或地區相交之處，為了防止人們跨越邊界而建造的圍牆。以色列堅稱，隔離牆是阻絕巴勒斯坦攻擊者入侵的必要措施，不過巴人卻視該道牆是扼殺其活動的土地掠奪。長達 681 公里的圍牆，在接近圍牆的緩衝地區也連帶地減少了 9.5% 的西岸地區面積，使得巴勒斯坦居民的經濟狀況遭遇困難。以國國會更在 2017 年 2 月 6 日通過「約旦河西岸猶太人屯墾區合法化」法案，亦即以國政府將把這些巴勒斯坦私人土地畫為該國國有土地，並補償受影響的私人土地擁有者，且不論這些人同意與否。早在 2005 年班克西在高牆上就留下 9 幅畫作，其旨在凸顯該牆對巴人生活的衝擊，並期許和平的到來。如飯店中的「班克西房」壁畫，就描繪一名巴人與一名以人打枕頭仗。

362 likes

資料來源：自由時報 2017/03/05，中央通訊社 2017/03/04，風傳媒 2017/02/09，維基百科

7-1 產品層次與分類

一、產品的定義

什麼是產品？從狹義觀點來看，產品是具有實質屬性的東西，包括形體、結構、組成成分、形式、顏色等特質。產品（Product）是滿足消費者慾望或需求的任何東西，包括實體商品、勞務或某種概念等。產品的對象可以是商品（例如汽車、機械）、服務（例如休閒、娛樂、表演）、某些經驗、活動、事件、人物、地點、組織機構、程式、配方等。不只具體的產品才是行銷的標的物，其實無形的商品、服務也可以行銷，例如金融機構所提供的貸款、融資、投資商品、信用卡等金融服務，或如電影、音樂等無形產品。

通常實質產品同時包括實體和無形的產品層面，例如汽車銷售，除了販賣汽車商品本身外，還包括各種售後服務；航空公司提供飛行服務，當然也要有飛機、飛機場、機師、空服員、票務服務等。廠商從事國際行銷時，應該提供包括實體產品與無形的服務。

二、產品層次

行銷人員規劃產品時，一定要對產品的層次有進一步的瞭解，才可以對消費需求有更多的認識。一般將產品層次如圖 7-1 所示。

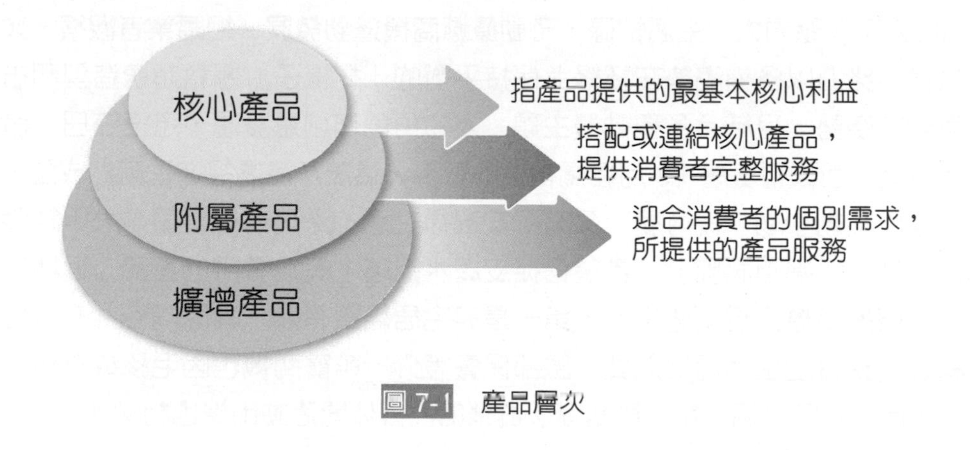

圖 7-1 產品層次

1. **核心產品（Core product）**：是指產品提供的最基本核心利益（Core benefit），是組成產品最根本要求。例如衣服要能保暖護身、汽車提供運輸功能、旅館提供休息的服務、自行車則是代步工具。
2. **附屬產品**：或稱實際產品（Actual product）。這類商品是爲了搭配或連結核心產品，提供消費者完整服務所需的附加要求，通常可使服務更具完整性。例如衣服上的口袋、高速公路附設休息站、旅館提供旅客接送服務。
3. **擴增產品**：或稱引伸產品（Augmented product）。這類產品常是爲迎合消費者的個別需求，所提供的產品與服務。
   (1) 滿足消費者額外的需求，包括運輸、裝配、保證、售後服務與信用的提供。例如飛機上分頭等艙、商務艙與經濟艙，分別提供不同服務。
   (2) 滿足消費者心理的需求。例如旅館提供客人新鮮花朵、美麗的海灘鞋、招待精緻的燭光晚餐等，除提供休憩，更強調休閒。
   (3) 滿足消費者期望，提供差異化的服務，引發再消費的慾望。許多名牌衣服，如CD、香奈兒以流行、時髦、高級與美麗性感爲號召。而有些服飾則以年齡、性別爲訴求，如佐丹奴、班尼頓。

癒商機夯　天后全加持

現代人工作壓力大、生活忙碌，帶動療癒商機蓬勃發展。網購業者觀察，類似迷你小公仔、努力以各種姿勢在杯緣上保持平衡的「杯緣子」憑藉超萌造型和古怪卻不失可愛的姿勢，且結合各種動漫主題、人物角色作創意發想，迅速在日、台皆掀起一波熱潮。回頭看臺灣「3 月瘋媽祖」的盛事，這幾年隨媽祖進香蔚然成風，不少宮廟還推出文創小物，既可愛，又有平安祝福之意，深受信徒喜愛。大甲鎮瀾宮與業者合作推出「媽祖面膜」，希望信徒皮膚水噹噹，是很實用的產品。近期新冠疫情爆發，療癒商機呈現兩個走向，第一是與宅居經濟有關，其除隔空社交、居家健身和料理、務實之生活用品消費、臉部保養等外，萌寵商機也因毛孩成為居家生活的最佳玩伴而趁勢升溫。第二則是減少群聚的戶外休閒活動市場也相當熱門。

資料來源：中時電子報 2017/01/15，聯合報 2017/03/21，PChome Online

三、產品分類

依據產品特徵，進行產品分類，再根據產品分類設計不同的行銷組合策略。

（一）依產品耐久性與有形性區分

產品依耐久性與有形性可分為三類：

1. **非耐久財（Nondurable goods）**：是指有形的產品，可供正常使用一次或少數幾次。這類產品的消費快且經常購買，所以應讓消費者可隨處都買得到，利用大量的廣告吸引消費者試用，並建立消費者偏好。常見的商品很多，如衛生紙、啤酒、餅乾等。
2. **耐久財（Durable goods）**：指有形商品，正常情況下可重複使用，使用年限通常超過一年。耐久財不僅需要較多人員推銷與服務，還需要較多賣方的保證。這類商品如電冰箱、電視機、工具機等。
3. **服務（Services）**：服務是無形、不可分割的、變異性大且易逝。企業應注意服務的品質、供應商信譽與調整的適應性。例如醫療服務、教學服務。

（二）依消費者購物習慣區分

產品根據消費者購物習慣，區分為便利品、選購品、特殊品與非搜尋品。說明如下：

1. **便利品（Convenience goods）**：指消費者經常購買、立即購買，且不花精力比較購買產品。這類商品通常單價低、消費者忠誠度低、買錯的風險低、消費者喜歡嘗新與嘗鮮等特色。多屬於例行性購買或屬於經驗品，例如蕃茄醬、冰淇淋、糖果、衛生紙。
2. **選購品（Shopping goods）**：消費者在選擇與購買過程中，會比較商品的品質、價格或式樣。例如購買家具、服飾、中古車等。
3. **特殊品（Special goods）**：商品具獨特性，或有相當高的知名度，具特殊的社會意義，消費者願意花時間、精力努力去取得，例如購買古董珠寶、特殊音響、照相器材等。這類商品多屬於廣泛性搜尋的商品。
4. **非搜尋品（Unsought goods）**：這類產品消費者通常不知道，或即使知道也不會去購買，或會花錢免除需求，近似產品如購買墓地、人壽保險或百科全書。

（三）依生產過程及其相對成本區分

工業品可依生產過程及其相對成本區分成材料與零件、資本項目、附屬用品及服務，說明如下：

1. **材料與零件（Material and parts）**：指完全成爲產品的一部分的物品，通常可分成兩類：
   (1) 原料：例如農產品與魚類、木材、原油及礦產。
   (2) 加工過的材料與零件：例如鐵紗、電線、馬達、輪胎等。
2. **資本項目（Capital item）**：指可以促進或管理製成品的可持久物品，通常使用年限跨越多年，可分爲設備與設施。設備如可移動的工廠設備、各項工具、辦公室桌椅、電腦等設備；設施包括廠房、辦公室的建築物與設備等。
3. **附屬用品與商業服務（Supplies and business services）**：操作用的附屬用品，例如潤滑油、打字用具、鉛筆；維修用附屬用品，如油漆、鐵釘、掃把等；商業服務包括清潔辦公室、提供法律、廣告服務等。

7-2 產品階層與組合

一、產品階層

產品階層（Product hierarchy）說明產品在滿足消費者需求時，產品本身的各種相對關係。由單一一個品項到整個產品組合之間的關係，說明如下：

1. **產品品項（Product item）**：產品最基本型態，例如規格（Specification）、包裝量（Package）、單一條碼（Bar code），即市場上販售的最基本量。如一瓶洗髮精、一台筆記型電腦、一支筆、一條口紅、一包餅乾。
2. **產品線（Product line）**：所有具相同或相似生產方式的產品品項集合。例如寶鹼的洗髮精產品線，包括飛柔、潘婷、海倫仙度絲等。
3. **產品型態（Product type）**：在一個產品線內，所有產品品項的形式、包裝、規格與種類。例如寶鹼的洗髮精，飛柔、潘婷、海倫仙度絲，有200ml、400ml、750ml、800ml等不同容量。茶裏王有英式紅茶、日式綠茶、臺灣綠茶、清心烏龍茶、白毫烏龍、靜岡冷萃玉露茶等六種口味，稱爲不同產品型態。
4. **產品組合（Product mix）**：所有產品線的集合，稱爲產品組合。如寶鹼的產品組合，包括洗髮精、洗衣粉、牙膏、尿片、香皂等；統一企業的茶產品組合，包括茶裏王（寶特瓶）、純喫茶（新鮮屋）、麥香紅茶（鋁箔包）等。

5. **產品群（Product class）**：又稱產品類別（Product category），是將具有相同或相似生產方式的產品線的集合，或具相似滿足消費者需求功能之產品線的集合。例如洗髮精、洗衣粉、香皂等產品線，可稱爲洗劑類產品群。

二、產品組合

描述產品組合的三個重要概念，分別爲產品線長度、產品線廣度、產品線深度。

1. **長度（Length）**：指一條產品線內，所有產品品項的個數，產品品項個數愈多，表示產品線長度愈長。例如寶鹼的洗髮精有六個品牌個數。
2. **廣度（Width）**：指產品組合內所有產品線的個數，產品線的個數愈多，表示產品線廣度愈廣。例如表 7-1 中，寶鹼的產品線相當多，有五個，所以產品線廣度也相當廣。
3. **深度（Depth）**：指一條產品線內所有的產品型態（規格）的個數，產品線內的產品型態的個數愈多，表示產品線深度愈深。例如茶裏王有六種口味。寶鹼的汰漬（Tide）洗衣粉，就有八種不同配方。

以上這三個概念，可以表達產品線的內涵，策略上行銷決策人員應該尋求產品組合長度、深度、廣度，達成相當的平衡與一致（Consistency）。換言之，企業以日用洗劑類爲行銷策略核心，則日用洗劑品的產品組合應有相當的長度、深度與廣度，才能配合企業行銷目標與利潤。

表 7-1 寶鹼公司產品線組合分析

	產品組合寬度				
	洗髮精	清潔劑	牙膏	尿片	香皂
產品線長度	飛柔	汰漬	Crest	Pampers	Lvory
	潘婷	Dash	Gleem	Luvs	Camay
	海倫仙度斯	Ivory snow			Safegurd
	彩研	Grain			Kirk's
	沙宣	Cheer			Zest
	草本精華	Dreft			Lava
		Oxydol			Coast
		Bold			歐蕾
		Era			

7-3 產品線決策

產品線決策是決定一組產品或同一個系列許多產品品項的決策。例如同一組產品，不同規格尺寸的電視機，不同技術或不同訴求，是否可成爲一條產品線。產品線決策包括下列七項內容：1. 產品線分析、2. 產品線長度分析、3. 產品線延伸策略、4. 產品線塡補策略、5. 產品線現代化策略、6. 產品線特色化、7. 產品線刪減策略。這幾項決策，依照產品所要解決的問題，說明如下：

一、產品線分析

產品線分析能協助行銷人員瞭解各產品的行銷貢獻，找出核心產品與附屬產品。產品線負責人並進行，要瞭解每一種品項的銷售額、成長、利潤、市場的動態與市場占有率。這些分析可能會有不同內涵，有些商品市場占有率高，但獲利不佳，有些商品銷售額大、利潤高、市場競爭少，有些產品市場競爭激烈，相對市場占有率低，銷售額與利潤都有可能不高。

二、產品線長度分析

產品線長度多長是品牌行銷人員的責任。產品線太長，品項過多，不易管理，生產、庫存、備料繁雜。產品線太短，消費者選擇少，影響利潤。此外，公司目標、經營策略也會影響產品線長度，例如公司強調產品市場占有率，可能會有較長的產品線以達成各個市場需求。

寶鹼公司在洗髮精的市場，產品線就相當長，包括飛柔、海倫仙度絲、潘婷、沙宣、采研等系列，每個系列又各有多種規格。產品線組合的寬度包括洗髮精、清潔劑、牙膏、尿片、香皀、衛生棉、面紙、化妝品（SKII、蜜斯佛陀）、咖啡、洋芋片（品客）、刮鬍刀（吉列，百靈）、口腔保健（百靈歐樂 B）、電池（金頂）等。

三、產品線延伸策略

每個公司的產品線大多只涵蓋部分市場區隔。當公司想超過原有市場區隔時，會產生產品線延伸的情形。而產品延伸策略有以下三個方向：

1. **向下延伸（Downward stretch）**：把原來的商品改變成比較經濟實惠、低價格、簡便包裝或使用的年齡層越往年輕消費族群訴求。例如量販店常出現相同商品的組合包或量販規格商品；一般成人用的口香糖，延伸成小朋友吃的口香糖，進入另一個較年輕的市場。
2. **向上延伸（Upward stretch）**：將原來產品高級化、精緻化、提高單價或進入較年長的市場，稱爲向上延伸。如小朋友用的洗髮精或痱子粉，向上延伸爲成年人或年輕女性也可以使用。豐田汽車（Toyota）除了可樂納、Camry，還推出 Lexus 汽車。
3. **雙向延伸（Stretching both ways）**：是指企業將產品同時向上延伸與向下延伸。著名的 Marriott 旅館就採這種策略，一方面推出高級的 Marriott Marquis 產品線，一方面推出 Courtyard 與 Fairfield 旅館，往休閒與低價市場發展。

四、產品線填補策略

爲克服現有產品線沒有辦法滿足市場需要，而增加產品線的項目，稱爲產品線填補策略。產品線填補策略，還可以滿足增加利潤的目標，提高剩餘產能利用的程度，增加經銷商銷售品項，堵住市場空隙，防止競爭者進入。

五、產品線現代化策略

面對快速變遷的市場，產品易發生過時、被淘汰的命運。因此，隨著時代的進步，必須持續更新產品品質、包裝、內容物、價格等，不斷的從事產品線現代化。例如餐廳或零售店，每隔三、五年就要重新裝潢、重新開張。商品每隔一段時間就推出新配方、新訴求、新外觀，以迎合消費者喜新厭舊的思潮。

六、產品線特色化

面對消費資訊極端豐富的時代，消費者能夠清楚記憶的商品有限，因此行銷人員傾向產品線特色化的策略，以一個商品或少數幾項產品爲代表加深消費者對產品的認同，方便記憶與購買。像雀巢檸檬茶訴求涼快到底；麥斯威爾咖啡是好東西與好朋友分享；藍山咖啡則是卓然品味。

七、產品線刪減策略

產品線行銷人員，要經常檢討產品線是不是過長，哪些商品的貢獻較高，哪些商品銷路不佳，利潤貢獻不理想。對哪些利潤不佳、市場占有率小、銷售未達一定規模的產品，或沒有未來性的產品加以刪除。精簡的效益往往可以增加營業額與利潤。實務上，刪減產品品項要注意產能利用情形，搭配銷售的處理、剩餘包材的處理。盡可能不造成刪除該品項，使競爭者獲益。

7-4 新產品開發流程

每年有無數的新商品上市，但是能被消費者接受，在市場上活存下來的，實在有限。產品上市之前，要經過許多步驟，結合眾人的智慧與力量。新產品開發的流程包括創意產生（Idea development）、創意篩選（The screening of new ideas）、產品觀念測試（Product concept test）、商業分析（Business analysis）、產品發展（Product development）、試銷（Test marketing）、商業化（Commercialization）等步驟，如圖 7-2。分述如下：

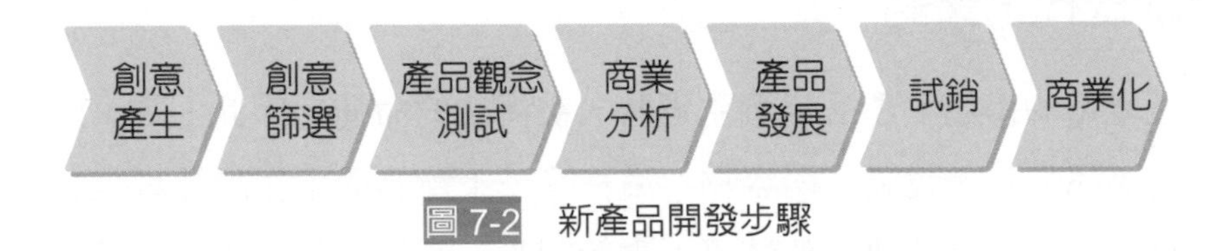

圖 7-2　新產品開發步驟

一、創意產生

創意的來源越廣泛越好，可以是來自內部的行銷調查與相關成員（例如工程師、研究人員、老闆、公司高階主管與公司員工）。外部來源如廣告公司、管理顧問公司、專業出版期刊、專利代理人、大學或研究機構等。也有來自消費者或競爭對手。國內很多新產品創意的來源，大都是老闆或高級主管到國外去參展或旅遊，取得新產品或新概念，提供相關部門或行銷人員進行開發。外商公司則大都是國外總公司發展成型，或已經銷售一陣子的產品，拿來國內市場銷售。

知名的創意設計公司IDEO，每年至少有90種新品上市。他們有三個「腦力激盪室」，有寬寬的白板牆，到處可以塗塗寫寫，還有攝影裝置，可以把創意過程錄製下來。

二、創意篩選

行銷經理或創意發展小組，把產生的創意，依照公司的目標，評估企業的能力，生產與行銷的可能性。考量的標準包括：消費者需求、市場競爭、技術變革、社會趨勢、政治經濟，或環境保護等因素。在這個階段，藉由以下兩個準則，可以篩選出符合公司要求的創意：1. 有能力滿足消費者需求或是消費者有更多的選擇；2. 性能或產出可以比現有的產品還好。

三、產品觀念測試

產品觀念測試是把通過篩選的創意，變成可以發展爲產品的構想。一個創意可以發展成多種產品觀念，經過產品定位圖（Product-positioning map）找到所需要的產品觀念。例如現在流行西式訂婚喜餅，在觀念測試時，西式的概念可以演化成歐式、美式，歐式還可進一步細分成義大利式、法國式、英國式等，還可以定位成宮廷式、鄉野式、抽象式或寫眞式，以尋求市場上可以生存或競爭的地位。

四、商業分析

公司發展出產品觀念後，就要評估產品未來的銷售、經營策略、成本與預估利潤，以確定該項產品是否能達到公司的目標。這個階段的評估，還要考慮市場的大小、未來發展的潛力、市場的競爭情況，以瞭解這些因素對產品的影響。通常可以發展一年期的計畫、三至五年的計畫，有些公司甚至要求十年以上的計畫，以了解公司對該產品長短期的規劃。

五、產品發展

產品觀念經過商業分析後，即移轉至研發部門或工程部門，發展實體的產品。在這個階段以前，產品可能只是文字敘述或一些圖形、粗略的模樣。到了這個階段，會有產品的雛形、原型（Prototype）、打樣或模子。相較於以前的發展，產品發展階段相當昂貴，進入這個階段的產品相對的少了許多。這個階段必需確認產品創意能夠轉化爲商品，製成的商品要能符合工程上、品質上、功能上與設計上的要求，並通過各種必要的測試，如功能性測試與消費者測試。同時也要測試行銷組合中的許多要素，如文案、包裝、廣告詞、商標、口味等，以發展出完整的行銷策略。

六、試銷

試銷就是在一個自然環境中的有限區域，以較小規模的行銷作法測試銷售。藉由試銷測試產品，雖然費用昂貴，但可降低產品上市的失敗。試銷的目的在瞭解消費者及經銷商對持有、使用及購買該產品的反應，並瞭解市場潛量的大小。試銷的決策包括：選擇試銷的城市、地區、商店類型與數量、所要蒐集的資訊、應採取的動作。那貝斯克（Nabisco）的泰迪熊蛋糕（Teddy Grahams）曾在市場上引起轟動，這種玩具熊造型的全麥蛋糕有數種不同口味，深受消費者喜愛。公司決定將這種蛋糕延伸到早餐市場，推出巧克力、肉桂與蜂蜜口味的麥片，由於沒有先試銷瞭解市場，產品推出後，包裝、口味、配方都出了問題，超市經理拒絕進貨，為公司帶來一場災難。

七、商業化

商業化或商品化是將試銷成功的產品正式上市，產品正式量產，配銷到各個銷售據點，運用完整的行銷策略、廣告、促銷宣傳，全面的在市場上銷售。通常必須考量上市的時機、上市的地區、潛在的目標市場以及如何進入市場。由於現在產品競爭激烈，並不是所有的產品都得經過試銷，經過試銷成功的商品，也未必可以完全商品化成功，只是經過這樣謹慎嚴格的過程，可以將失敗的機率降到最低。

7-5 產品生命週期與行銷決策

一、產品生命週期

傳統上視產品有生命，且生命有限。產品生命週期（Product Life Cycle, PLC）歷經產品開發階段及銷售階段，每個階段都有不同的挑戰、機會與問題，必須採用不同的行銷、財務、製造、採購與人力資源。運用產品生命週期的觀念，可以幫助行銷人員作產品市場規劃。產品生命週期的特徵、目標和策略，整理如表 7-2。

大多數的產品生命週期呈現鐘形，如圖 7-3，通常分成四個階段：導入期、成長期、成熟期及衰退期。

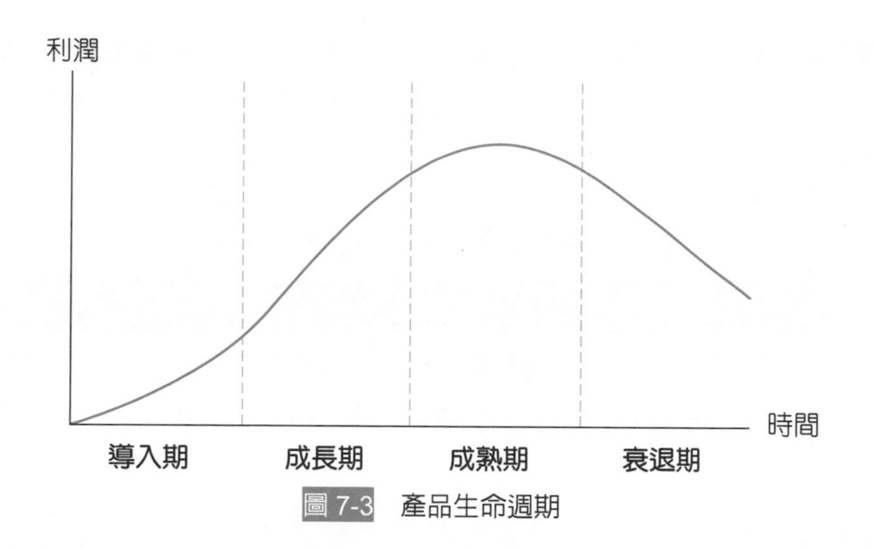

圖 7-3　產品生命週期

1. **導入期（Introduction）**：指產品剛進入市場，銷售呈現緩慢的時期。此階段的產品尚未被消費者接受，銷售量有限，需要相當高的費用投入，包括大量的配銷及促銷費用，往往造成利潤偏低，甚至虧損。這類產品如現有的高科技產品、平板電腦、數位相機等。
2. **成長期（Growth）**：產品快速被市場接受，銷售量急速上升，產品的價格維持在原來水準或稍微下降，視市場需求增加的速度而定。促銷費用可能維持不變或略微變動，以因應市場需要。由於銷售額大幅上升，使得促銷費用占銷售額比例相對降低，此時利潤也逐漸增加。這類產品如智慧型手機。
3. **成熟期（Maturity）**：產品普遍爲多數消費者接受，銷售量已經大到一定程度。此時，銷售成長率趨於穩定或下降，配銷通路增加有限或不再增加。產品的利潤可能逐漸穩定，也可能因爲要對抗競爭者而增加行銷支出，使得利潤下降。這類產品像洗髮精、電視機、汽車、可樂飲料等。
4. **衰退期（Decline）**：此時期產品銷售急遽下降，且利潤可能大幅下滑。銷售衰退的原因很多，包括科技進步、消費者偏好改變、競爭者加入、替代品出現等，都有可能導致生產過剩、削價競爭及利潤的侵蝕。這類產品像肥皀、洗衣粉等。

產品生命週期四個階段，只說明一般商品成長的情形，但還是有很多商品的發展不是這麼有規律。有些商品像呼拉圈、葡式蛋塔、電子雞等，產品一上市造成一陣風潮後就退出市場，這些商品通常稱爲時髦品（Fad product）。

一連好多年，女士冬裝流行穿馬靴，長短不一，樣式很多，流行一段時間後，受當時消費觀念左右，從少數使用者到一般社會大眾都能接受這種商品稱爲流行品（Fashion product）。

此外還有一種所謂風格品（Style product），這種商品生命週期會更長，影響數世紀之久，例如建築風格有巴洛克式、希臘式或羅馬式等，往往消費者的思想行為、審美觀、生活型態都受其影響。

表 7-2　產品生命週期的特徵、目標和策略

		導入期	成長期	成熟期	衰退期
特徵	銷售	銷售量低	銷售量快速成長	銷售量高峰	銷售量下降
	成本	每位顧客的成本高	每位顧客的成本普通	每位顧客的成本低	每位顧客的成本低
	利潤	虧損	利潤增加	利潤高	利潤下降
	顧客	創新者	早期採用者	早期及晚期大衆	落後者
	競爭者	很少	數目增多	數目穩定但開始減少	數目減少
行銷目標		創造產品知名度和試用	市場占有率極大化、產品多樣化	市場區隔化、利潤極大化，並保護市場占有率	減少支出和搾取品牌價值
策略	產品	提供基本產品	提供產品延伸、服務、保證	品牌、型式、市場多樣化	淘汰弱勢產品項目
	價格	提脂策略、滲透策略	滲透市場定價	迎戰或勝過競爭者的定價差異化訂價	降價
	分配	建立選擇式分配	建立密集式分配	建立更密集的分配	選擇式：淘汰無利可圖的銷售據點
	廣告	在早期採用者和經銷商間建立產品知名度	在大衆市場中建立知名度和購買興趣	強調產品差異和利益	減低到維持最忠誠者所需的水準
	促銷	大量促銷以鼓勵試用	減少促銷以收消費者需求強烈之利	增加促銷以鼓勵品牌轉換	減少到最低水準

二、消費者採用模式

創新（Innovation）從消費者觀點而言，表示消費者認爲產品或服務新穎的程度，它可能是活動方式與以前不同，例如新款式、新設計、硬體或軟體、功能提升。

新產品上市之後，必須要使潛在購買者能夠採用此一新產品。潛在購買者在決定採用某一新產品時通常須經歷一些步驟，了解購買者的採用過程（Adoption process），有助於促使潛在購買者快速採用新產品。不同的購買群體從接觸新產品到試用新產品所需的時間不盡相同，有的群體傾向領先採用，有的群體傾向晚點採用，了解不同群體的特性也有助於新產品的成功上市。以下分別介紹創新的型態與種類：

1. 創新的型態：

(1) 突破式創新（Disruptive innovation）：或稱不連續創新，通常是劃時代的新產品，會改變全球消費者的生活方式。例如電腦、手機、汽車、飛機或電視的發明，徹底的改變人類的生活型態與文明。

(2) 連續式創新（Continuous innovation）：這種創新是持續的，不斷的改變所產生的創新。例如 Levi's 對牛仔褲不斷換新花樣與形式，或手機從早期只有電話功能，到現在可以照相、上網傳輸等。

(3) 動態連續式創新（Dynamic continuous innovation）：這種創新是因爲受到外在巨大變化，產生的創新，是以往產品型態的劇烈變化。例如照相機，以前的形式是需要底片、沖印、感光，現在變成數位相機，進步到只要一按，所有的功能都會自動完成，不需要底片，可直接在電腦上或印表機上輸出。

2. **創新的種類**：Schumann（1994）認爲創新必須從技術的投入程度與創新的程度差異來探討創新的種類（Nature of innovation）：
   (1) 產品創新（Product innovation）：能夠具體且完整的提供顧客產品或服務。例如手機新機種、新款式；數位相機畫素更高。
   (2) 製程創新（Process innovation）：提供一套新的產品製造方法、程序或是新的產品發展過程。例如 Dell 電腦公司，先接單再生產，完全沒有庫存壓力，這種顧客直接服務方式是一種製程創新。

（一）創新採用過程

採用過程是指「一個人從第一次知道有關某項創新到最後採用所經歷的心智過程」。潛在購買者在採用新產品時會經歷下列五個階段：

1. **知曉**：潛在購買者首次知道有新產品存在，但缺乏有關該新產品的資訊。
2. **興趣**：潛在購買者尋求有關該新產品的資訊。
3. **評估**：潛在購買者考慮是否值得試用該新產品。
4. **試用**：潛在購買者小量試用該新產品以決定是否採用。
5. **採用**：潛在購買者決定使用該新產品。

許多全球潛在購買者對新產品可能並不知曉，所以無從採用，例如德國有一種「鐵肥皂」的新產品，可以徹底洗淨異臭味，但在臺灣知道的人有限。

新產品行銷人員應思考如何促使潛在購買者快速歷經上述步驟以迄採用。或許其他市場的消費者只停留在「興趣」的階段，未能快速移動到「採用」的階段，其原因可能是該市場還沒有販售的機會。例如 iphone 或 wii，剛上市時，全球很多國家都還買不到；或像油電混合車，或某些新製成的藥物，消費者對新產品的性能沒有信心，若製造廠商可提供一個試用辦法，讓潛在購買者有機會「試用」，將有助於消除他們的疑慮，早日「採用」新產品。

（二）採用者類別

潛在購買者購用新產品的傾向有明顯的差異，有些人傾向成爲購買或消費的先驅者，願意承擔使用新產品的風險，有些人則依賴先驅者的使用經驗來決定是否購買。羅吉斯（Everett Rogers）曾根據創新的採用時間將新產品的採用者分成以下五類，各類採用者都有不同的價值觀：

1. **創新者（Innovators）**：具冒險性、願意承擔某種程度的風險來嘗試新創意。通常是年輕人，他們對於新事物或全新的產品都比較願意嘗試。像對高科技新商品、手機、小筆電、Wii 等各種新遊戲，或前衛音樂、髮型、服飾接受度都很高。
2. **早期採用者（Early adopters）**：是社區中的意見領袖，較早接受新創意，但小心謹慎。通常年齡較創新者大一些，教育水準較高。這一群人的接受，通常代表新產品有一定的社會接受度。例如流行服飾、化妝品、知名全球品牌。
3. **早期大衆（Early majority）**：此爲深思熟慮型，雖很少是意見領袖，但比一般人先採用新創意。表示新產品已經被大多數人接受，已經開始流行。
4. **晚期大衆（late majority）**：具有多疑的性質，要等到大多數人都試用過了才會採用新產品。
5. **落後者（Laggards）**：較傳統保守及懷疑改變，一直要到新產品已經成爲一種傳統之後才會採用。

採用過程可以時間爲橫軸，繪製一常態分配圖，如圖7-4所示。剛開始採用的人很少，而後逐漸增加達到最高點，然後，因爲未採用的人數愈來愈少，故曲線便呈遞減。

一定創新的廠商應研究創新者及早期採用者的特徵，並將行銷努力針對他們。一般言之，比起晚期採用者和非採用者，創新者可能是較年輕的，教育程度和所得都較高，他們較能接受不熟悉的事物，較依賴自己的價值觀和判斷，較願意承擔風險，他們對品牌忠誠較低，較可能去接受特別的推廣活動，如折扣、折價券、免費樣品等。

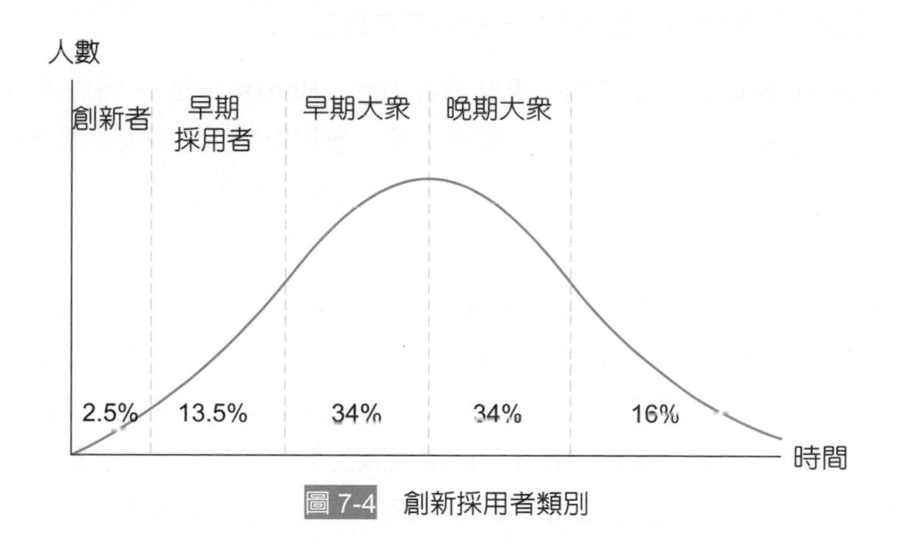

圖 7-4 創新採用者類別

Dismaland 暗黑迪士尼，憂鬱到兒童不宜的遊樂園

Dismaland 位於英國 West-super-Mare，距離倫敦約 2-3 小時車程，是英國知名塗鴉藝術家 Banksy 的最新大型藝術展覽。展期為 2015/8/22 ~ 2015/9/27，現場 walk in 一張票價只需 3 英鎊，但當場買因為排隊人潮多未必買得到。網路票價則是 5 英鎊包含手續費，不過系統一開放後，票都在約一小時左右賣完。

與其說 Dismaland 是個遊樂園，更像個藝術展。Banksy 策劃、將佔據廢棄樂園長達五周的藝術展，裡面聚集 50 餘位藝術家的作品。雖說以迪士尼樂園為概念來打造這個 Dismaland，不過卻會發現踏進這裡不但不會笑聲不斷，反而處處缺少陽光，也增添了無精打采跟詭異的氣氛。

Dismaland 將迪士尼人物各種暗黑素材結合，打造出不同以往的迪士尼樂園。Banksy 在園區內設置了許多諷刺意味濃厚的場景，相當發人省思。南瓜馬車傾倒，死去的公主掛在車窗上，一旁圍繞一大群記者拍照，暗指黛安娜王妃之死與狗仔隊的淵源；遊戲遙控船上載的不是滿臉笑容的孩子，而是滿滿的難民，控訴歐洲各國對非洲偷渡難民船隻翻覆的漠視。根據《每日郵報》報導，該展覽結束後，園區內的各種材料，將運往法國加來附近的難民營，用於庇護所的建造，讓中東地區的難民們得以入住，並貼出暗黑城堡與難民帳篷的合成照，宣告「暗黑迪士尼加來樂園即將開幕！」，還幽默寫下「不須網路預購門票」。

資料來源：痞客邦旅遊 Regina 2015/08/30

問題討論

1. 請說明圍牆飯店、暗黑樂園等之產品層次。
2. 請說明圍牆飯店、暗黑樂園等之產品線發展。
3. 請說明圍牆飯店、暗黑樂園等之產品發展流程。

重要名詞回顧

1. 產品（Product）
2. 核心產品（Core product）
3. 實際產品（Actual product）
4. 引伸產品（Augmented product）
5. 便利品（Convenience goods）
6. 選購品（Shopping goods）
7. 特殊品（Special goods）
8. 非搜尋品（Unsought goods）
9. 產品階層（Product hierarchy）
10. 向下延伸（Downward stretch）
11. 向上延伸（Upward stretch）
12. 雙向延伸（Stretching both ways）
13. 試銷（Test marketing）
14. 產品生命週期（Product Life Cycle, PLC）
15. 時髦品（Fad product）
16. 流行品（Fashion product）
17. 創新（Innovation）

習題討論

1. 請說明產品的層次。
2. 根據消費者購物習慣，說明產品的分類。
3. 產品線有哪些決策？
4. 請說明品牌的定義與品牌傳達的意義。
5. 何謂品牌權益？
6. 請說明新產品開發的程序。
7. 產品的生命週期如何劃分？

本章參考書籍

1. Kotler, P., Marketing Management (N.J.: Prentice Hall, 2003).
2. Kotler, P. and G. Armstrong, Principles of Marketing (N.J.: Prentice Hall, 2001).
3. Czinkota M. R., Marketing: Best Practices (NY: The Dryden Press, 2000).
4. Aaker, D. A. and K. L. Keller (1990), Consumer Evaluations of Brand Extensions, Journal of marketing, 54 (Winter), 27-41.
5. Keller, K. L. (1998), Strategic Brand management (Upper saddle River, NJ: Prentice Hall).
6. Aaker, D. A. Building Strong Brands (NY: Free Press, 1995).
7. Desai, K. K., and K. L. Keller (2002)The Effects of ingredient Branding Strategies on Host Brand Extendibility, Journal of marketing, 66 (Jan.), 73-93.

8 品牌決策

本章重點

1. 了解品牌的意義。
2. 認識品牌權益。
3. 執行品牌決策。
4. 認識使用擴散模式。
5. 認識產品包裝。

行銷觀測站

FOLLOW

全球知名品牌－蘋果（APPLE）

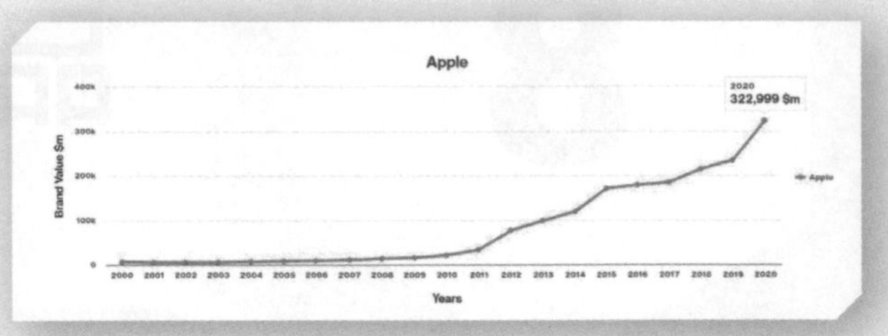

資料來源：Interbrand 官網 https://www.interbrand.com/best-global-brands/apple/

蘋果公司為賈伯斯、沃茲尼亞克和韋恩三人於 1976 年 4 月 1 日創立，在高科技企業中以創新聞名，是全球利潤率最高的手機生產商，也是全球主要的 PC 廠商。賈伯斯去世後，蘋果公司的品牌價值在 2012 Interbrand 全球最佳品牌排行榜上，以年增率 129% 從全球第八晉升至第二。2013 年更擊敗從 2000 年以來盤踞冠軍 13 年的可口可樂，躍升全球品牌價值之冠，且每年持續保持兩位數的年增率。2016 年品牌價值成長首度趨緩，年增率只有 5%，但品牌價值仍居冠，高達 1,781 億美元，已是第三名可口可樂的兩倍以上。到 2020 年蘋果公司的品牌價值在 Interbrand 排行榜上高達 3229.99 億美元，較之第二名 Amazon 的品牌價值 2,006.67 億美元領先不少。

蘋果公司的品牌價值主要來自產品高端、產線完整，設計獨特、時尚、有個性，再加上零售通路具專業性，產品生命週期設計巧妙等因素。不斷創新更是品牌重要的 DNA，大膽跨入無人車研發領域，實踐各種可能，就是品牌精神所在，也是果粉死忠追隨的原因。

以下說明產品端與零售端的優勢來源：

1. iPhone：從 iPhone 4，蘋果確立了「高階智慧手機」的市場定位，大膽的引入了金屬、車磨邊框、雙面玻璃、金色等精品才有的設計。這個策略成功的在消費者心中樹立了「Apple ＝高端」的地位，技術領先加上時尚外觀，也因此讓大家願意用較高的價格購買。
2. Mac 電腦、筆電：是蘋果產線的元老，Mac 電腦一直是白領、設計師們的最愛，形塑出有創意、有個性的使用者形象，讓品牌個性更鮮明。
3. Apple Watch：在 2015 年推出，功能主打個人健康管理。過去 Apple Watch 許多功能都必須跟 iPhone 綁在一起，讓不少沒有使用 iPhone 的用戶感到不便，因此目前 Watch OS 正積極朝向獨立的系統功能，創造出自己的生態圈，吸引更多買氣。
4. Apple Store：除了蘋果的商品，Apple Store 更是品牌精神的具體呈現，是影響消費決策的關鍵最後一哩，也是蘋果最有價值的長期資產，其「坪效」總是傲視零售同業。在 2012 年蘋果擁有 390 家商店，到了 2021 年 9 月，蘋果已經在全世界 25 個國家和地區開設 513 家直營店（Apple Retail Store），這個成長絕對大幅貢獻了 Apple 的品牌價值。

資料來源：每日頭條 2016/09/08，經濟日報 2020/12/28，維基百科

8-1 了解品牌的意義

品牌（Brand）又稱「品牌元素（Brand elements）」。根據美國行銷學會（AMA）定義的品牌，是指一個名稱（Name）、術語（Term）、標記（Sign）、象徵符號（Symbol）、設計（Design）或上述聯合使用。品牌是消費者用來辨識某位廠商或製造商所生產的產品或服務，是該產品或服務與競爭者之區隔。這種區別分別來自於以下兩種差異，一種是產品功能，屬實質上的差異；另一種是象徵、情感或無形的差異。

根據上述的定義，品牌也可以是一種聲音、商標（Trademark）、專利（Patent）或抽象的概念（Construct or concept）。例如花王「一匙靈」濃縮洗衣粉，上面有「花王」和「一匙靈」的商標，它有獨特的配方專利，廣告片尾都有花王專有的發音。某些披薩，強調有義大利的風味；左岸咖啡則很有巴黎塞納河的味道，這些商品都販賣某些讓消費者嚮往的抽象概念。

一、品牌聯想的功能

根據 Jaworski & MacInnis（1986）的研究，品牌具有引起消費者聯想的功能，分別爲功能導向、象徵導向以及經驗導向。

1. **功能導向（Functional-oriented）**：一種引起搜尋解決消費者相關問題的產品需求，例如預防問題以及解決問題的需求。
2. **象徵導向（Symbolic-oriented）**：此型態主要強調滿足消費者內在需求，諸如社會地位的象徵、自我形象提升及自我豐富化等。
3. **經驗導向（Experiencial-oriented）**：品牌對於消費者，主要訴求爲能滿足消費者對於刺激性及多樣化的需求，以提供消費者感官上的愉悅以及認知刺激。

二、品牌傳達的意義

品牌是銷售者提供購買者一組一致性且具特定屬性、利益與服務的承諾。品牌也可以是一種品質的保證，代表一種價值的思考，根據研究，品牌可以傳達六種意義給消費者：

1. **屬性**：品牌可以讓消費者在看到或聽到該品牌時，聯想到其屬性。例如想到賓士，消費者會認爲是價格昂貴、高貴、有錢人開的車子；想到雙貓，或三支雨傘標感冒液，消費者可能會認爲是本土的、很「俗」的意義。

2. **利益**：商品的屬性要能轉換成消費者的利益。高貴有錢人開的賓士，可以轉化成「我感覺到重要地位與令人羨慕的成就」。
3. **價值**：品牌也傳達某些價值的思考。賓士汽車代表高性能、高聲望。點睛品或鎮金店，代表金飾與鑽石的一種流行。
4. **文化**：品牌往往可以傳達文化的意義。賓士汽車代表德國文化、可口可樂及麥當勞代表美國文化。
5. **個性**：品牌可以反應某些個性。百事可樂訴求「新生代的選擇」。喜歡愛快羅蜜歐跑車的消費者和喜歡開 March 汽車的人，個性上應該是不同的。
6. **使用者**：品牌可以看出使用者是何種類型的人。年紀大一點的人開賓士汽車，可能是老闆級人物；年輕的小伙子開賓士汽車，則可能被看成是開車的司機。

三、品牌化與品牌化的利益

品牌化（Branding）是指賦予產品或服務品牌的力量。賦予產品品牌名稱，也就是給產品一個名字，運用品牌元素來幫助消費者做確認。這產品是什麼與產品使用的理由。品牌化包括創造心智結構與建立消費者組織產品的相關知識。建立品牌之利益見表 8-1。

表 8-1 品牌化之利益

艾克（Aaker, 2005）觀點	凱勒（K. L. Keller, 2003）觀點
1. 評估考量可能之策略選擇。	1. 獲得較大之顧客忠誠度。
2. 塑造一個長期觀點。	2. 在競爭市場活動及危機下，暴露較少之弱點。
3. 呈現透明化之資源分配決策。	3. 較高之利潤貢獻。
4. 協助策略分析及相關之決策。	4. 對價格調降，具有較多之價格彈性。
5. 提供一組策略管理及控制的系統。	5. 對價格調漲，具有較低之價格彈性。
6. 提供垂直式及水平式的協調溝通系統。	6. 較高之經銷商合作與支持。
7. 協助企業對「變動」之調整及應變。	7. 增進行銷溝通之效率與效果。
	8. 具可能之授權機會。
	9. 獲得較有利之品牌延伸評估。

8-2 認識品牌權益

一、品牌權益的定義

「品牌權益」（Brand equity）的研究是 1980 年代以後幾年的事。品牌權益的概念是認爲品牌是企業可以獲利的資產，應該妥善加以管理。公司必須不斷的投資，有效的廣告、建立商品品質、提供顧客滿意的服務，才可以有效提升權益資產。

品牌權益可從不同角度觀察，評量「品牌資產化」及「資本化」。品牌權益是指因品牌名稱或符號，所賦予實體產品的附加價值。根據相關研究認爲，品牌權益指因品牌而具有的市場地位，經由品牌喚起對該品牌的注意力，影響消費者購買，有關思考、知覺與聯想的一連串特殊組合的訊息。

Fournier（1998）從心理學的觀點來看，認爲品牌與消費者之間是一種關係建立的過程，可以從四個方面說明：

1. 品牌當成關係夥件，夥伴之間互相依賴。品牌是消費者人格，或擬人化的表現。
2. 在社會心理文化層面上品牌提供生活經驗的意義。例如生命的主題（Life themes），如深層憂慮、焦慮、緊張；生活計畫（Life projects）如畢業、退休、結婚、日常生活、性別、年齡、生命週期、家庭等。
3. 消費者與品牌的關係是多層面的複雜現象，例如友誼、愛、喜歡、沉溺、自我價值、安全、社會支持等。
4. 消費者與品牌關係是動態的觀點，例如重複交換、互動、關係成長與變化，不同階段，不同的情感與機制– 親密、喜歡、愛、承諾、信任、互賴、新奇、比較、壓力等。

二、廠商觀點的品牌權益

Aaker（1991）從廠商的觀點，定義品牌權益爲：「聯結於品牌名稱（Brand name）和符號（Symbol）的一套資產與負債的集合，藉此可能增加或減少對消費者和廠商於該產品及服務的利益」。Aaker（1995）認爲品牌權益可以分成五項來源：品牌忠誠度、品牌知名度、知覺品質、品牌聯想與其他專屬品牌權益，如圖 8-1。說明如下：

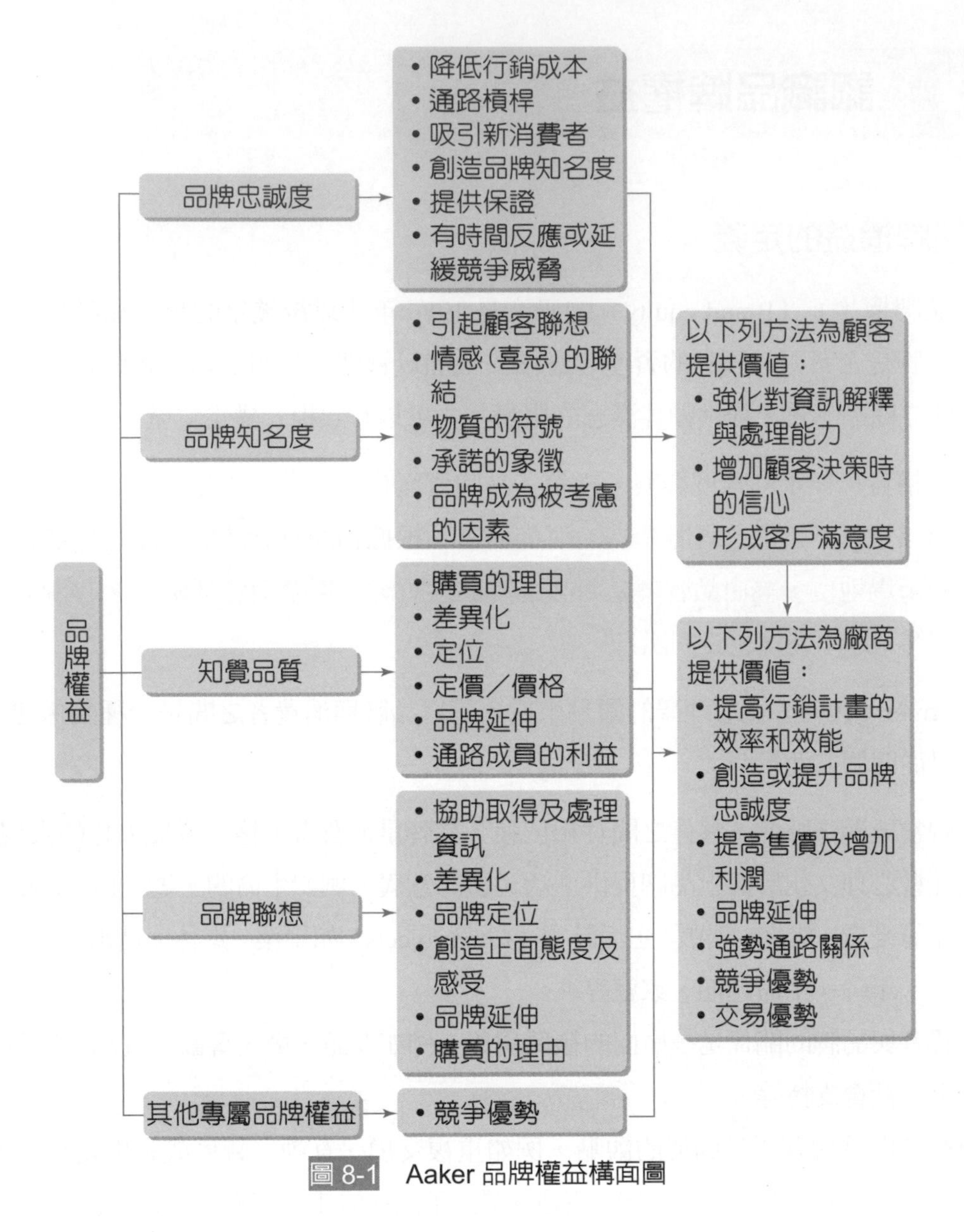

圖 8-1 Aaker 品牌權益構面圖

資料來源：Aaker（1991）

1. **品牌忠誠度（Brand loyalty）**：消費者願意繼續購買的強度。這是指消費者重複購買某一品牌，程度上又比品牌偏好再深入一些。消費者買不到該產品，會到其他地方再找。在一家西藥房內，買不到京都念慈菴的川枏枇杷膏，消費者常常會轉身到別家買，表示該消費者有相當高的品牌忠誠度。

2. **品牌知名度（Brand awareness）**：或稱「品牌知曉」，是指消費者對品牌的辨識（Recognition）與回憶（Recall）的程度。消費者對購買自己所認識或記憶的品牌，認爲其品質較值得信賴。品牌知名度愈高，消費者愈會指名購買。市場上那麼多洗衣粉，爲什麼你要選「白蘭」；牙膏品牌很多，你爲什麼選「黑人牙膏」，這就是品牌知名度高所帶來的經營利益。

3. **知覺品質（Perceived quality）**：知覺品質是相對於其他競爭品牌，消費者會對該產品有全面性品質的認知。消費者對該產品或服務的整體品質與優越程度的評價。例如來自德國的汽車，消費者都會認爲品質較好；大陸製造的產品普遍認爲品質較差。

4. **品牌聯想（Brand association）**：品牌聯想指任何與品牌有關聯的事物，例如產品外觀、廣告或代表人物等，可以協助消費者處理相關資訊。品牌與消費者記憶中任一事物與品牌的聯結，這些聯想有些來自功能利益屬性，有些來自象徵地位或角色以及經驗上的聯想。
5. **其他專屬的品牌權益（Other assets）**：屬於個別廠商的資產。例如通路關係、商標、專利等，作爲防禦競爭對手的基礎。

三、消費者觀點的品牌權益

從消費者的基礎來看，品牌權益是消費者選擇的主觀評價（Vogel, Evanschitzky, and Ramaseshan, 2008），代表產品或服務過去行銷組合投資所產生的附加價值。品牌形象愈強，愈有獨特性，需求程度愈高，則品牌權益愈高。Rust 等人（2000）認爲品牌權益會跟消費者購買意願、重覆購買高度相關。

Keller（1993）對品牌權益定義，爲個別消費者對品牌知識差異化效果（Differential effect）的反應。品牌權益來自行銷效果，而行銷活動主要功能乃創造不同的品牌效果，由行銷活動所反應的程度中，判別消費者品牌知識的差異性。Keller 之品牌權益構面圖，如圖 8-2。

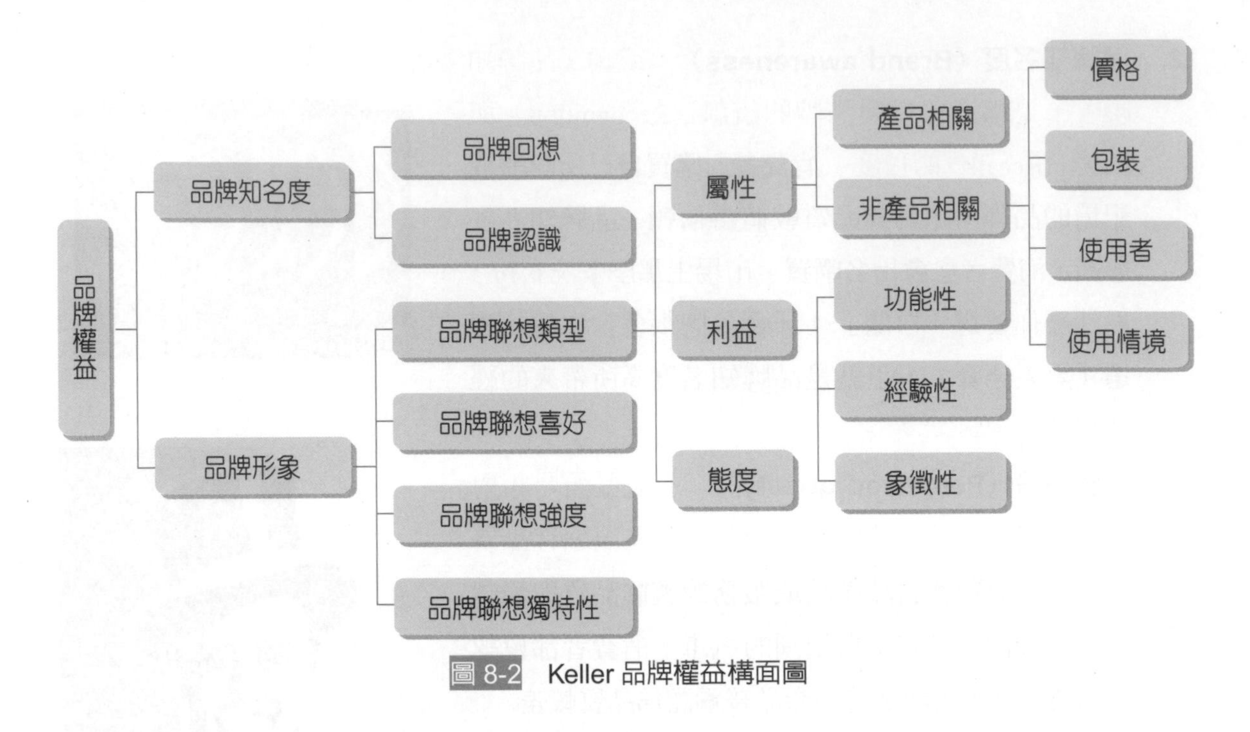

圖 8-2 Keller 品牌權益構面圖

四、品牌資產評價因子模式（BAV 模式）

Y&R 恩雅廣告公司提出BAV模式（Brand asset valuator），以「品牌強勢程度」和「品牌地位程度」衡量品牌權益。圖 8-3 可知品牌強勢又分為「品牌差異性」與「相關性」，這兩要素反映了品牌的未來價值；品牌地位則分為「推崇性」與「認識性」，此兩構面則反映品牌過去的績效。

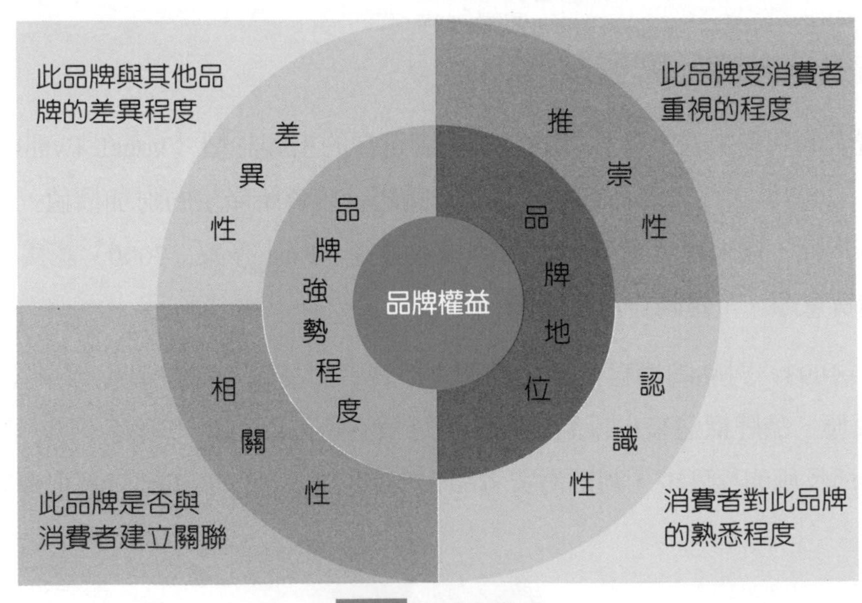

圖 8-3 BAV 模式

圖 8-4 以「品牌強勢程度」和「品牌地位程度」爲兩軸，形成 BAV 能量方格，分別說明如下：

1. **領導品牌**：呈現出「差異性大、具相關性、推崇性高、認識性高」。意謂消費者認爲品牌的差異性大，可與消費者建立有意義的關聯、且消費者高度推崇該品牌，對該品牌的認知程度高。
2. **具利基／未實現潛力的品牌**：呈現「差異性大、具相關性，但推崇性與認識性低」。
3. **新的／沒有焦點的品牌**：呈現「差異性、相關性皆小，且推崇性與認識性皆低」。
4. **侵蝕（Eroding）的品牌**：呈現「差異性、相關性皆小，但推崇性與認識性高」。

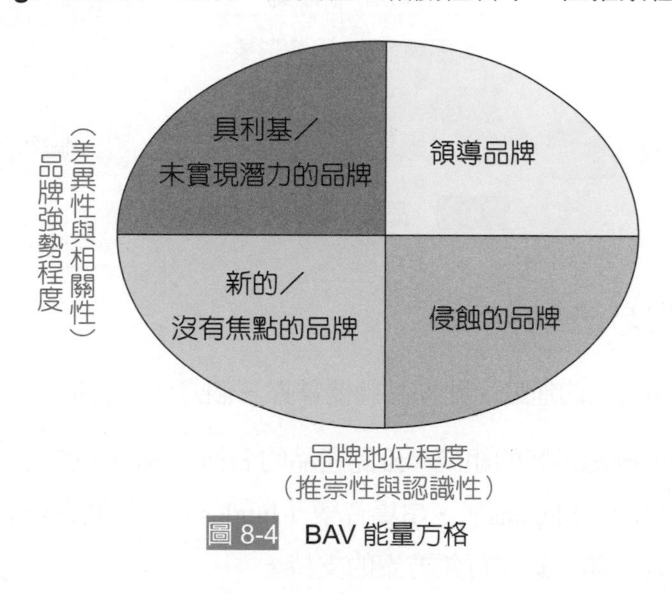

圖 8-4　BAV 能量方格

五、品牌共鳴金字塔模式（BRANDZ 模式）

BRANDZ 模式（Brand resonance pyamid）由 WPP & Millard Brown 提出，強調品牌優勢是一種心理層面金字塔式的概念，包括出現（Presence）、相關（Relevance）、結果（Performance）、優勢（Advantage）、結合（Bonding）等層次。

如圖 8-5，左側說明品牌的相關構面，包括品牌定義、品牌的內容、品牌對消費者的影響、品牌與消費者的關聯性。最右側是從消費者層面來看品牌，從廣泛的認識到強烈的品牌忠誠，分成四個層次。中間是說明品牌和消費者內心產生連結的過程，從簡單的認識品牌特色，到品牌形象、品牌共鳴，愈往上愈不容易發展，形成一個像金字塔的圖形。這個內心發展的過程，消費者會從外認識品牌的功能、利益、屬性，建立內心的品牌形象。到第三層次，消費者會從外在品牌影響形成品牌判斷，說明影響的連結性與強度，內心產生品牌情感或品牌知覺。最高層次是產生品牌共鳴，此時消費者和產品有深刻的連結，品牌忠誠度高。

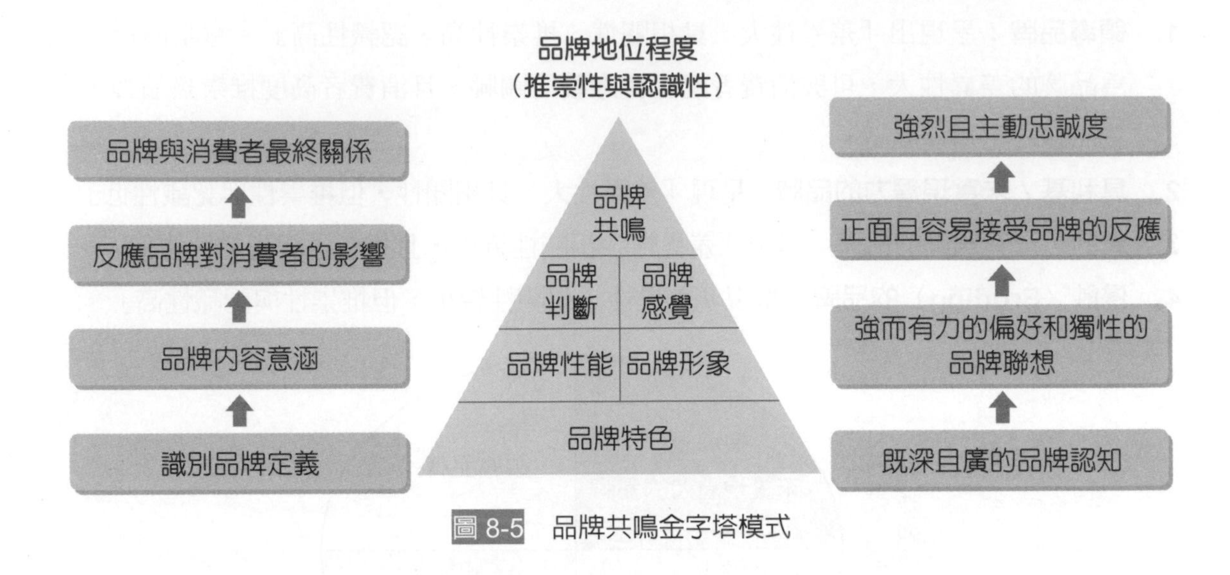

圖 8-5 品牌共鳴金字塔模式

六、建立品牌的方法

根據 Kotler（2011）的理論，建立品牌要掌握三個方法，包括：

1. 選擇品牌元素或確認品牌的組成。確認產品的名稱、術語、標記、象徵符號、設計、商標、文案、標語（Slogans）、串場音樂（Jingles）、包裝與簽名（Signage）。
2. 產品與服務需要行銷活動與行銷方案的支持。
3. 其他有關品牌間接聯想的移轉與連結。

可口可樂、百事可樂、IBM、麥當勞等著名品牌在國際上具高品牌權益，廠商每年對該品牌投注龐大的行銷支出。從品牌權益的觀點而言，每年對產品的行銷支出，可以視為對消費者品牌知識的投資。對品牌投資而言，投資的品質更重於投資金額的大小。如果投資金額不當使用，也會造成過度投資與浪費。

投資品牌權益應該告訴消費者品牌未來的方向，可以讓消費者決定他們要如何思考，如何看待這個品牌，甚至要不要接受該品牌的新產品。品牌承諾（Brand promise）是行銷人員認為品牌是什麼，以及該為消費者做些什麼的遠景。行銷人員承諾品牌提供消費者品牌的價值、效用、功能或屬性。消費者會從這些品牌承諾累積他們對品牌的知識。

8-3 品牌建立決策

品牌建立決策，對行銷人員而言，是很大的挑戰。品牌建立分成七個相關決策，每個決策都相互影響。

一、品牌有無的決策

產品是否需有品牌，是一項重要的決策。大部分的商品都會有一個品牌名稱，像是多芬、黑松之類。但還是有一些商品沒有名稱，像前一陣子頗為流行的「無印良品」，其一些手工藝、床頭飾品、小吊飾都很可愛，但是都沒有名字。「生活工廠」也有很多這類商品。另外，幫別人代工或 OEM 委託製造的商品，通常也都不是自己的品牌名稱。

二、品牌提供者的決策

製造商必須決定該品牌由誰提供，這一項決策可分成兩類：

1. **從廠商立場來看**：產品可以分製造商品牌、配銷商品牌與零售商品牌三種。例如大同、聲寶是製造商品牌，家樂福、大潤發量販店有自己的品牌，統一超商有自己的統一御便當、大騷包、關東煮。
2. **從地理涵蓋面的觀點來看**：產品可以分成全國性品牌、地區性品牌。上述的品牌大多是全國性品牌，地方上的品牌，例如花蓮的麻糬、台南的擔仔麵，某些著名的蜜餞、糕餅，只有在當地才能品嚐到的美味等。

配銷商或零售商自有的品牌又稱為私品牌（Private brand），也有各自的商標。例如家樂福或大潤發的麵包、衛生紙、餅乾、冷凍食品等，都可以看到家樂福或大潤發自有品牌。這些自有品牌的零售通路商，對製造商品牌的訴求是可以節省廣告促銷的通路費用，並回饋給零售商，提供消費者更便宜、更經濟實惠的產品。當銷售量大到一定程度，零售商也想自己來經營，可以有規模經濟，如統一超商的御便當、大亨堡等產品，都是統一超商自有品牌。一般認為自有品牌售價都較正常定價低 20% 到 30%，有些可能更低，在歐洲這類私品牌的發展相當興盛，甚受重視。

三、品牌名稱的決策

決定品牌名稱的決策有四類，說明如下：

1. **個別名稱**：每一個品項都有不同個別的名稱。例如飛柔、潘婷、幫寶適、佳美、舒潔、靠得住等。
2. **以公司為產品系列名稱**：例如大同電視、大同冰箱、大同洗衣機。
3. **家族式名稱**：一個系列用一個品牌名稱，不同系列用不同品牌系列名稱。例如電視機系列稱爲「轟天雷」；洗衣機系列稱爲「媽媽樂」；冷氣機系列叫「夢鄉」或「雙胞胎」。
4. **公司名稱加上家族系列名稱**：例如統一企業的統一咖啡廣場，有各種不同口味；莊臣愛地潔，也有不同的清潔用品。

其次，選擇品牌元素，除了要符合法律規定與公司形象一致外，一個好的品牌名稱應具有下列幾個特質：

1. 指出產品的利益所在，例如化妝品可以命名爲美麗、青春、精華露；手錶命名爲精準或酷；衛生紙命名舒潔、柔軟。
2. 展現產品具有的品質與格調，例如電池命名叫勁量、永備；飲料稱爲御茶園、鮮果多。
3. 容易發音、識別與記憶，例如感冒用斯斯，洗衣粉用白蘭。
4. 產品命名應具有特殊性，例如聯邦快遞。
5. 產品命名的適合性，應考量在地的語言與文化，避免負面諧音或意思。例如家樂氏台語發音「吃了死」、舒跑是「輸了就跑」，bluebird 中譯後也會令人想入非非，不是很好聽。

產品的命名，可以採用以下多種方式：

1. 以人物命名，例如中正、羅斯福、洛克菲勒。
2. 以地點命名，例如德州炸雞、台北小城。
3. 以品質命名，例如靠得住、潔美。
4. 以氣氛與幻想命名，例如東方、香格里拉、花街草巷。
5. 以生活形態命名，例如健康、美而廉。
6. 以人造的名字命名，例如宏碁、Exxon。
7. 最好能表現商品的特色，名稱能信、雅、達，避免不良意義，例如女生名叫罔夭、罔市，或婷（停的意思），商品叫「夏流」、「建人」、「白木」、「酷伯」等。

四、品牌數目決策

品牌數目的決策，公司可以採用品牌延伸、多品牌、共品牌、新品牌、副品牌、品牌傘等方式。說明如下：

1. **品牌延伸**：即現有產品的延伸，是指在原有產品的基礎上，加上配方、成分、規格等調整。可以改變產品大小與口味。例如白蘭洗衣粉，加上無磷，加上柔軟精，加上增艷劑，就組成各種不同的洗劑產品系列。
2. **多品牌**：指公司同時擁有不只一個品牌。
3. **共品牌**：是指市場上兩家企業或兩個以上品牌共同創立另一個新的品牌，如中國信託和慈濟共同推出蓮花卡；富豪（Volvo）汽車宣稱使用米其林輪胎等。
4. **新品牌**：在原有產品之外，創立新的品牌名稱。副品牌是指在原有主力商品之外，另建一個非主力的品牌，有時是爲了分攤成本，有時是爲了佔據某市場空間，與競爭者對抗。
5. **品牌傘**：多個產品共同使用一個品牌名稱。像 Polo、Ad-idas，有衣服、球鞋、背包、襪子；香奈兒有香水、化妝品之外，也有衣服、皮包、手錶、鞋子、飾品等。通常採用品牌傘決策，主要是能很快找到定位，容易上貨架，新產品可以很快進入市場，但是也有其弊害，一旦商品失敗，可能會連累其他產品，產品缺乏獨特的個性，不容易被記憶，產品線過多使得品牌地位模糊，造成品牌稀釋（Brand dilute）[1]。

品牌組合（Brand portfolio）是指某一廠商，將所有相關的品牌與品牌線的集合。不同品牌有不同的市場區隔，所有相同目標市場的產品可歸成一類，類似產品類別，藉由品牌組合可以增加公司對品牌的控管、增加市場佔有率、提高競爭力與獲利能力。

品牌組合策略（Morgan and Rego, 2008）說明以下三件事：

1. 品牌的數目與市場數目的範圍有多大。
2. 在相同的市場或區隔定位中，品牌組合內各個品牌所面臨的競爭對手與競爭狀況。
3. 消費者對公司品牌的品質知覺與價格的定位。

1　品牌稀釋是消費者因為該品牌太廣泛，逐漸對該產品的定位不清楚。如消費者現在大多不能確切說出 Polo、Ad-idas 到底是甚麼意義。

五、品牌重定位決策

若一品牌在市場上的定位，不符合現代需要，就可以採取重定位策略，重新爲該商品找出一個適切的定位。

六、品牌活動、方案的設計與執行

尋求個人化、整合化與內部化。

1. **個人化（Personalization）**：提供消費者個人的經驗與品牌接觸，讓消費者覺得自己與品牌有相關，通常可以用說故事的表達方式，來引起消費者共鳴。例如奮起湖便當、鐵路便當等，引發消費者個人經驗與感觸。
2. **整合化（Integration）**：指將所有行銷活動加以整合，產生最大效果，提高消費者對品牌知覺（Brand awareness），使品牌形象更好。
3. **內部化（Internalization）**：是指所有的行銷活動與方案，都能夠得到內部員工的支持，鼓舞內部員工的士氣。

七、槓桿化運用各種品牌輔助聯想

充分使用各種品牌的聯想，增強消費者對品牌的屬性、利益、功能的聯想強度，包括各種次級的輔助聯想（secondary association）。輔助聯想是指對品牌間接的相關資訊與知識，將品牌的知識使用在其他非關產品的領域上。例如和別人發展共品牌、與其他品牌策略聯盟、運用品牌提供贊助或從事社會公益活動或提供品牌供第三人使用。如使用宏碁品牌贊助孩童營養午餐、宏碁贊助奧運活動、舉辦宏碁盃高爾夫球賽、宏碁盃網球公開賽等。

另外常見的是利用象徵人物，例如麥當勞叔叔、肯德基爺爺；在臺灣職棒，各隊也會發展象徵物（吉祥物），例如兄弟「象」、Lamigo 桃「猿」。

時事快遞

長榮航空接班紛爭對品牌價值之影響

長榮航空在 2013 年加入全球最大的國際航空聯盟「星空聯盟」，同時委託我是大衛廣告公司拍一支全球廣告與國際接軌，在創意上決定用「I See You」為主軸，代言人是金城武。廣告地點貫穿法國巴黎、日本奈良、台東池上，訴求用心看見藝術文化、看見信任，營造質感、安全必須用心領會的品牌形象。在臺灣的首播，當晚 8 家新聞台同步首播 90 秒廣告，粗估光是臺灣媒體採購就花費了臺幣六千萬，另有中、英、日三種語言版本，在全球近 50 個國家播放。

這樣大手筆的塑造品牌形象，背後的推手就是長榮集團張榮發的么子張國煒，他對於長榮航空的經營管理有獨到見解，曾被父親稱讚「對航空事業不但努力也有天份」，甚至自己考上機師能夠執行飛航任務。接手公司營運之後力求改變本土品牌形象，觀察旅客型態轉變團客減少，因而貼近自由行顧客喜好不同體驗的需求，推出 Hello Kitty 彩繪機隊，創造話題更創造營收。

在 2016 年初張榮發過世後，因為家族爭產導致張國煒被迫交出長榮航空的經營權，同時在爭產的攻防戰中，難免對於品牌形象與價值會有負面影響，當消費者對於經營階層屢有衝撞產生不確定性，對品牌的知覺風險提高則消費意願將降低，不過張國煒作為航空業有天份的舵手，把自己視為一個品牌，其發展還是令人期待的。公司經營階層若知名度高且有獨特的形象，會成為輔助品牌聯想的重要節點，就像郭台銘之於鴻海集團，張忠謀之於台積電，動見觀瞻，對於品牌價值有一定程度的影響力。

資料來源：動腦新聞 2013/07/29，天下雜誌 2016/03/01

作者訪問連結

8-4 使用擴散模式

一、模式說明

史氏與文卡特許（Shih and Venkatesh, 2004）提出使用擴散（Use-Diffusion, UD）模式，替代以前所用的採用擴散使用概念。

傳統擴散將擴散曲線分爲「導入期」、「成長期」及「成熟期」。之後又延伸出以採用者劃分爲「創新者」、「早期採用者」、「早期大眾」、「晚期大眾」與「後採用者」（Rogers, 1995）。

科技創新擴散的過程，不能只考慮「採用者」的行爲，應該進一步顧及「使用者」的行爲。使用擴散模式重視的是使用行爲，例如使用頻率（Rate of use）與使用多樣化（Variety of use）。模式則包含使用的特質（頻率與多樣）、持續性的或停止使用，以及科技可能的影響結果（包括認知科技的重要性、科技的影響力、科技使用滿意度與使用者可能傾向採用新的科技）。兩個模式特性進一步比較如表 8-2：

表 8-2 採用擴散與使用擴散之特性比較

模式	利益變數	人口分類	相關標準
採用擴散	採用	1. 創新者 2. 早期採用者 3. 早期大衆 4. 晚期大衆 5. 保守者	採用的時機或採用率
使用擴散	使用	1. 熱情使用者 2. 專業使用者 3. 非專業使用者 4. 有限使用者	使用率、使用多元性

二、使用擴散的衡量構面

根據「使用頻率」與「使用多樣化」兩變數來衡量，分類出熱情使用者、專業使用者、非專業使用者與有限使用者四種使用型態，如圖 8-6，且四個類型分別爲四個完全互斥的集合，但使用者也不一定會一直固定在同一種使用型態中，可以在四種型態中切換轉變，但不會同時處在兩種使用型態的情形。

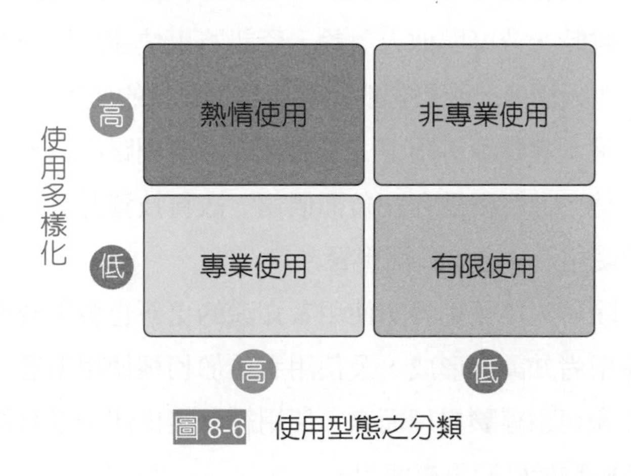

圖 8-6 使用型態之分類

1. **熱情使用者（Intense users）**：使用者同時擁有明顯的高度使用多樣化與高度使用率。此類型通常會花費相當多的時間於創新產品上，並將此創新產品用在不同用途上。
2. **專業使用者（Specialized users）**：使用者在使用率方面與使用多樣化相比，使用率高於使用多樣化，明顯只著重於使用率。此類使用者的使用行爲通常會把創新產品視爲是一種專業工具，並把創新產品用於一種固定之用途上。
3. **非專業使用者（Nonspecialized users）**：使用者在使用多樣化方面與使用率相比，使用多樣化會高於使用率。此類使用者，對於創新產品之最初接觸通常都抱持一種嘗試錯誤法的心態來認定創新產品對於使用者之適用性。
4. **有限使用者（Limited users）**：使用者不論使用多樣化的程度或是使用頻率方面均相當低。潛在因素才是影響有限使用者採用創新產品的原因。所以相對很少有相關之用途可讓此類使用者去使用此創新產品，甚至有可能是抱持著不採用之態度。

三、使用擴散的決定因素

在使用擴散的決定因素分成四個主要構面，分別爲「家庭社會背景」、「科技構面」、「個人構面」以及「外在構面」，分別說明如下：

1. 家庭社會背景

(1) 家庭溝通：在緊密結合之社會族群（如家庭）中，溝通效果能獲得強化。使用科技遇到困難時，若可與他人討論，資訊將可快速的被傳遞，進而解決問題。個人透過與他人溝通，能學習新知，並整合科技的使用方法與使用習慣。

(2) 有限資源競爭：在資源有限下，若全部的社會網路成員無法利用資源時，將形成緊繃的情勢，此又稱爲存在負面價值。故科技資源有限下，發生上述情形，則對科技的使用將會產生負面影響。

(3) 使用經驗：除了人際互動外，使用者知識的更新也會影響使用擴散。科技的複雜度影響使用者知識的形成，及使用者位於何種使用型態，與所扮演的角色。使用者的知識可由經驗累積而來，使用經驗提供使用者有能力去使用新科技。正面的產品經驗能引發重複使用。

2. 科技構面

(1) 科技熟稔：即指科技的多用性與耐用性等特性。此特性也讓使用者得知科技的能力界限與應用範圍。使用者對於科技熟稔程度愈高之科技愈是熟悉，科技使用困難的情況也愈不容易在其身上看到。

(2) 科技互補：即研究使用者使用其他科技、產品互補創新科技或產品的程度。「科技密度」（Technology density）互補科技愈多，使用者於特定用途上之選擇也會愈多，因此，可能影響使用者對創新科技之使用。

3. 個人構面

(1) 使用創新：即使用者具能力（創造力）與動機（好奇心）的前提下，能用多種新穎方法來使用已存在的科技或產品。若使用者具使用創新傾向，其將抱持著試驗性的態度嘗試使用同一科技於不同的用途上，進而提升使用者對創新科技的使用變化程度。

(2) 對科技的挫折感：複雜的科技往往讓使用者在使用科技時感到挫折。設計者在開發新科技時，應投入較多時間發展更人性化之科技。

4. 外在構面

(1) 外在溝通：溝通不止於家庭內溝通，也包括外在溝通。使用者與其朋友或同事談論創新產品的同時，也因溝通讓使用者更相信該創新產品，並產生信任。使用者透過與他人討論問題，使資訊快速交換，並克服使用上的困難。

(2) 在外科技之聯結：在家庭外使用科技，讓使用者對科技使用的多樣化更加熟悉，進而提升其科技之使用多樣化，但使用率方面，隨在家庭外使用科技愈久，可能降低在家庭內使用科技之意願。

(3) 媒體展露：高度媒體展露能產生連帶效果，刺激使用者提升使用程度。廣告呈現方式，影響消費者在認知過程對產品廣告的評價，進一步影響消費者對訊息的接受程度。廣告呈現是訊息創造策略的重要因素之一，其中包括了使用的溝通媒介的使用與運用動態、音樂、影像及情境等資源。使用者透過不同的管道接觸廣告，而提升使用者的媒體展露程度，進而影響其使用程度。

四、使用擴散的結果

使用擴散的結果分成「科技的知覺影響」、「科技的滿意度」、「對未來科技之興趣」等三個構面。

1. **科技的知覺影響**：使用科技的程度直接影響使用者的知覺。例如在使用擴散的使用型態中，熱情使用者會對科技產生「文明依賴感」，而有離不開科技的現象。但對有限使用者來說，不會對科技產生依賴感，甚至可能認為於其日常生活中。
2. **對科技之滿意度**：客戶對一項產品的滿意度即指該項產品滿足其預期的功能。滿意度與使用習慣之間具有高度的相關性。若個人能力能成功使用產品，達到其預期結果，就能引發高度的滿意度。由此可知，熱情使用者的滿意度勢必高於有限使用者。
3. **對未來科技的興趣**：一項既存科技的滿意度將增加採用另一項替代新科技的阻力，意謂降低替代新科技被採用的可能性。但將科技運用到生活中的使用者，最不抗拒獲取類似的科技，過去美好的使用經驗除了減少學習使用上的窘境，也使其意識到新科技可能帶來的益處。熱情的使用者對未來科技的取得展現最高興趣，其次是非專業的使用者。相較之下，專業使用者對未來科技取得的興趣可能不會提高，因使用者已投入時間與心力在把既有科技應用在重複使用或應用在一組專業工作上發展專門知識，使用者若成功的把科技整合於其生活中，則其若要獲取相同類型科技時，採用的阻力將比其他人來得少。

擴散結果如圖 8-7 所示，熱情使用者皆顯著高於其他型態的使用者，亦即熱情使用者會具較佳的滿意度，也相信家庭受科技影響較大，也更可能視電腦爲重要的科技。

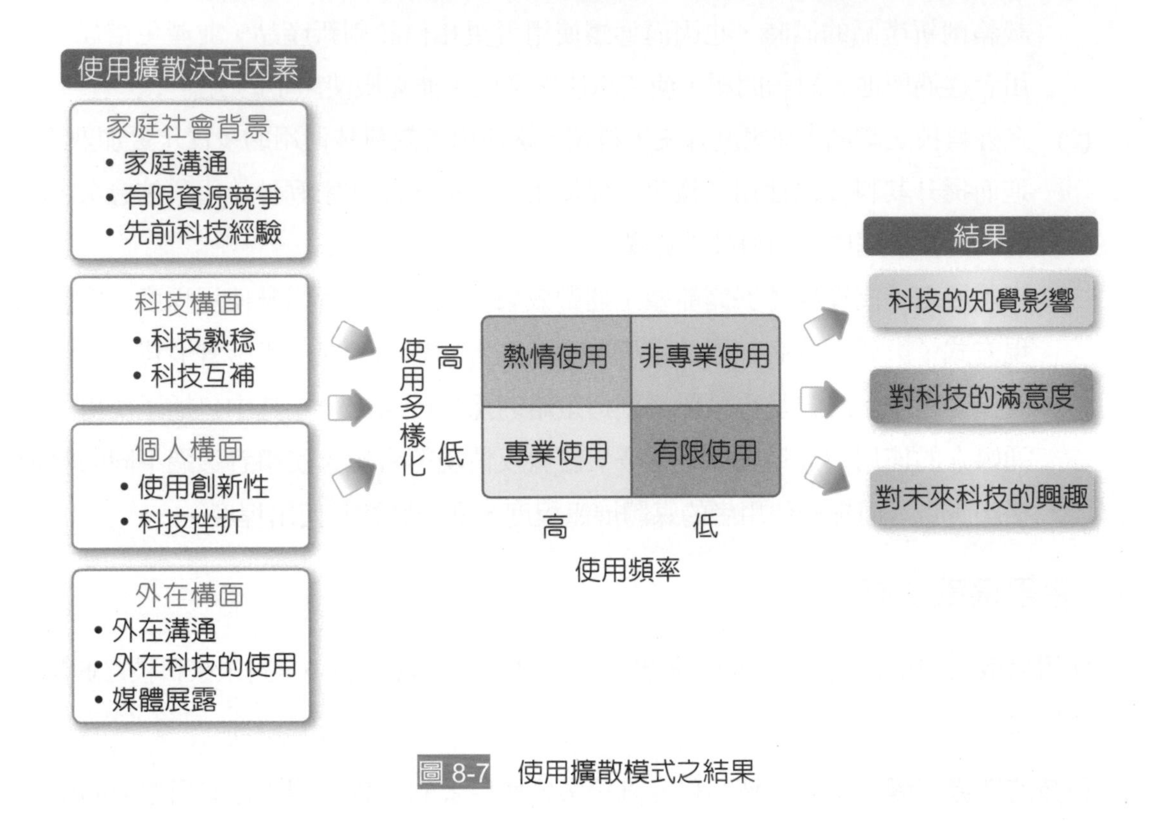

圖 8-7 使用擴散模式之結果

8-5 認識產品包裝

很多時候，包裝是產品決策時一個很重要的決策。尤其是知名品牌或是全球品牌，當其廣告或促銷活動很少時，就更加依賴產品包裝的展示效果。

包裝（Packaging）是指產品設計與生產容器或包裝材料的活動，良好的包裝是最好的業務員，讓商品包裝說話，創造促銷價値。很多新進的行銷人員最初接觸行銷的工作往往從包裝開始做起。

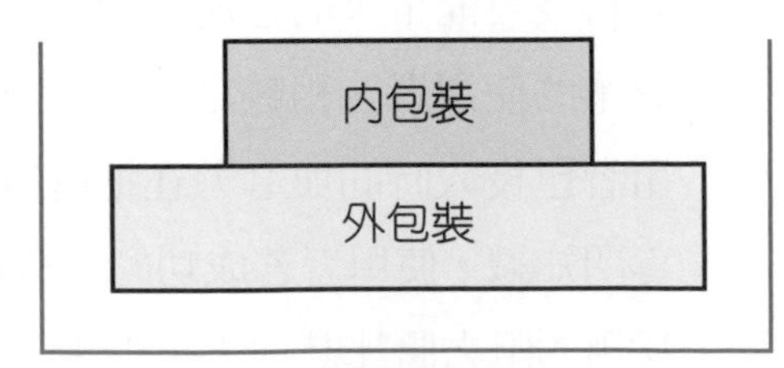

包裝最主要的基本功能是保護產品、避免產品受傷、損壞，其次是美觀的功能，讓購買者有很好的辨識效果，發揮展示，與消費者溝通，讓消費者

喜歡並愛用該產品。產品包裝須注意是否方便運輸，產品是否易碎、是否能展現價值。LV 的包裝紙盒、包裝袋也是因爲能展現價值，而在市場上搶手，網路上都還有標售。

一般而言，本地商品包裝上的產品標籤被要求標明產品中文名稱、製造商、生產地點、服務電話、製造日期與有效到期日、包裝容量、商品成分、使用方法、營養成分、條碼、回收標誌等項目。從 1990 年代以後，許多食品都被要求在包裝上，說明產品成分、營養標示、含熱量卡路里、脂肪含量、使用標準規格、每份大小，例如咖啡要標示含咖啡因成分高低。愈來愈多消費者也很注意營養標示，這些對健康、營養標示的需求，會影響全球品牌在世界各地市場的銷售。

包裝除上述須能吸引消費者、支援產品定位、幫助顧客購買、提供產品相關資訊給消費者外，也注重美感。包裝設計要注意各國文化對審美觀的想法不同，對顏色表現的感受也不同。例如日本人喜歡把簡單商品包裝的很精緻，當然也提升不少產品的視覺享受與產品價值。

產品包裝決策，必須配合產品策略。建立包裝觀念方面，即確定包裝基本功能、包裝所扮演角色及包裝相關決策，如包裝大小、形狀、顏色、標籤、文字說明、包裝材料、品標等，涉及產品安全時還要有注意與防範的說明。各項包裝要素要能夠將產品策略表現出來，大小材料顏色等因素能有一致性與平衡性，並做視覺測試。

產品包裝設計完成後，開模試做階段，須進行運輸測試與產品工程測試，以確保實做耐用程度。如果有銷售末端意見的考量時，最好也能進行消費者測試及經銷商測試。

Tiffany & Co.

蒂芙尼公司是一間美國珠寶和銀飾公司。於 1853 年查爾斯．蒂芙尼掌握了公司的控制權，從此確立了以珠寶業為經營重點，並在全球各大城市建立分店。其制定的一套寶石、鉑金標準，更被美國政府採納為官方標準。時至今日，蒂芙尼已是全球知名的奢侈品公司之一。

蒂芙尼公司是一間美國公司，1853 年 Charles Lewis Tiffany 掌握了公司的控制權，基於對世界上最美麗的珠寶擁有永恆熱情，確立了以珠寶業為經營重點。自創立以來，Tiffany 一直被譽為全球珠寶和銀飾設計潮流的先鋒，並在全球各大城市建立分店。其制定的一套寶石、鉑金標準，更被美國政府採納為官方標準。時至今日，蒂芙尼已是全球知名的奢侈品公司之一。

蒂芙尼藍（Tiffany Blue）是蒂芙尼的標誌色，其採用這種獨特的顏色作為他們品質和工藝的標誌。蒂芙尼藍色禮盒（Tiffany Blue Box）更成為美國洗練時尚獨特風格的標誌。Charles Lewis Tiffany 訂立唯有購買 Tiffany 商品的顧客才能獲得這款令人一見傾心的藍色禮盒。如 1906 年《紐約太陽報》所報導：「Tiffany 只有一樣非賣品，即使你花再多的金錢也無法購得，他只會送給您，那就是 Tiffany 的藍色禮盒。」無論是繁華街角的匆匆一瞥，或是放在手心凝神靜賞，Tiffany Blue Box 都讓您怦然心動，它象徵 Tiffany 的光輝傳奇，代表極緻優雅、獨樹一幟及完美無瑕的表現。

Tiffany Blue Book 於 1845 年首次發行，這本年度目錄直至今日仍持續發行，選輯當時最珍貴、精彩的系列出品，涵蓋完美工藝及無可比擬的創新設計，獨一無二的螺旋形紋理和多面形鑽石切割工藝，以全球最琳琅滿目、精緻璀璨的珠寶系列，引領時尚風潮的來臨。這些以珍稀寶石設計而成的大師傑作，令全世界的珠寶鑒賞家引頸期盼。一經面世，他們即蜂湧至 Tiffany，期盼搶先欣賞與購買這些舉世無雙的典藏珍品。Tiffany 的首飾設計工藝在第二代 Louis Comfort Tiffany 的手裏發揚光大，推動蒂芙尼成為美國新工藝的傑出代表，並使美國工藝品成為風行一時的商品。

二十世紀初以來，全世界深深地為 Tiffany 的魅力所著迷。1961 年 Audrey Hepburn 所主演的 Hollywood 經典鉅片《Breakfast at Tiffany's》即完美演譯 Tiffany 的璀璨風華。第一夫人、流行時尚者或是知名攝影師也專選 Tiffany 珠寶作為頂級時尚配件。時至今日，Tiffany 的卓越設計持續散發優雅魅力，不論在雜誌、電影或是紅地毯上，皆能閃耀於巨星身上，如凱特溫斯蕾（Kate Winslet）、安潔莉娜裘莉（Angelina Jolie）、安海瑟威（Anne Hathaway）等。

在漫長的歲月裡，蒂芙尼成為地位與財富的象徵，但是路易斯．康福特．蒂芙尼有句話說得好：「我們靠藝術賺錢，但藝術價值永存。」美國文化、紐約風格就這麼經由商品與傳播媒體的結合，而滲入我們的生活之中。

資料來源：Tiffany 官網，維基百科，中國經濟網

問題討論

1. 說明蒂芙尼公司品牌決策有什麼特色？
2. 蒂芙尼品牌的使用擴散模式是什麼？

重要名詞回顧

1. 品牌（Brand）
2. 品牌化（Branding）
3. 品牌權益（Brand equity）
4. 品牌忠誠度（Brand loyalty）
5. 品牌知名度（Brand awareness）
6. 知覺品質（Perceived quality）
7. 品牌聯想（Brand association）
8. BAV 模式（Brand asset valuator）
9. BRANDZ 模式（Brand resonance pyamid）
10. 品牌承諾（Brand promise）
11. 品牌組合（Brand portfolio）
12. 使用擴散模式（Use-Diffusion, UD）
13. 熱情使用者（Intense users）
14. 專業使用者（Specialized users）
15. 非專業使用者（Nonspecialized users）
16. 有限使用者（Limited users）
17. 包裝（Packaging）

習題討論

1. 請說明何謂品牌元素。
2. 請說明品牌傳達的意義。
3. 何謂品牌權益？
4. 請說明品牌建立的決策有哪些？
5. 請說明何謂使用擴散模式？

本章參考書籍

1. Kotler, P. , Marketing Management (N.J.: Prentice Hall, 2003).
2. Kotler, P. and G. Armstrong, Principles of Marketing (N.J.: Prentice Hall, 2001).
3. Czinkota M. R., Marketing: Best Practices (NY: The Dryden Press, 2000).
4. Aaker, D. A. and K. L. Keller (1990), Consumer Evaluations of Brand Extensions, Journal of marketing, 54 (Winter), 27-41.
5. Keller, K. L. (1998), Strategic Brand management (Upper saddle River, NJ: Prentice Hall).
6. Aaker, D. A. Building Strong Brands (NY: Free Press, 1995).
7. Desai, K. K., and K. L. Keller (2002) The Effects of ingredient Branding Strategies on Host Brand Extendibility, Journal of marketing, 66 (Jan.), 73-93.

9 服務行銷

本章重點

1. 了解服務本質。
2. 認識服務特性。
3. 從事服務業的行銷策略。
4. 認識服務品質。
5. 了解服務接觸。

行銷觀測站

FOLLOW ···

臺灣餐飲集團已具有國際化經營實力

君品酒店頤宮中餐廳：蟬聯三屆《台北米其林指南》三星餐廳（2018-2020）
圖片來源：君品官網

米其林集團在 2011 年發行綠色〈臺灣米其林指南〉、2018 年紅色〈台北米其林指南〉，2020 年納入台中市，出版紅色〈台北台中米其林指南〉，展現臺灣在國際觀光市場的形象地位。其中，2018 年的紅色指南是繼新加坡、香港、澳門、上海、北京後，在華人世界出版的美食聖經，其範疇除了必比登、米其林一星、二星、三星外，2020 年版更增加年輕主廚大獎。趨勢顯現，國人在美食餐飲的消費實力，已受國際權威美食評鑑的注意，且本地餐飲集團更具有傑出之經營表現。

鑒於美食已成為全球各國之文化輸出及推廣的主流，臺灣美食因彙集中華與異國料理融合之傳承，實具厚實之立基。經濟部商業司以「在地國際化」及「國際當地化」為策略，努力推動美食業者由傳統家庭模式轉為標準化及系統化經營。近年來成效斐然，臺灣美食儼然成為國際旅客來台觀光主要目的之一。行政院也已將「美食國際化」列為重點服務發展項目，企求新增在地之國際美食品牌、世界美食匯集臺灣、提升國際化人才素質，以連帶活化觀光產業。

362 likes

資料來源：遠見 35，工商時報，國家發展委員會

9-1 了解服務的本質

服務（Services）是指一個組織提供另一個組織的任何行爲、努力或成效（Deeds, Efforts, Performances）。服務是無形且無法產生事物所有權。服務可能與實體商品有關，也可能無關，例如網際網路的服務。

服務業的興盛，隨著經濟發達愈來愈重要。根據統計，我國近幾年來服務業的比例已位居三級產業結構之首（服務業、工業、農業）。產業結構已經和先進已開發國家，如美國相當。許多服務社會的工作因應而生，吸引許多的就業人口，例如保險金融服務、瘦身美容服務、休閒旅遊。

服務業涵蓋的範圍相當廣泛，如表9-1。一般而言，服務業包括政府服務、金融保險、不動產業、健康醫療業、教育業、運輸倉儲及通信業、公共設備業、商業、批發零售與其他。在我國，餐飲業亦屬服務業。服務業的分工愈來愈細，結合了各種科技發展與人性需求，也出現愈來愈多新的行業，例如電話行銷結合電腦科技與保險金融的新業別，郵政服務之外還有民間郵局、快遞公司與宅配。

網際網路上也出現大量的服務行業，提供的服務更是琳瑯滿目，包括提供個人消費的書籍買賣、音樂、玩具、拍賣、點選各種線上服務、入口網站或各種軟硬體，如 app store 裡面的服務。

表 9-1 服務業的類型

類型	內容
政府服務	警察、消防、社會安全與福利、社會工作、大衆運輸、全民健保與國民年金、郵政
非營利服務	社區服務、醫院、紅十字會、宗教團體、各種社會福利基金會
營利服務	租車、洗車、電影娛樂、乾洗、航空服務、美容瘦身、旅遊
專業服務	法律、醫療、保險、財務金融、建築、教育、會計、顧問諮詢
網際網路服務	入口網站、拍賣、app store、音樂、點選視聽娛樂、MP3、聊天交友

根據學者的研究，純商品與純服務是相對的概念，純實體商品，例如包裝食品、各種洗衣粉、洗髮精；純服務包括教書、醫療服務、當保姆、諮詢顧問等。界於兩者之間可以區分爲三類：一是商品密集服務，即以實體商品爲主，提供服務爲輔，例如房屋仲

介、電腦銷售；另一是服務密集商品，即以服務爲主，實體商品是完成服務的工具，例如航空服務、提供旅行運輸、視聽娛樂、看電影聽歌等；介於上述兩者間的稱爲混合型，一般都以速食業、餐飲業作代表，表示實體商品、硬體設施與軟體服務皆具重要影響。如表 9-2 所示。

表 9-2　商品與服務概念區分

分類	相對的純商品	商品密集服務	混合型	服務密集商品	相對的純服務
圖例					
實例	包裝食品 洗衣粉 洗髮精	房屋仲介 物流運輸 電腦銷售	速食業	航空運輸 影視娛樂	顧問諮詢 美容瘦身 教育工作

註：圖中藍色處為實體商品部份，其餘為服務。

9-2 服務與服務業的特性

一、服務的特性

服務具有四個主要特性：無形性、不可分割性、異質性與易逝性。這些特性對擬定行銷組合具重大影響。

（一）無形性（Intangibility）

服務最大的特性是無形性，它不像實體商品可以看得到摸得到。服務可以是一種行爲、一項表演或一種努力。例如觀賞張惠妹的表演、替人媒介交友、職場工作等都是一種服務。又如美容、醫療，購買該產品前無法看到具體結果，經驗或結果可能因人而異，且靠主觀判斷，對消費者而言消費因此充滿了不確定性。

行銷人員通常藉由具體化服務品質或提供某些保證，以降低消費者購買的不確定感，利用場所佈置、服務人員、設備、宣傳資料、標誌、價格或會員化加強服務管理，可以給消費者加強消費的信心，將無形的事物有形化，加深消費者印象。

（二）不可分割性（Inseparability）

不可分割性是指實體商品通常會經由製造、儲存、配送與銷售等步驟，但是服務往往是生產與消費同時發生。例如一場張惠妹的演唱會，在載歌載舞的同時，就是一種生產行爲，對觀賞的群眾而言，欣賞張惠妹表演的同時即是一種消費行爲。服務的生產與消費不可分割、同時產生，且兩者的互動也影響服務的結果。

因應生產與消費同時產生的特性，服務提供者可以嘗試在服務產生時，提供給更多人消費。例如本來是一對一的心理治療，改變成一對多或小群體治療；利用網際網路教學，可以同時讓不同地區或國家的學員共同學習。

（三）異質性（Heterogeneity）

異質性是指服務完成的過程中的變動程度。受到服務對象、服務時間、地點、提供服務的人不同，服務品質也易有差異。服務具有高度的可變性，因此控制服務品質的一致程度相當不容易。

維持服務品質的一致程度，減少變動，可以透過制度或程序來加以控制。一是從人員甄選與訓練加強著手，找來素質較高的人員，給予較完整的訓練。第二是公司實施標準化服務績效評核制度，如麥當勞建立標準作業程序（SOP）或參與 ISO 品質認證。第三是透過顧客申訴制度、抱怨處理、顧客調查等顧客滿意制度，來追蹤顧客服務的滿意情形。

（四）易逝性（Perishability）

易逝性是指服務不能儲存，沒有存貨。儘管服務可以在事前作需求規劃，但是服務具有時間性，不即時使用就形同報廢。例如旅館的空房間，今天沒售出，不能留到明天再賣或飛機起飛以後的空位，沒有賣出，就沒有服務可言。

爲了解決易逝性的問題，行銷人員可以嘗試以下幾種做法：

1. **需求規劃上**：用差別定價或辦促銷活動來區別尖峰與離峰、淡季與旺季的需求；用補償性的服務延伸服務的不足，例如提供咖啡或休息給等候過久的顧客；採用預約制度，充分利用每一個服務時間。
2. **供給規劃上**：增加尖峰時間兼職人員，共乘搭車，共享服務或預先規劃未來所需設備或空間。淡季以促銷、低價、搭贈等活動，鼓勵消費者使用閒置的服務或提供給其他企業使用。

二、服務變動的特性

服務具有變動的特性，會隨服務的人或事物而有所不同，可由以下六個層面來看：

1. **客製化服務到標準化服務**：客製化的服務（Customized service）是指完全依照顧客的需求提供服務，如服飾剪裁，完全適合顧客所要尺碼、顏色而量身訂作。標準化服務（Standardized service），像航空公司提供航班時間表、氣象報告預報天氣，不會因人不同，而有不同的安排及變化。
2. **個人化服務到機構式服務**：個人化服務（Personalized service）如會計師，律師提供的服務是針對特定的對象。機構式服務（Institutionalized service）如到電信局去辦電話申請、繳電話費一樣，在該機構的櫃檯就可以得到一定的服務，不必在意對方是誰。
3. **獨特的智慧到廣泛的技藝**：有些服務具有特殊性，因人、因事而異，像室內裝潢設計或建築師設計房屋，都有其獨特的智慧（Unique talents），一般是看需求對象而有所不同。廣泛的技藝（Widely available skills），像銀行的櫃檯人員或學校裡教書的老師，需要有一定專業的知識與技藝，但卻可以大量的培養與訓練。

4. **勞力密集到資本密集**：有些服務業務大量依賴勞力供應，像統一超商需要很多工讀生打工，就是屬於勞力密集（Labor intensive）。但是像電力設備、高科技產業，需要投入的資本很高，相對用到一般勞力就少，因此爲資本密集（Capital intensive）。
5. **高進入障礙到低進入障礙**：高進入障礙（High entry barriers）通常可以來自專利權、高資本投入或政府特殊的許可。例如固網事業，政府只允許三家經營；低進入障礙（Low entry barriers）一般技術層次較低，投資資金不大的行業，例如文具業、禮品業、美容店，五金材料行等，都是低進入障礙的服務業。

6. **產能具適應性到產能調整困難**：服務產能適應性（Adaptable）端視服務隨環境、技術改變的程度。一般像會計師事務所、公關公司、瘦身美容業，能因應環境及科技的變化，快速調整業務。電廠發電量、航空公司的航線決定，就比較難以改變，一旦決定，往往會運作很長的一段時間。

遭遇抵制的西方品牌

2020 年瑞典時裝公司 H&M 因維吾爾人強迫勞動的相關報導和指控，遂發布「不與位於新疆的任何服裝製造工廠合作，也不從該地區採購產品或原材料」的聲明。此舉引發 2021 年中國爆發抵制，亦即新疆棉花事件。過程中，H&M 之主要電商平台均遭到屏蔽，其實體店也從一些電子地圖上消失，更有多家門市關閉。

值得注意的是，務實的抵制是要清楚地表達觀點，目標絕不是讓企業破產，因其接踵而來對抵制者反造成的經濟影響，必須要考量。所以，抵制對象常選擇零售業中知名度高的品牌，主因除零售商再次擴大業務規模是相對容易外，其接近廣大消費者，故能最大限度引起抵制之受關注度。相對地，如重工業等行業一旦因被懲罰而離開時，可能就一去不復返。

資料來源：BBC News，維基百科

9-3 服務品質

一、服務品質的定義

評估服務的好壞，通常以服務品質來衡量。根據相關學者研究（如 Parasuraman, Zeithaml and Berry, 1985, 1988），服務品質（Service quality）是指消費者對服務的滿意程度，即預期的服務水準與消費者所認知的服務水準二者之間的差距。服務品質的產生是發生在消費者與第一線服務人員之間的互動過程，因此，服務品質與服務人員的表現具有高度相關。

顧客期望的服務水準與實際的服務水準之間往往會有落差，很難盡如人意。根據服務品質衡量模式（Conceptual model of service quality），如圖 9-1 所示，消費者與提供服務者之間服務品質會有五個缺口：

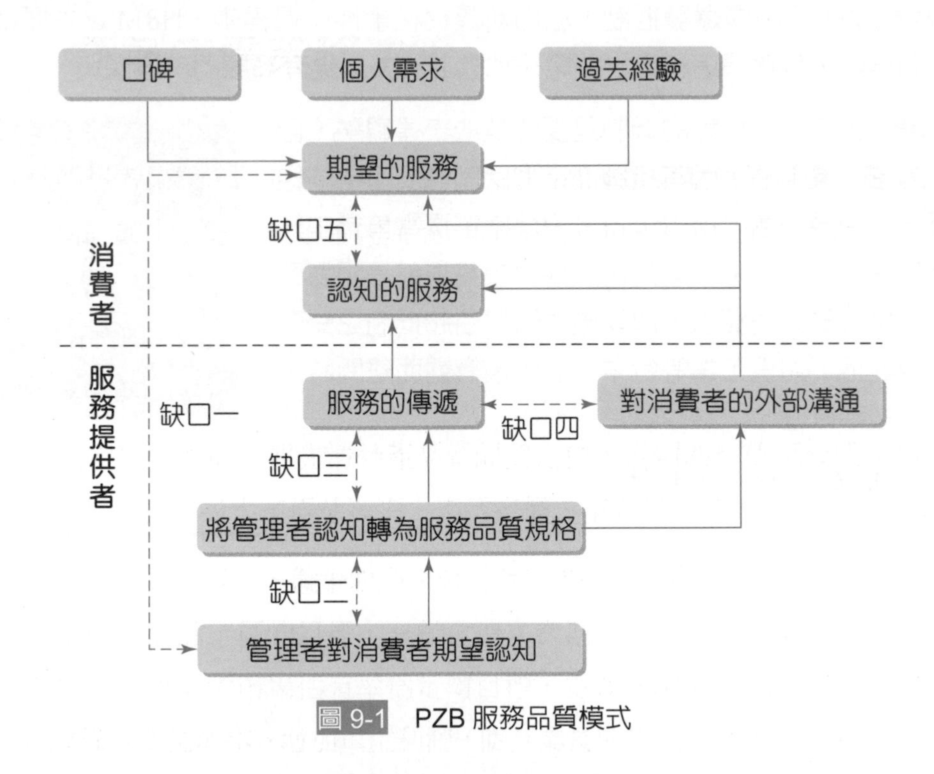

圖 9-1 PZB 服務品質模式

資料來源：Parasuraman，Zeithaml 和 Berry（1985）

1. **缺口一**：消費者與管理者之間對期望認知的落差。此缺口產生的原因為行銷時服務人員未能真正了解顧客對於服務品質的需求所致。

2. **缺口二**：管理者未將消費者的期望轉爲服務品質規格。此缺口產生的原因爲服務人員了解到顧客需求與期望之後，將其轉換爲服務時受限於內部條件，使服務業者無法提供顧客所期望的服務品質。
3. **缺口三**：服務品質規格與服務傳遞過程間的落差。此缺口產生的原因爲服務人員提供給顧客的服務水準無法達到顧客期望。
4. **缺口四**：服務傳遞與消費者外部溝通間的落差。此缺口產生的原因爲外部溝通不良造成顧客所預期的服務水準與服務人員實際提供服務水準有落差。
5. **缺口五**：消費者所期望的服務與所感受的服務之間有落差。此缺口產生的原因爲顧客對所期望的服務品質與接受服務後所感受的服務品質認知之間有差異。

想要滿足顧客的服務品質，必須降低顧客整體的主觀性。降低顧客主觀性的重點就是縮短顧客期望的落差。建立一個有效的服務品質，找出顧客期望什麼，針對顧客的期望面作爲服務品質提升的執行面。

二、服務品質量表

許多研究發現，消費者對服務品質的知覺是建立在傳遞服務的過程中：服務傳遞者及其態度直接影響消費者的滿意度。表 9-3 是 Parasuraman、Zeithaml 與 Berry 在 1985 年提出的第一種服務模式，又稱服務品質量表（SERVQUAL），用以測量服務的有形性、可靠性、回應性、確實性和一致的同理心等五個構面。說明如下：

1. **有形性（Tangibles）**：或稱實體性。就是將無形的服務實體化，包括具有先進的服務設備、服務設施具有吸引力、服務人員穿著得體、整體公司外觀設施與服務協調、履行對顧客的承諾。
2. **可靠性（Reliability）**：所提供的服務要能夠給顧客依賴。包括顧客遭遇困難表示關心並提供協助、準時提供所承諾的服務、相關服務記錄的保存。
3. **回應性（Responsiveness）**：能快速反應（Quick responses）顧客的需求並加以解決。包括顧客可以很快得到應有的服務、能確實告知何時提供服務、服務人員有幫忙的熱誠。
4. **確實性（Assurances）**：服務發生時可以讓顧客有踏實的感覺。包括顧客相信服務人員是可靠的、交易時顧客感到安心、服務人員能互相協助以提供更好的服務。
5. **一致的同理心（Consistent empathy）**：即感同身受顧客期待的，所遇到的問題，且服務人員可以加以協助，包括顧客期待對服務人員提供不同的服務、期待服務人員對顧客付出愛心、以顧客利益爲優先、營業時間能方便顧客。

表 9-3 SERVQUAL 量表之構面與問項

構面	問項
有形性	1. 具有現代化的設備。 2. 具有吸引人的設施外觀。 3. 員工具有整潔的服裝和外表。 4. 服務設施與提供的服務能夠相互配合。
可靠性	1. 能夠及時完成對顧客承諾的事情。 2. 能夠盡力協助並解決顧客所遭遇的問題。 3. 公司是可以信賴的。 4. 能夠在答應顧客的期限內提供服務。 5. 保持記錄的正確性。
回應性	1. 能夠對顧客提供詳盡的業務或服務說明。 2. 員工能夠對顧客做迅速的服務。 3. 員工有服務或幫助顧客的意願。 4. 員工不會因為太忙碌而疏於回應顧客。
確實性	1. 員工的行為能夠建立顧客信心。 2. 與該家公司交易有安全的感覺。 3. 員工應保持對顧客的禮貌性。 4. 員工可以透過公司所提供的資源來完成他們的工作。
一致的同理心	1. 能夠滿足顧客的個別需求。 2. 針對不同的顧客給予個別關懷。 3. 瞭解顧客的喜好。 4. 瞭解顧客的需求。 5. 能夠提供顧客最舒適的服務。

資料來源：Parasuraman，Zeithaml 和 Berry（1985）。

9-4 服務業的行銷策略

長久以來，服務業的行銷被視爲是實體產品行銷的一環，沒有受到應有的重視，策略發展也有待更多探討。服務業的行銷策略可以從幾個層面來看，一是從傳統的行銷 4P 來看，一是從差異化策略來看，另一則是從提升競爭生產力的角度來看。

一、傳統的行銷組合

運用 4P 在服務業上，須加上幾個條件：人員、實體呈現（Physical evidence）與服務過程。

1. **人員**：服務業主要由人組成，人員的素質決定服務的品質，所以有關員工的甄選、訓練與獎勵，都會影響顧客滿意度。一般認爲員工應該具有親切的態度、關懷顧客、反應能力、主動積極與解決問題的能力。
2. **實體呈現**：是指以有形的實體來具體化服務。麥當勞以有形的時間衡量速度，外觀的整潔乾淨來說明其價值與品質。很多餐廳以外表裝潢的富麗堂皇來表示其高格調與高價值。
3. **服務過程**：服務的過程，依內外活動分成內部行銷與外部行銷。內部行銷是指有效的訓練與激勵，公司內部員工，提供顧客滿意的服務；外部行銷是指公司對外所作的標準服務、定價、配銷、促銷活動或廣告。

在網際網路行銷方面，講究互動（Interactive）行銷，顧客可以藉網路和行銷人員或員工交談。如 Charles Schwab 是第一家提供證券交易的主要經紀商之一，1998 年在其線上交易網有 2 百多萬個投資者，利用 Web 創造結合高科技，提供創新服務。透過 Web 網站與其他投資工具，Charles Schwab 扮演線上投資顧問的角色。

二、差異化策略

服務業競爭到一定程度，進入成長期或成熟期時，如果進入障礙不高，技術層次較低，同業之間很容易因模仿而失掉競爭優勢，此刻，採用差異化策略就顯得十分重要。Charles Schwab 以線上交易作投資顧問也是一種差異化的想法。Wal-Mart 百貨公司，除了每日最低價的做法外，還有很多加強服務，對顧客親切服務的做法，也是在尋求與競爭者之間建立差異化。

差異化可以來自公司提供的服務，就如同產品分類一樣，服務也可以是以組合（Package）的概念來區別，分成基本服務組合（Primary service package）與次級服務組合（Secondary service package）。基本組合可以滿足顧客基本需求，次級服務組合可以附加延伸的價值。航空公司除了飛機準時安全外，還提供個別電影放映服務、空中電話服務、經常搭飛機的優惠服務；保全公司除了提供人員巡邏、安全警衛服務之外，還可以提供代收代管客戶資料、宅即便服務、大額提款護衛、孩童暫時看護的額外服務。

這些次級的服務組合很容易被模仿，因此不斷創新、研發以獲取優勢，建立聲譽則可以確保顧客的惠顧。例如臺灣大哥大不斷的推出各種手機服務，如行動寫眞、超低價、超值通話優惠、手機繳款、鈴聲下載、卡拉 OK 歡唱、手機上網、連結社群網站 facebook 等多種創新附加服務，不斷吸引消費者使用，也確保其市場佔有率。

差異化也可以以企業形象、價值傳送作區別。例如消費者耳熟能詳的麥當勞企業標誌、肯德基的上校標誌。信用卡市場上，各家信用下結會，各種活動，巧妙的切入不同市場需求，也將企業經營信用卡的理念傳送給服務對象。

三、提升生產力

服務業很容易受到競爭的影響，使得成本上升，因此降低成本與提高生產力往往是經營上的一大壓力。一般可以透過下列幾種方法來提高生產力：

1. **專業分工**：透過較佳的甄選與訓練，僱用素質較好的員工。
2. **共享的實施**：若干需求較強的服務，可以降低服務的時間，增加服務的量。如公車共乘，醫師同時做小組治療或縮短每個人的服務時間，增加服務更多的人。
3. **服務工業化**：即利用機器設備及提高生產標準化來達成。可以將生產或服務作業標準化，就像麥當勞做漢堡一樣，以標準化作業及重覆或複製的概念，以大量生產降低成本。
4. **利用科技創新發明**：以降低或消除對服務的需求，如發明抗生素降低對疾病治療的需求、發明免燙衣服，降低對洗衣需求、利用數位相機，減低對膠捲底片的需求。
5. **提供顧客誘因**：鼓勵顧客自己動手或自助，減少公司對顧客的服務。例如自助洗衣、自助卡拉 OK、自助沙拉吧，讓顧客自己組合需求。
6. **充分運用科技**：設計出更有效的服務。利用 Web 網站，提供顧客互動式的服務、利用知識庫學習，加強人員的法律觀念，減少對律師的需求。

9-5 服務接觸

人類自從經濟活動開始，就以各種不同的形式在傳送或消費各項的產品和服務，而在顧客與服務人員兩者之間，所展現的方式及互動的過程，均會影響雙方對於當時所傳遞或接收的服務感受。

較廣義的「服務接觸」（Service encounter）定義爲服務提供者與顧客在直接接觸服務之時間點內兩者面對面（Face to face）的互動及影響下所共同形成的經驗。在顧客與服務提供者之間的人際互動，還包括了整個服務提供組織與顧客之間所可能發生的所有互動項目，更涵蓋了服務人員、有形的設備器材以及其他可觸及的事物。

綜而觀之，服務接觸定義的「參與人員」爲顧客及服務提供者雙方，時間則是從第一個接觸點開始，到完成所有服務的整段時間內，顧客所感受到的包括有形的實體環境（如以歐美特色裝潢的餐廳），及無形的服務過程（如顧客爲尊的服務態度）。

一、服務接觸的構面

服務接觸時的形式，其實並不等同於服務接觸時的內容（人員接觸與服務現場的實體接觸），服務接觸分爲下列三個構面：

1. **顧客所知覺到的服務內容**：包括動機、目的、結果、顯著特徵、可回覆性、成本與風險。
2. **服務提供者的特徵**：包括專業技術與知識、態度以及人口統計等特徵。
3. **服務產生的實體環境**：包括時間、技術、內容、地點、複雜性、正式性及所消費的單位。

服務提供者與顧客共同創造的服務接觸情境中，服務提供者所想要傳送的，除了基本的服務外，還希望顧客能對其產生信賴感，變成此店家的忠實顧客，並且進一步的向他人推薦該店。因此在服務提供者與顧客面對面的接觸互動過程中，如果能善用規劃並適時地引導顧客的知覺判斷，便可以形成顧客對服務品質的正面知覺感受，這也就是服務行銷策略上最重要，也是最有效的方法之一。

二、高接觸與低接觸的服務

顧客與服務作業系統的互動越頻繁，服務接觸的程度越高。服務的接觸程度依照與服務人員、實體設備互動的程度分爲三類。

1. **高接觸服務**：這一類型的服務，顧客必須涉入服務的傳遞過程，並且置身服務工廠，直接參與服務並與服務人員接觸。所有處理人的服務甚至是到府服務都屬於此類，其原因可能基於傳統、喜好，或是缺乏代替選擇方案，所以顧客必須親自到服務現場，等待服務完成後才離開。例如飯店、理髮、顧問。

2. **中度接觸服務**：牽涉到與服務供應者較少的互動。這類服務是指顧客們提供服務設施的地點或是由服務人員到家中或是第三地，無需等到服務傳遞結束就可離開，或者只是與客服人員適度互動的情況。如此接觸程度的目的通常侷限在：
   (1) 建立關係（Relationship）以及界定服務需求，例如管理諮詢顧問、保險業、或是個人金融諮詢。顧客們一開始會到公司的辦公室來，之後在公司服務生產只有相對有限的互動。
   (2) 減少或是增加被保險的實體資產。
   (3) 嘗試解決問題。
3. **低度接觸服務**：是指顧客與提供的服務者之間，若存在也是極少的實際接觸。取而代之，這類的接觸透過電子媒介或是實體的配銷管道與服務供應者之間保持一段距離而產生，而這會是在今日講究便利導向的社會裡一個快速成長的趨勢。心靈鼓舞的處理，如收音機、電視節目以及資訊處理服務如保險，都自然地落入這個範疇。同時包含在這個範疇裡的還有資產處理服務，其所需服務的項目可以透過船運到達服務的地點或是由遠方晶電子傳送至客戶住所的遠端修護。最後，當顧客在家購物、處理保險以及透過電話完成銀行交易或是透過全球資訊網（WWW）搜尋及購物時，很多高程度以及中程度接觸的服務正轉變爲低程度的服務接觸服務。

三、管理服務接觸

近年來許多服務業者對服務接觸之有效管理及規劃相當重視，要管理及加強服務接觸之前，必須了解服務接觸之本質，也就是學者提及之服務接觸三要素，如圖 9-2 所示。

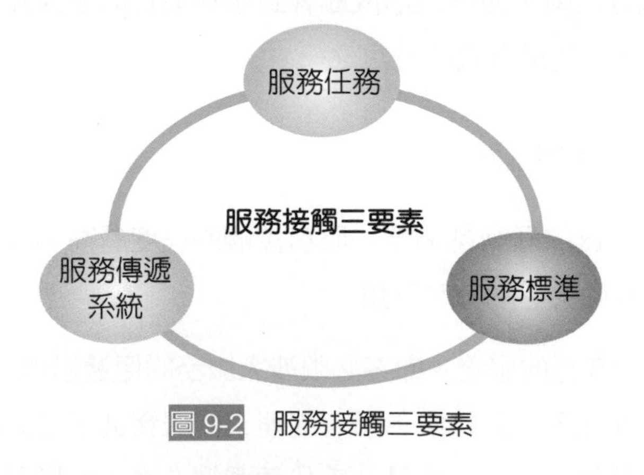

圖 9-2 服務接觸三要素

資料來源：Schmenner, R. W. Service Operations Management, New Jersey : Prentice Hall, Inc. 1995, pp.19.

（一）服務任務

所謂服務任務（Service task）是指服務被提供的理由，以及顧客對該服務的評價（Schmenner, 1995），也就是服務價值（Service value）。服務價值是顧客所感受到對該服務的需求及滿意，與企業所提供服務的成本相比較之結果。服務任務簡單來說，就是指提供給顧客的服務本質，以目前強調顧客主義的服務時代而言，服務任務其實就是顧客的需求，也就是顧客的聲音，是服務組織與服務提供者極欲達成之目標。

服務任務就是服務存續的理由，也是業者的賣點，因此，要妥善規劃卓越優質之服務任務，就必須確實了解顧客所需，包括顧客對目前產品或服務滿意之處、不滿之處或是未來衍生之需求爲基礎，規劃與提供能滿足顧客需求，吸引顧客購買意願的服務任務。

（二）服務標準

服務標準（Service standard）是服務組織透過控制、品質管理、成本效率等形式，將服務有效的傳遞、送達至顧客手中的一種可量化、評估的標準，服務標準可以是服務的速度、存貨水準、售價的範圍等。以聯強電腦爲例，該公司推出「今晚送修，後天取件」快速的服務訴求；大潤發、家樂福等量販店也推出「天天最低價」的服務訴求。服務標準是服務組織爲達成服務任務所制定的準則或稱工作里程碑，因此，在制定準則時必須注意可量化、隨時評估與修正，以及可達成等原則，過高的服務標準不僅會影響服務人員的工作士氣及信心，也可能會影響顧客對服務組織的信任及評價。

（三）服務傳遞系統

服務傳遞系統（Service delivery system）是指服務產生與傳遞到顧客手中之系統，包括成本、品質之控制，以及顧客滿意之產生。服務傳遞系統是服務組織達成服務任務與服務標準之機制與工具，「工欲善其事，必先利其器」，因此，服務組織必須有效規劃提供服務所需之有形及無形事項，包括服務人員、器材及環境等，並且要隨時檢視其運作的有效性，如服務人員的態度、能力、器材的運作順利與否，是否需要更新的設備等，以確保顧客對服務的滿意。

四、服務互動中的重要事件

許多服務，特別是哪些被歸類爲高接觸的服務牽涉到許多顧客與服務員間的接觸，不論是親身或遠距離透過電話的互動，服務接觸也可能在顧客與實體服務設備或儀器間發生。在低接觸的服務裡，顧客將與哪些設計用來取代服務人員的自動化機器設備，有著越來越多的接觸。

重要事件（Critical incidents）是指在顧客和服務提供者之間的一種特別互動，其結果會特別使一方或是雙方滿意或不滿意。重要事件技術（Critical Incidents Technique, CIT）是指蒐集和分類在服務互動中這些重要的一種方法論。執行這樣的分析工作將提供服務傳遞的過程中，什麼是影響顧客滿意與否，特別重要事件判斷的機會。依重要事件歸出幾種不同類型的互動，其分類視服務是否屬於高接觸或是低接觸的服務而定。

（一）高度接觸環境中的重要事件技術

大多數的重要事件研究都著眼於高接觸服務的環境裡，顧客和員工間，人與人的互動。在這些情況下，重要事件傾向圍繞在顧客對員工的態度和行為感受。舉例來說，在餐廳裡花長時間等待一份晚餐就會被歸類為重要事件，因為它代表一項服務傳遞的失敗。但是，如果服務生想要改善這樣的情況，藉著讓對方了解延誤的原因，並遞上一杯免費的飲料作為補償，儘管服務失敗已經造成，但是顧客也許就會感到滿意。

儘管顧客的反應很重要，但是管理者依然必須知道員工對當時的觀點為何。自私和人品極差的顧客，對於努力服侍他們的工作人員，時常製造不必要的麻煩，接二連三的負面事件所累積的不滿，也會使得優秀員工黯然請辭。

一項以員工觀點對數百個重要事件所做的調查發現，在所有的事件當中，超過 20% 員工感到不滿意的情況，起因於有問題的顧客，這些情況包括顧客酒醉、言語或肢體的性騷擾、違規或違反公司政策，以及未能與服務人員配合所致。如果你曾經當過第一線的客服人員，你就會知道「顧客永遠是對的」這句話根本就不是真的。

（二）低度接觸環境中的重要事件技術

在低度接觸的服務互動中，顧客和提供服務的企業之間可能不必直接透過客服人員來提供相關的服務。新科技提供了自助式服務全新的應用機會，傳遞服務電子化透過與機器設備間的接觸，而非透過人員來進行。這些自助式的服務科技包括銀行的自動櫃員機、自動包裹追蹤、加油站裡的自助式加油亭、臺灣鐵路的自動售票窗口以及網路投資交易服務等。在以上這幾種服務接觸中，客服人員不會為了出問題而出面道歉，也不會專為您提供顧客化的服務。對低接觸環境的重要事件所作的研究中，強調教育顧客如何有效率地使用自助式的服務科技，以及訓練顧客在服務失誤產生時能夠自我補救的必要性。

行銷的世界

米其林指南

〈米其林指南〉誕生於 1900 年的巴黎萬國博覽會期間。當時法國知名輪胎製造商米其林公司的創辦人米其林兄弟看好汽車旅行有發展的遠景，如果汽車旅行越興盛，他們的輪胎也能賣得越好，因此將地圖、加油站、旅館、汽車維修廠等有助於汽車旅行的資訊集結起來，出版了隨身手冊大小的〈米其林指南〉。其分成書皮為紅色的「紅色指南」用以評價美食；而綠色書皮的「綠色指南」，內容則為旅遊的行程規劃、景點推薦、道路導引等。

1929 年版的米其林紅色指南封面

1926 年〈米其林指南〉開始以星號標示，1931 年開始啓用 3 個星級的評等系統。米其林公司為了維護評鑑的中立與公正，所派出的評鑑員都是喬裝成普通顧客四處暗訪，藉此觀察店家最真實的一面，其評鑑的權威性亦由此建立。近年〈米其林指南〉在歐洲的影響力有下降的趨勢，因此開始開拓海外新市場，例如美國與日本。2007 年 11 月，米其林在東京推出日文與英文版的〈米其林指南－東京篇〉，日本成為世界第 22 個、亞洲第一個納入〈米其林指南〉評選的國家。

資料來源：維基百科

問題討論：

1. 說明〈米其林指南〉服務的特色
2. 評估〈米其林指南〉的服務品質

重要名詞回顧

1. 服務（Services）
2. 無形性（Intangibility）
3. 不可分割性（Inseparability）
4. 異質性（Heterogeneity）
5. 易逝性（Perishability）
6. 服務品質（Service quality）
7. 有形性（Tangibles）
8. 可靠性（Reliability）
9. 回應性（Responsiveness）
10. 確實性（Assurances）
11. 一致的同理心（Consistent empathy）
12. 基本服務組合（Primary service package）
13. 次級服務組合（Secondary service package）
14. 服務接觸（Service encounter）
15. 服務任務（Service task）
16. 服務標準（Service standard）
17. 服務傳遞系統（Service delivery system）
18. 重要事件（Critical incidents）

習題討論

1. 說明服務的定義與分類。
2. 試說明服務具有哪些特性。
3. 說明服務變動的特性。
4. 服務業可以使用的傳統行銷組合策略有哪些？
5. 服務業可以使用的差異化策略爲何？
6. 如何提高服務業的生產力？
7. 請說明服務品質的意義與內容。
8. 何謂服務接觸？

本章參考書籍

1. 鄭華清（2009），企業管理，台北，新文京。
2. Kotler, P. , Marketing Management (N.J.: Prentice Hall, 2009).
3. Parasuraman, A., V. A. Zeithaml, and L. L. Berry (1985), A Conceptual Model of Service Quality and Its Implications for Future research, Journal of Marketing, Fall, 41-50.

4. Berry, L. L. and A. Parasuraman, Marketing Services: Competing Through Quality (NY: The Free Press, 1991).
5. Zeithaml, V. A. , A. Parasuraman, and L. L. Berry (1996), The Behavioral Consequences of Service Quality, Journal of Marketing, vol.60, April, 31-46.
6. A. H. Lovelock, and P. Eiglier, Services Marketing: New Insights from consumers and Managers (MA: Marketing Science Institute, 1996).
7. S. M. Keaveney (1995), Customer Switching Behavior In Service Industries: An Exploratory Study, Journal of Marketing, April, 71-82.

NOTE

10 定價組合策略

本章重點

1. 了解定價在行銷組合中的角色。
2. 認識定價策略決策。
3. 了解價格的修正。
4. 明白各種定價的方法。
5. 說明價格與促銷組合關係。

行銷觀測站

FOLLOW

鬍鬚張魯肉飯算是平民美食嗎？

圖片來源：蘋果日報

2016 年 5 月 17 日聯合新聞網報導指出，鬍鬚張全台門市貼出公告，繼四月底才調漲苦瓜排骨湯等四品項，五月調漲品項除了輕食便當、魯肉飯便當、雞肉飯便當、三寶商務便當、豬事雞祥商務便當之外，部分肉類單點、便當、客飯等 22 個品項均調漲 5 元。

民眾孫小姐說：「連兩個月漲價太誇張，物價沒漲成這樣吧！消費者應要有抵制行動。」民眾方小姐說：「一個便當一百多塊太貴，吃起來也還好，不知是貴在什麼地方，會改到其他地方消費。」民眾趙小姐說：「我剛買魯肉便當跟雞腿便當，一個要一百多塊太貴了，以後不會再來買。」經查鬍鬚張從前年二月起至今已六度調漲，以雞腿為例，前年二月從 70 元漲為 80 元，這次再漲 5 元，二年多漲幅達二成一。

有民眾認為鬍鬚張把忠實顧客當提款機，雖然說不要去吃就好，但是鬍鬚張一漲，其他家業者可能也會跟漲。消基會名譽董事長謝天仁則呼籲，消費者若認為漲價不合理就會減少消費、甚至不去，廠商漲價資訊要令人信服，才不會讓民眾有一直漲價的負面觀感。

362 likes

資料來源：改編自聯合新聞網 2016/05/17，蘋果日報 2016/05/17

10-1 定價在行銷組合中的角色

價格或定價是指爲了獲取財物、勞務，進行交易所必須付出的代價或犧牲。在商品行銷，價格通常是指交易過程中貨幣的支出或爲了取得商品或勞務所花費的時間、精神上或體力的付出。同樣是冰淇淋，爲什麼喜見達（Häagen Dazs）可以賣這麼貴？小美、雙葉賣得這麼便宜？

產品如何定價，往往令人頭痛，價格太高，賣不出去；價格太低，影響企業經營，價格一旦訂定便很難改變，想漲價，會失去市場；要降價，則削弱利潤。同時，價格的訂定也必須與行銷策略一致。

定價決策除須考量內部因素和外部因素，還須對準目標市場和清楚的市場定位（如圖 10-1）。根據相關的研究，定價在行銷組合中，扮演下列四個角色：

1. **定價是行銷策略整合的總體表現**：例如 Swatch 手錶的定價，是一種行銷策略整合的總體表現。Swatch 手錶基本款式，價格固定訂爲 40 美元，表現「簡單的價格，公正的定價」，並以時髦流行的造型設計，迎合年輕人的喜好。
2. **定價表現價值與品質**：消費者往往以價格代表產品的價值與品質，高價格表示高價值與高品質；低價格表示低價值與低品質。Häagen Dazs 冰淇淋的高價格，表示產品是超高品質（High premium），賓士汽車的高價位，同樣表示價值與尊榮。國產的很多文具，像玉兔、雄獅、利百代的鉛筆、橡皮擦、鉛筆盒等相對上價格都賣得很大眾化。

3. **價格代表市場區隔**：許多產業以差別定價來區隔市場。不同的價格區間，表示不同的市場或不同的消費群。常見的有公車票價、電影院的票價、球賽、演唱會等，都會因時段、區位、早晚、前後場排有不同定價。
4. **價格代表不同的顧客服務**：低價格表示對顧客服務比較經濟、簡單、顧客自助式服務較多；價格高表示顧客可以享受較好、較親切、較賓至如歸的服務。例如搭飛機，坐在經濟艙的服務就不如商務艙或頭等艙的服務來得多與好。

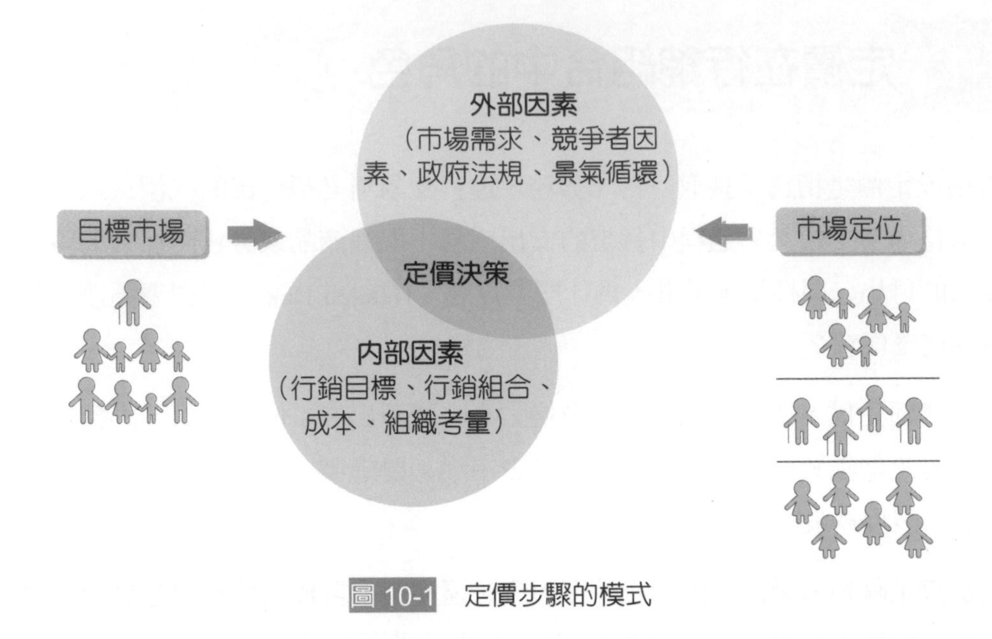

圖 10-1 定價步驟的模式

10-2 認識定價策略決策

就理性的思考來說，訂定價格可以分成六個步驟：選定定價的目標、確定商品或服務的需求、估計成本、分析競爭者的產品、價格與成本、選定定價的方法、決定最後的價格。

一、選定定價的目標

企業決定價格目標前，要先清楚產品區隔與定位，定價的目標可分成幾項，包括：求生存、利潤最大化、最大市場佔有率、滲透定價、市場吸脂最大化及品質領導。

如果公司面臨生產過剩、競爭激烈、消費者需求改變，進而影響企業利潤與生存時，「求生存」就成為產品定價的目標，一般會追求當期利潤最大，以對股東負責，並能存活下來。有些公司以最大市場佔有率為定價目標，主要著眼於市場佔有率增加後，可增加產能，有效降低單位成本，增加單位利潤，使企業長期獲利，此即滲透定價（Penetration pricing）。

有些公司偏好吸脂定價法（Skimming pricing），手機銷售廠商常用這種方法，產品剛上市時，零售價最高，吸引最早期喜歡新奇的一群消費者，然後再降低價格，吸引另一群早期使用的大眾，一直到當市場飽和時，零售價最低，最後再逐步退出市場。這種定價方式，可確保廠商在每一個階段的獲利最高，就好像在刮牛奶的脂肪。

新產品上市通常採「滲透定價」與「吸脂定價法」故又稱新產品上市定價法。企業以追求品質精進目標，通常是產業上的領導品牌或是產業技術講究穩定成熟的企業，都採這類定價策略。

二、確定需求

不同需求曲線意謂消費者對商品價格的敏感度不同，對定價的接受度自然不同。常見需求的估計方法有三種：

1. 以過去價格、銷售量及其他因素來估計需求，據此建立的資料可以是縱斷面（時間數列）資料，也可以是橫斷面（同一時間不同地點）的資料。
2. 進行價格實驗，以有系統的方式，觀察或實驗在不同店、不同價格下需求的變化。
3. 調查消費者在不同價格的假設下，願意購買的數量。

實務上，估計需求尤其是新產品上市，首先估計第一波鋪貨量，各零售通路，設定進貨量，訂定初期需求量。其次，估計流通量，即正常市面銷售需求量，再估算每月至整年的需求量，獲知該商品的年銷售需求量。如果可行，最好能估算銷售週期或一至三年的銷售量，以瞭解該商品成長狀況。

三、估算成本

公司的成本可分爲固定成本與變動成本。固定成本是指不受產量變動影響的成本，例如租金支出、利息支出、折舊。變動成本與生產水準有直接關係，隨產量變動而變動的成本，如用電量、包裝費用或隨產量變動的績效獎金。

總成本即固定成本與變動成本的總和。每種產業或每一家企業的固定成本與變動成本佔總成本的比例不同、成本結構不同，其生產規模也不同，因此能夠忍受虧損的程度自然不同。決策者藉由損益兩平（Break-even point）瞭解不賺也不賠時，要有多少產量與銷售量，如圖 10-2。

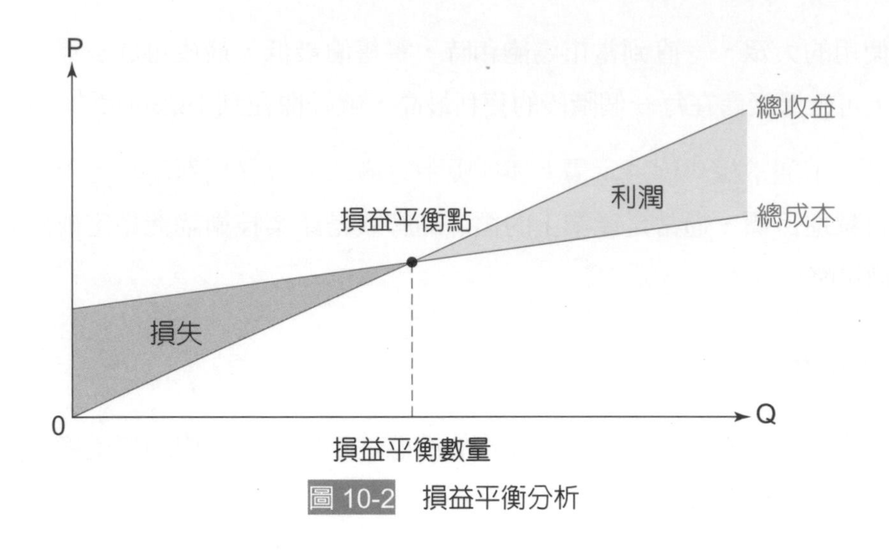

圖 10-2 損益平衡分析

四、分析競爭者產品、價格與成本

定價方式大抵反映公司的定價決策。在做決策時行銷人員還要考慮競爭者的定價。尤其處在寡佔市場，廠商彼此的銷售與成本會互相影響，更要考量競爭者的產品、價格與成本。如果雙方產品差異不大或消費者不易辨識產品差異時，公司的定價必須考慮同業競品的價格差異，否則公司將因定價不實而受害。如果公司產品品質與競爭對手的產品差異很大，消費者認同這種差異，則公司可以有較大價格決定權。

五、選擇定價的方法

選擇定價的方法很多，端視公司所處的產品生命週期階段或企業所定訂的營業目標。一般可以分爲四種導向：1. 以成本導向定價法；2. 從顧客的認知來定價；3. 以消費者心理來定價；4. 競爭導向定價法。

（一）成本導向定價法

成本導向定價法（Cost-driven Pricing）是依據產品成本與利潤爲主的定價方式，又可分爲成本加成定價法、目標報酬定價法、利潤最大定價法、損益兩平定價法四種方式，說明如下：

1. **成本加成定價法（Cost-plus pricing）**：即成本加上某個百分比或金額作爲定價。實務上，行銷人員要能清楚辨識加成的方式，可以成本爲基礎再將利潤外加上去，也可以用零售價的某一比例作爲計算基礎，此兩方法計算出來的加成比率也不同。

2. **目標報酬定價法（Target-Return Pricing）**：即根據企業追求的投資報酬率標準決定價格。通常是將原有的獲利金額或比率加上所追求的一定報酬金額或比率作爲定價。例如台電、自來水公司都使用這種定價法來決定水電價格。

3. **利潤最大定價法（Maximum profit pricing）**：根據經濟學的觀點，在邊際收益等於邊際成本時，將總收益減去總成本，可以找出在一定成本下，利潤最大的地方作爲定價。
4. **損益兩平定價法（Break-Even Point, BEP）**：即總收益與總成本相等的定價。

（二）價值導向定價法

價值導向定價法（Valued-based pricing）是依據消費者對產品或服務的認知來定價，例如同樣兩個化妝品，但品牌不同、包裝不同，消費者認定的價值也會不同，進而衍生出認知定價法與價值定價法兩種方式，說明如下：

1. **認知價值定價法（Perceived-value pricing）**：根據顧客認知價值來定價，而非銷售者實際的成本，例如珠寶鑽石的定價，往往跟實際成本沒有必然的關係。某些礦石、食品，成本很低，但經過設計師或大師的「加持」，價格往往爆增好幾十倍。
2. **價值定價法（Value pricing）**：即對高品質產品訂低價，使消費者有「物超所值」的感受。例如房地產常以最低價、特惠價來吸引消費者購買；某些商品，像CD唱片，買某人CD專輯，送簽名海報、演唱會門票，還外加禮物，就是要讓消費者覺得物超所值。

（三）心理導向定價法

心理導向定價法（Psychological-oriented pricing）是根據消費者考量價格的心理反應，而決定該價格，常用的有心理定價法、畸零定價法、綁標定價法三種方式，說明如下：

1. **心理定價法（Psychological pricing）**：針對消費者心理的某些特性所採取的定價方式。例如犧牲價（Loss leader）定價法（或稱每日特價法）。就是對某一商品訂很低的價格，以為犧牲品，引誘消費者進店購買，由於消費者不會只買該特價商品，也會買其他商品，而達到促銷的目的。實務上又稱該商品為「帶路貨」，做犧牲主打用。惠康超市的「每日一物」特價、家樂福量販店的「天天都便宜」、「Craze item」，都是採這類定價手法。
2. **畸零定價法（Odd princing）**：尾端的銷售價格，不以整數標示，往往以99、199、299等方式定價。明明一套衣服標價三千元，廠商卻定價2,990元，在消費者心理會認為該衣服，兩千多元就可以買到了，而不是三千多元，產生價差的錯覺。另一種常和畸零定價法一起使用的方式是「吃到飽」（all you can eat）。例如牛排館、涮涮鍋、麻辣火鍋等等，價格都會標299、399、699吃到飽。
3. **綁標定價法（Bait pricing）**：這種定價法通常以一個很低的價格吸引消費者購買某項商品或服務，因為享有該低價，必須購買一定的數量或消費一定期間，常見的如廠商以很低的價格賣手機給消費者，但卻要求消費者要與該電信業候簽定一定期間的合約。

（四）競爭導向定價法

競爭導向定價法（Competition-based pricing）是以競爭者相同產品的價格作為定價的方法，可分為現行水準定價法及密封投標定價法兩種方式，說明如下：

1. **現行水準定價法（Going-rate pricing）**：通常採這種定價法的原因，一方面可能成本細項難估算，一方面也可以表現產業的集體智慧。實務上使用相當普遍，往往以較大企業為標竿，其他企業跟隨相近似或相同的價格，這樣還可避免價格競爭，維護產業和諧。例如中油與台塑油品的定價。
2. **密封投標定價法（Sealed-bid pricing）**：是指若干工程或工業品採用此稱定價法為取得競標標的物為目標，訂立一個價格，以爭取到合約為目的。

六、決定最後的價格

考量各種價格決策後，公司在選定最終價格時，還需考量一些因素，如心理定價、其他行銷組合對價格因素的影響、價格對其他團體的影響、價格變動的可能性等因素。訂定價格須為一整體考量，除單一品項的價格外，還要顧及整個產品線的定價，追求整個企業獲取最大利益的定價。

10-3 價格修正

定價的策略不是只有定價而已，還牽涉公司所有銷售產品或服務的價格結構，以反映價格在不同因素上的差異。本節所討論的價格修正，包括四項：地理定價、價格折扣與折讓、促銷定價、差別定價。

一、地理定價

地理定價是指公司對不同地區、不同國家或區域，訂定不同價格。例如以國際貿易運輸定價方式，FOB 定價（FOB pricing）、單一運費定價（Uniform delivered pricing）、區域定價（Zone pricing）等。偏遠地區或是需求較分散的市場，是否爲了考量成本，要將售價提高？在匯率變動激烈的國家，價格如何訂定才能負擔風險？購買者要用強勢貨幣還是以商品服務爲抵付？

跨國經營中，以商品服務抵付，則會涉及如以物易物（Barter）、補償性交易（Compensation deal）、購回式協定（Buyback）與沖抵（Offset）。

1. **以物易物**：直接以商品交換，牽涉金錢往來，如以服飾交換廣告刊登。
2. **補償性交易**：即賣方接受買方部分款項以貨幣支付，部分以產品抵帳，例如英國賣飛機給巴西，巴西 70% 以現金給付，30% 以咖啡補償。

3. **購回式協定**：是賣方同意買方以將來實際製造完成後之若干產出作爲給付。例如美國幫印度蓋一座化學廠，並接受其以部分的之若干產出爲現金，部分以該廠所製造的化學品爲給付。
4. **沖抵**：是指賣方接受買方的貨款後，同意以一定的比例購買買方的產品，例如將百事可樂賣給蘇聯，獲得蘇聯的現金給付，但同意以若干百分比購買蘇聯的伏特加酒回美國銷售。

二、價格折扣與折讓

大多數的公司都對一些情況給予折扣或折讓，例如顧客提早付款、大量採購、鼓勵淡季購買，修正末端流通零售價，較正常為低。常見的工具包括：現金折扣、數量折扣、交易折扣、季節性折扣、促銷折讓、抵換折讓、退佣（Rebates）、零利率貸款、零利率分期付款等。

這些工具因為會影響流通價格，降低公司利潤，在使用這些工具時，應該與公司信用政策相互配合。

三、促銷定價

促銷定價（Promotional pricing）是為了刺激消費者提前購買或買得更多，通常會創造消費者購買的誘因。常見的有：犧牲打定價[1]、特殊定價法、現金回扣、低利貸款、較長的貸款條件、保證與服務合約、舉辦週年慶、換季大拍賣、便利商店，千店開幕慶等。

很多銀行的房屋貸款有相當低的優惠利率或長達二、三十年的長期低利貸款。有時候為了鼓勵消費者在一定期間購買更多的商品，往往會給予現金折扣或特別優惠給消費者，或者集點換贈品，這樣不僅不必降低價格，又可以達到增加銷量的目的。

四、差別定價

差別定價（Discriminatory pricing）是指公司以兩種以上價格來銷售同一種商品或服務。而這些價格的差異並非反應成本差異。差別定價可因顧客不同、產品形式、形象不同、地點不同、時間早晚差異而有不同的定價。顧客不同，如公車票價會因成人票價與老人殘障票價不同。依產品形式定價，如經濟包、量販包、或個人化的小包裝，分別在不同的通路銷售。依形象不同定價，如香水放在不同容器內會有不同形象。戲院、演唱會常會依不同的時段演出、早晚場次、座位前後而有不同票價。就像前面所說，差別定價會和企業的區隔策略相關連，代表不同的意義，行銷人員應該加以運用。

1 藉由少數幾種項目，以極低的價格售出，以吸引人潮並購買一般售價的產品。

時事快遞

機位超賣，誰先下機？

美國聯合航空日前將一名乘客強行拖下機，過程粗暴不堪，令人駭異。聯航在乘客均已登機的情況下，因為有自家機組員須搭機，徵求乘客自願下機不成，經電腦隨機抽籤後，要求這名被選中的男子下機，但這名疑為華裔的 69 歲男子拒絕，聯航報警後，3 名航警強行將他拖下機，過程中男子濺血，警方稱他是撞到座椅扶手才受傷。機上乘客拍下影片上傳臉書與推特，讓聯合航空備受抨擊，一名施重手的航警也遭停職。而聯航 1 年來重振品牌形象的努力也一夕化為烏有。

一般而言，根據各航空公司官網公告，一旦超賣、自願改搭其他航班者又不足時，「酬賓計畫」或持最低票價的旅客最有可能被拒絕登機；旅遊業者則表示這和團客、自由行旅客的票種差別及報到時間也有關；不過如果運氣好，商務艙沒賣完，也可能被升等。而華航、長榮均強調不會在旅客上機後強迫下機，同時也會提供超賣賠償給旅客。

資料來源：蘋果日報 2017/04/11，自由時報 2017/04/11

10-4 產品線組合定價

當產品有多個產品線時，應該針對不同的產品組成，發展整體策略，制訂一組產品線組合價格。定價的方法包括下列六種：產品線定價、選配定價、交叉定價、副產品定價、整組產品定價及兩段式定價。

一、產品線定價

價格線定價（Price lining）係爲了佔據同一市場的不同價位，於是提供不同的商品給目標客戶，以滿足不同價位消費者的需求，產品線定價（Product-line pricing）係依據商品的不同訴求，所形成的價差。價差要大到可以讓消費者辨識品質的差異，但也不至於形成一個價格帶中空，讓競爭品牌有機可乘，切入市場。例如速食麵市場，每差五元就可以形成一個市場區隔，若產品線定價以甲商品 20 元，乙商品 25 元，丙商品 30 元，丁商品 35 元，就可以形成一個價格區隔帶。

二、選配定價

選配定價是（Option-feature pricing）隨主產品的銷售、選擇與商品或服務相關的產品屬性或服務做搭配。如購買汽車，消費者可決定是否購買電動窗、裝皮椅、自動導航系統或 ABS 防鎖煞車等配件；餐廳可以對餐點定低價，把飲料、菸酒定高價，以吸引一些價格敏感度高的顧客上門；或是像有些 KTV、卡拉 OK 店，包廂點唱價格定得很低，用餐、點心、飲料價格就定的比較高，以吸引許多年輕族群或上班族的眷顧。

三、交叉定價

交叉定價（Captive product pricing）是指某些商品，有主產品與補充商品，其中，一個採用高定價，另一個採用較低的定價。如刮鬍刀和刀片、照相機的定價關係。刮鬍刀和照相機，製造商通常會把價格定的較低，以吸引顧客購買；將刀片和底片的價格定得較高，消費者通常都要配合該品牌的刀片，很少會再換其他牌子的刀片，使廠商得以獲取專有的利潤。

四、副產品定價

某些商品的生產，通常會有副產品，例如石油、化學產品的生產。當副產品對某些顧客群具有價值，則其應該爲這些價值多付一些錢。

五、整組產品定價

公司有時將各別產品成套，訂定一個較低的價格出售。目的是吸引銷售者長期惠顧、獲取現金進帳，再提供將來服務以相抵。例如球賽、電影院或演唱會出售套票、季票，以較低的價格吸引消費者購買；餐飲服務以套餐吸引顧客；電腦銷售以整套出售等。

六、兩段式定價

電話、手機等服務業經常使用兩段式定價。在某一個範圍內，採用固定費用，在某一個區間內，採變動使用費用。電話用戶每個月支付基本費，再加上某一個範圍的通話次數費用；遊樂場進場收取入場費，玩各項遊樂設施再另外收取費用。固定費用與變動費用收取高低，依公司經營策略，或想吸引顧客類型，或想攤銷費用成本高低，訂定不同費率。

10-5 定價／促銷組合

一、促銷的意義

實務上促銷組合決策與定價組合決策有相當的重疊性，在制定定價組合時，免不了要與促銷一起作業，促銷也是一種定價決策。促銷或稱銷售促進，其定義可以分成兩類來說：

1. 促銷是一種溝通的工具，包括一種邀請、提供一種誘因的活動。
2. 促銷對特定產品或服務，提供各種誘因以刺激目標客戶、經銷商或業務人員，希望能產生立即、短期與熱烈的購買行動。

二、促銷對象與促銷方式

故促銷是一種短期的、有助購買行動、有誘因的、與銷售對象的一種溝通工具。

促銷對象不同，使用的促銷工具亦不同。一般而言，促銷的對象分成：對消費者促銷（Customer promotion）、對經銷商促銷（Trade promotion）、對零售店促銷（Channel-originated promotion）、對業務員促銷（Sales force promotion）。

促銷的工具相當多，且因時間、地點不同而有各種新的創意，可供使用的工具如表 10-1 分析。

表 10-1 各種促銷方式

促銷對象		消費者促銷	交易促銷	零售商促銷	業務人員促銷
促銷方式	產品導向	產品加量 附加贈品	免費商品 運送與退貨	降價 展示	銷售競賽 獎金
	價格導向	銷售折價 折價券 折現 退款 分期付款 酬金 展示促銷 遊戲與摸彩	購買折讓 付款期間 競賽及抽獎 位置折讓 展示折讓 倉儲與配送支援 合作廣告 銷售援助 獎金與誘因	特色廣告 免費商品 零售商折價券 競賽與佣金	陳列比賽 團體激勵與誘因 紀念品贈受

三、促銷活動之考量

實務上有關促銷活動決策和定價之間的關係，可以做下列考量：

（一）是否可達成業績目標（或促進溝通）

促銷活動是一種短期且具誘因的活動，通常表示價格會有一定的變動，這些變動，應該以能達成業績爲主要目的，鼓勵消費者大量購買。隨著愈來愈多的行銷人員用價格促銷來作新產品上市，試用、試吃手段吸引沒有使用經驗的消費者初次使用，或吸引其他品牌的使用者使用或利用價格折扣促使經銷商進貨，提升銷售業務士氣、衝刺業績等，爲避免導致新產品價格沒有辦法獲得支撐，這些促銷作爲要能與業績或獲利掛勾。

（二）是否具吸引力

選擇促銷工具一定要掌握獨特、創新、新奇、有吸引力等原則。儘可能不抄襲或模仿。例如哈利波特一書以網路限量預購，限制價格加上促銷，創造超過九千萬本的驚人銷量，並不表示其他的書都可以仿造這種模式競爭。每一家零售店都用低價競爭，也只會養大消費者胃口，期待更多的好處。

（三）促銷手段、回饋率與預算

各種促銷工具的運用，儘可能活用各種工具創造更多的變化，務求促銷工具與品牌訴求重點結合，並要考量預算分配與使用。採用折價券等工具，要計算回饋率[2]，採用折扣手段，如果折扣太低，不能吸引促銷對象；折扣太高，超過預算又會提高成本。

促銷進行之前，想辦法讓市面或經銷商消化一些庫存，促銷進行時要注意銷售有沒有按進度增加或達到預期效果，如果比預期好很多，造成缺貨，又會影響商機，例如康師傅方便麵，上市一天就賣光，造成無貨可賣。促銷過後要注意銷售量減少的情況，減少的情形如果抵銷了促銷的增加量，那促銷效果就要大打折扣了。

（四）相關工具製作之內容正確性

促銷所用的海報、布旗、手冊、宣傳品、印刷品等，應妥善規劃，注意有無漏失、交期能否配合促銷所需，並應列管防止流失被挪用。尤應確保各項宣傳工具中的價格條件正確，避免引起交易糾紛。各項製作也要控管成本，避免預算失控。

（五）執行與控制

促銷進行時，要派員跟蹤、督導、監察，看是否按進度執行或有任何設計上執行不當的狀況，如果價格有誤，立即更改，事後檢討往往緩不濟急。

（六）方案評估與改進

每次執行完成後，一定要徹底檢討，包括定價方式、價格作爲促銷的工具有效程度，作爲下次執行的參考，並使促銷經驗得以傳承。

2　回饋率是指所發行的折價卷中有多少比例是真實有來買商品而享受折扣的金額比例。

鬍鬚張漲價有理

全台魯肉飯最大連鎖業者鬍鬚張，再度以維持品質等理由，大動作調漲店內二十二品項，包括蹄膀便當、雞腿便當等各貴 5 元，單點鯖魚從 50 元漲到 55 元，漲幅最高達一成，這已經是鬍鬚張近兩年多來第六次調漲價格。

針對 2016 年五月的漲價風波，鬍鬚張總公司回應，由於食安風暴頻傳，為了持續提供安心美味產品，保障顧客及照顧員工，不得不調漲，成本大幅上升的主因包含：

1. 食材：米飯，鬍鬚張選用台梗八號與九號的混種米，以及台南 11 號米，均為 100% 在地臺灣米；豬肉，選用的都是精華部位，如豬頸肉；苦瓜，用的是最頂級的白玉苦瓜，相較於一般店家，少說貴了 4 成以上。
2. 食材檢驗費：較前年多一倍，逐年上升百分之五十，除原料、成品送第三方公證檢驗外，也加強原料及成品動物用藥、農藥殘留、化學物質殘留及微生物等自主檢驗快篩的質與量。
3. 人事：受少子化衝擊，餐飲業找員工不易，為留住人才，時薪 125 元起跳，今年從一月到五月調薪百分之六十。
4. 店租：現有五十四間門市租金，每年漲幅一成五。

其他魯肉飯業者台北三元號魯肉飯表示，近年原物料成本確實逐年增加，跟過去比多出五成，但漲價就可能流失客人，目前暫無漲價計劃，採薄利多銷。台中元林魯肉飯表示，原物料相較去年漲不到一成，該店暫無調漲計劃，鬍鬚張可能因門市開在黃金地段，只好把高店租及廣告等行銷成本反映在價格上。

中廣美食節目主持人王瑞瑤認為，鬍鬚張已不能和一般小吃畫上等號，不但有標準作業程序，還有中央工廠。鼎泰豐一盤蝦仁蛋炒飯賣到 270 元，台南擔仔麵的擔仔麵一碗 70 元，照樣有人埋單，「難道我們不能容許，魯肉飯界也出一個鼎泰豐？」

資料來源：改編自聯合新聞網 2016/05/17，蘋果日報 2016/05/17

問題討論

1. 一碗魯肉飯多少錢是你能接受的上限？大家覺得什麼是平民美食（單價、消費次數、對民生支出的影響力）？
2. 漲價多少會有感？是看漲多少錢（元）或是看漲多少 % ？
3. 鬍鬚張的品牌知名度和形象與王品相比有何不同？個別討論講到這兩個品牌會想到什麼？
4. 兩家顧客用餐目的有何不同？（解決一餐 V.S. 慶祝聚餐）
5. 以顧客觀點討論兩家的服務流程與服務設施有何不同？服務含量（附加價值）何者較多？
6. 你覺得鬍鬚張可以用魯肉飯界的 LV（精品）來定位嗎？你建議他們應該選擇何種導向定價法？

重要名詞回顧

1. 滲透定價（Penetration pricing）
2. 吸脂定價（Skimming pricing）
3. 成本導向定價法（Cost-driven Pricing）
4. 成本加成定價法（Cost-plus pricing）
5. 目標報酬定價法（Target-Return Pricing）
6. 利潤最大定價法（Maximum profit pricing）
7. 損益兩平定價法（Break-Even Point, BEP）
8. 價值導向定價法（Valued-based pricing）
9. 認知價值定價法（Perceived-value pricing）
10. 價值定價法（Value pricing）
11. 心理導向定價法（Psychological-oriented pricing）
12. 心理定價法（Psychological pricing）
13. 畸零定價法（Odd princing）
14. 綁標定價法（Bait pricing）
15. 現行水準定價法（Going-rate pricing）
16. 競爭導向定價法（Competition-based pricing）
17. 密封投標定價法（Sealed-bid pricing）
18. 促銷定價（Promotional pricing）
19. 差別定價（Discriminatory pricing）
20. 產品線定價（Product-line pricing）
21. 選配定價是（Option-feature pricing）
22. 交叉定價（Captive product pricing）

習題討論

1. 請說明定價在行銷組合中所扮演角色。
2. 請說明定價的目標。
3. 訂定價格有哪些步驟？
4. 價格的修正有哪些方式？
5. 產品線組合定價有哪幾種方式？
6. 何謂促銷？促銷的工具有哪些？
7. 在實務上促銷可以有哪些考量？

本章參考書籍

1. 方世榮譯，P. Kotler（2000），行銷管理學（Marketing Management），台北，東華。
2. O. C. Ferrell and G. Hirt, Business: A Changing World (N.Y. : McGraw-Hill, 2000), 3rded.
3. D. J. Bowersox and M. B. Cooper, Strategic Marketing Channel Management (N.Y. : McGraw-Hill, 1992).
4. Kotler, P., Marketing Management (N.J. : Prentice Hall, 2009).

NOTE

11 行銷通路的管理

本章重點

1. 說明什麼是行銷通路。
2. 認識中間商所負擔的功能。
3. 了解通路階層。
4. 執行通路的管理決策。
5. 認識垂直行銷系統。

行銷觀測站

FOLLOW

蘇伊士運河阻塞事件

圖片來源：Google Map

埃及蘇伊士運河橫跨在亞、非洲交界處，處於地中海和紅海間，是具備大型商船通行能力的無船閘運河，連結歐、亞間的南北雙向水運，使船隻不必繞過非洲南端的好望角，大大節省航程。2021 年《長榮》海運《長賜輪》受沙塵暴強風吹襲偏離航道、擱淺並完全阻塞蘇伊士運河。此造成超過 300 艘船隻排隊等候，直到約一週後該船脫淺，才恢復交通。

運河當局估計每天通過蘇伊士運河的貨物價值超過 90 億美元，新冠疫情爆發前埃及國民生產總值的 2% 該來自該運河。該事件使運河營運收入每天減少約 1,400~1,500 萬美元，嚴重影響埃及經濟。對全球貿易則造成的每周約 60~100 億美元損失，年增長率減少 0.2~0.4%，且若改繞行非洲好望角航線，航程將增加約 6,480 公里、耗時約 9~10 天。事故發生後，甚至連亞洲到中東海運航線的貨輪租金都大漲 47%。

362 likes

資料來源：BBC News，維基百科

11-1 行銷通路的本質與功能

行銷通路（Marketing channel）是指透過組織的價值網路（Value network），經過經銷商、零售商或合作夥伴創造來源，擴大與傳遞價值，爲顧客與企業創造時間、地點、所有權效益的過程。同時也是產品或服務，透過生產者的製造與作業後，交到消費者手上的過程。**通路是一種價值傳遞的過程，在現代大量分工的時代，即使是網路虛擬事業，也很少有產品或服務，可以由生產者製造後直接由消費者消費，在生產者與消費者之間，存在著許多的中間機構或中間商，承擔不同的行銷功能，經由這些功能的發揮才能使「貨暢其行，物暢其流」，更可得「各盡其能，各取所需」之效，讓消費者享受更高的生活品質。**

一、通路角色

爲了說明行銷通路在製造商與消費者往來之間所扮演的角色，假設有兩種情形存在，一種是製造商與消費者直接交易，另一種是製造商與消費者之間存在中間商或中間機構，雙方交易透過中間商來完成。第一種情形，直接交易有直接交易的成本，如消費者找尋適合的製造商，製造商搜尋目標市場，與消費者作面對面溝通，行銷組合要能夠讓消費者接觸到，甚至可能要服務遠地的消費者，消費者可能只需要一點點量，製造商也要想辦法送到等等。第二種情形，透過中間商來交易，製造商把貨品交到中間商手上即可，消費者到中間商處購買所需要的產品或服務，交易的次數可以減少，中間商承擔若干功能。如圖 11-1 所示。

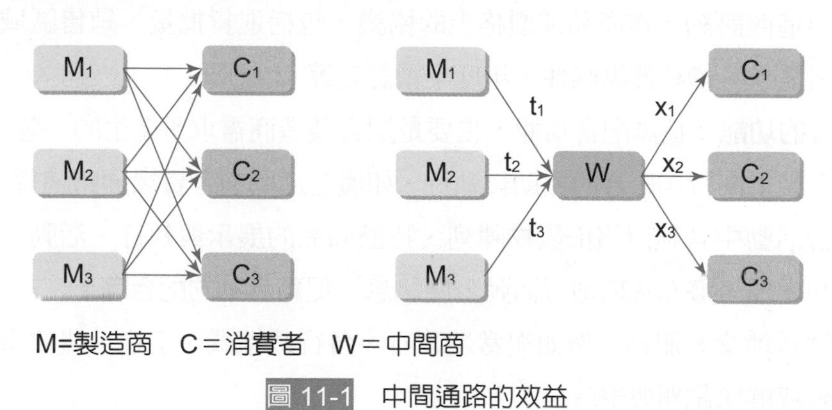

圖 11-1 中間通路的效益

設 T ＝所有製造商和消費者直接交易的成本

S ＝有中間商的交易成本＝中間商的價差

＝賣給消費者的銷售－從製造商取得的進價

$= (x_1+x_2+x_3) - (t_1+t_2+t_3)$

其中 x_1、x_2、x_3 是賣給消費者的銷售值，t_1、t_2、t_3 是製造商賣給中間商的銷售值。假設沒有存貨問題與其他狀況不變的條件，則：

1. T ＞ S：存在中間商交易，利用中間商有助於市場流通。
2. T ＜ S：不會存在中間商，直接由製造商和消費者交易比較有效益。也就是說在這種情況下，中間商會阻礙交易的進行，產生沒效率的交易行為。

經由上述的分析，只要直接交易所產生的成本高於付給中間商的成本，透過行銷通路來進行交易是有效率的。

二、中間商功能

從製造商的角度來看，中間商或行銷通路具有下列功能：

1. **基本功能**：中間商基本的功能，是承擔製造商到消費者之間的實體配送的功能，主要包括：
   (1) 實體的倉儲、存貨、運送與移轉所有權的功能。
   (2) 向製造商下單或向下游廠商或零售商取單，這對中間商而言是一種銷售服務的功能。
   (3) 與製造商訂約，作產品或價格上的協議，包括進貨批量、銷售區域、特殊產品規格需求、價格優惠條件、年度業績訂定等。
2. **協調配合的功能**：協調配合功能，主要是配合製造商需求所產生的。包括：
   (1) 配合製造商行銷組合的協助與執行，如廣告活動前各賣場通路鋪貨、DM 發放、廣告活動中各種海報佈置物陳列、特價商品的展示與執行、活動後商品或促銷品的處理，發布各種地方活動公關訊息、促銷活動的配合等。
   (2) 提供當地交易服務，例如與當地政府、各行政機關、工會、法律事務及零售商往來或解決議題與爭端。

(3) 衝突爭端的處理是指通路與通路之間難免發生因爲價格、服務等因素所產生的衝突，如拚價、削價競爭、爭奪地盤或爭奪客戶，影響製造商與中間商的共同利益，因此需要雙方加以協調配合，解決衝突。

3. **擴增的功能**：中間商擴增的功能，端視製造商與中間商之間的合約約定或是合作的信任程度，決定雙方承擔何種程度的功能，包括各種資訊提供、金融的功能與生產合作：

(1) 提供製造商有關市場、競爭者或消費者資訊。如果雙方合作愈好，中間商通常會主動提供市場各種動態資訊，有利於製造商作各種決策。

(2) 了解當地消費者的需求，提供各種刺激當地消費者購買的活動。

(3) 中間商提供金融功能，買賣雙方支付款項的數量、期間或條件的約定，或透過銀行與金融機構辦理分期付款、代償、代付、代收貨款的服務。

(4) 製造商與中間商共同合作、開發新產品、代工生產或開發通路自有品牌（Private brand）等。

早期從製造商的觀點來看，如寶鹼（P&G）、聯合利華（Unilever），認爲中間商是必要之惡，只要公司的品牌強，有強大的廣告、促銷與行銷活動支持，消費者就會來購買自己的品牌，行銷通路只是一種分配的管道，只有成本的付出，不會產生附加價值，因此給經銷商、零售商的利潤越少越好。消費者只認品牌，只要品牌好，到哪裡買都一樣，因此中間商的角色與功能往往都被忽略，甚至常常爲了某些交易成本或消費者資訊產生衝突。

從經濟學的角度來看，中間商或行銷通路，具有下列功能：

1. **降低交易成本**：經由中間商，可降低製造商直接與消費者交易的成本，製造商與消費者都可用較低的代價獲得所需要的產品與服務，並促進交易效率。例如購買家用蔬果，不需找產地農夫，到超市去買即可。

2. **聚集或分散風險**：消費者需求變動很大，批發商或零售商可以透過購買或再售，減少供應商的生產風險，藉由存貨調節與銷售給眾多零售店來分散風險。

3. **減少搜尋的成本**：製造商要找到消費者，提供商品與服務，或消費者想要取得某些產品或服務，須花很多的成本搜尋資料，中間商的存在可以免去交易雙方搜尋的成本，經過中間商的篩選，讓交易雙方安心，減少交易的不確定性。

4. **消除交易逆選擇**：即消費者受生產者所騙，作出不好的選擇或付了同樣的錢買到較差的產品。交易雙方往往不知道彼此的眞實狀況，易產生消費者被生產廠商欺騙或劣幣驅逐良幣的情形，中間商可幫消費者過濾掉這些不良廠商或商品或提供保證，讓消費者安心，不會買到不好的東西。
5. **減輕道德風險與投機行為**：即買賣雙方簽訂合約後，擁有資訊的一方陷另一方於不利的行爲。例如廠商承包了工程後，偷工減料，或全民健保遭部分消費者浪費資源；保險合約簽過後，不注意自己身體健康等。中間商存在就可監督買賣雙方是否按照合約執行，減少雙方產生投機行爲。
6. **經由授權，提供支持性的承諾**：爲能讓交易有效率，中間商以自己的聲譽，取得買賣雙方支持的承諾，代理雙方，幫買賣雙方處理事務或監督事務進行，免除雙方金錢與時間上的耗費，例如律師代理訴訟、房地產公司代客仲介房屋、經紀商代客操作買賣股票。
7. **創造效益，提供時間、地點與所有權效益**：透過中間商的功能，臺灣沒有生產帝王蟹也可以吃到日本的帝王蟹，這是地點效益的創造；冬天可以吃到夏天的蔬果，這是時間效益；買家電或筆記型電腦可以分期付款；到家樂福可以用經銷商的價格買到產品或服務，這些都是中間商所有權移轉的效益。

11-2 執行通路結構設計決策

通路結構（Channel structure）是指行銷通路從生產者提供產品或服務給消費者的過程中，承擔中間商功能的形式（Form）。在分析中間商通路時，應該對這些問題有較好的設計。相關決策說明如下。

一、通路階層

通路階層（Channel level）是指行銷通路的設計，由製造商到消費者之間，應設有幾個層級。如果想要與消費者有更直接的接觸，通路階層就要層級少一些。如果產業分工很細，消費者需求變動程度大，注重多樣性，則層級就會較多。

依照通路由簡到繁的程序，有零階、一階、二階、三階或以上（圖 11-2），並分述如下：

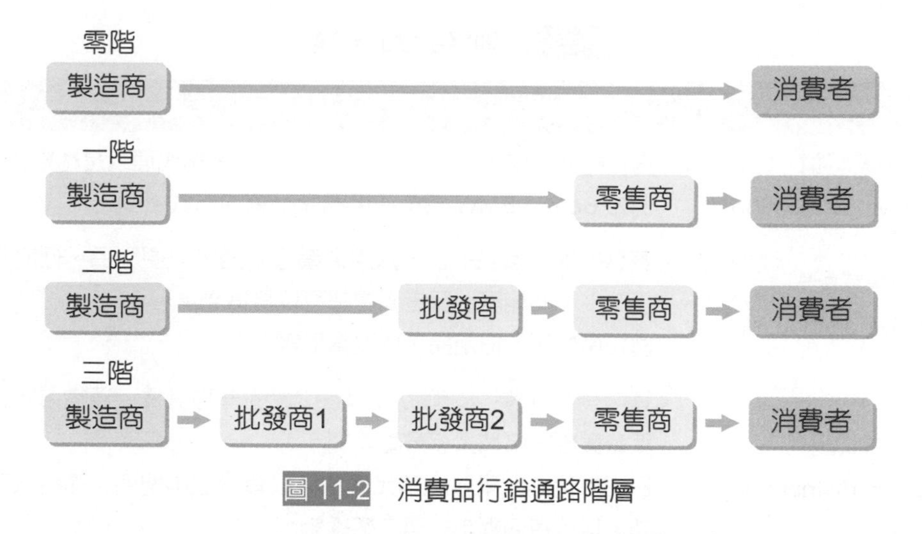

圖 11-2　消費品行銷通路階層

1. **零階通路**：又稱爲直效行銷（Direct marketing），製造商直接銷售給消費者，主要的方式有郵購、電話行銷、電視頻道銷售、網際網路銷售、線上購物、逐戶銷售、家庭展示會、無店面販售等。例如雅芳（AVON）小姐銷售、各式各樣的自動販賣機。近幾年來，東森電視購物頻道、雅虎線上購物、亞馬遜網路等這些新興專業直銷通路更形複雜。

2. **一階通路**：指製造商與消費者間包含一個中間商，例如超級市場、百貨公司等零售商。
3. **二階通路**：包含兩個中間商，如批發商與零售商。
4. **三階通路**：較爲複雜，通常有一個較大的批發商，一個較小的中盤商與零售商。

當然還有更多階層的通路。日本的食品配銷通路甚至有高達六層以上通路，生鮮食品如魚類，可以在早上捕獲，中午就在各大超市可買到新鮮的生魚片。

二、通路密度

通路密度（Channel density）是指通路中的成員個數，決定通路成員的數目，可分成三類，如表 11-1。其通路密度數目與方式如圖 11-3 所示。

表 11-1 通路密度的分類

分類	說明
獨家配銷 （Exclusive distribution）	指行銷通路中，只有一個中間商，可以是總代理或是總經銷的方式。 例如 Benz、BMW 汽車採用獨家配銷的方式。
密集式配銷 （Intensive distribution）	表示中間商數目很多，採用這種方式通常以便利品、低關心度的產品為主，為能讓消費者到處都可以買得到。 例如衛生紙、日用品、休閒食品等。
選擇式配銷 （Selective distribution）	其中間商的數目界於上述兩者中間的一種選擇。通常這類選擇式配銷會與經銷區域大小分配有關。 例如採用南北兩區經銷代理，可以有兩個中間商；福特汽車地區經銷，可以每個縣市一至二個經銷。

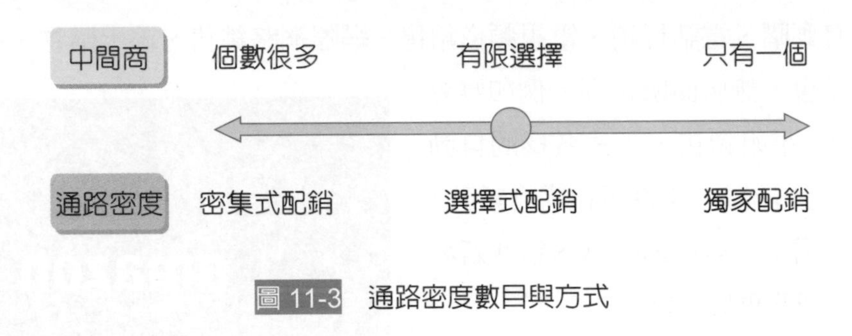

圖 11-3 通路密度數目與方式

三、通路成員

行銷通路的中間角色可有很多分類，基本上，各行業有其自己的稱呼，分類是爲了說明方便。

1. **中間商（Intermediaries）和買賣商（Merchants）**：中間商和買賣商是最普通的稱呼，也比較中性。只要介於行銷通路中，負擔行銷通路的功能，都稱爲中間商。中間商可以是經銷商、批發商、零售商等。買賣商也是介於交易雙方的中間人士，通常用於形容有形商品買賣，如皮革買賣、大眾物資買賣。
2. **經銷商（Distributors）和代理商（Agents）**：經銷商與代理商在某些行業混用。嚴格來說，經銷商是從製造商取得貨物，該貨物所有權屬經銷商，不管買賣多少，以進貨計算支付製造商貨款。代理商是從製造商處取得貨物，該貨物所有權屬製造商，代理商賣出多少貨物再跟製造商結帳。

3. **批發商（Wholesalers）和零售商（Retailers）**：批發商從製造商處取得產品或服務，準備再出售，或爲商業目的而購買的活動，不包括零售商。零售商是指直接將商品或服務出售給最終消費者，以供消費者個人使用或非商業用途的活動。批發商有時候也會直接銷售給最終的消費者，如家樂福、大潤發等是批發商，統一超商、惠康頂好超市是零售商。
4. **經紀商（Brokers）和自營商（Dealers）**：經紀商或稱經紀人，是受主理人或客戶委託，代客處理買賣交易事項，是一種代理行爲。自營商是可以幫主理人或客戶處理買賣交易事項，也可以營利爲目的，爲自己操作交易買賣。像有些證券金融公司，既可以是經紀商、代客操作買賣，也可以是自營商，爲自己買賣有價證券。

四、行銷通路的流程

當行銷通路結構逐步完成，一系列的通路流程也同時形成。這些流程是連結通路成員在商品或勞務移動中所扮演的角色，比較重要的流程包括：物流、協商流、商流、資訊流、促銷流、金流。

1. **物流（Product flow）**：指商品從生產者到消費者手上，實際形體的移動。例如汽水、可樂、日用品、洗髮精等，通常在工廠生產後，就會透過貨運公司送到經銷商或大型量販店，然後經銷商或量販店再配送到零售店或銷售場所，消費者可以在零售店或銷售場所買到該商品。
2. **協商流（Negotiation flow）**：表示在商品移轉的過程中，買賣雙方對價格、數量、配送等購買條件、銷售條件與移轉內容都要經過協商議定，這是雙向的流程。
3. **商流（Ownership flow）**：指商品所有權由生產者移到消費者的過程，商品實際上所有權是屬於買方。商品所有權之歸屬，不同中間商（代理商或經銷商）有不同的界定，其涉及商品處分權利、銷售的認定、貨款交付與存貨的計算等。
4. **資訊流（Information flow）**：是指商品在製造商、經銷商、零售商或消費者移動中，任何一方所提供的資訊，包括價格、數量、交期、消費者行爲、產業變動、經濟或政治文化的影響等。這些過程不只是雙向，應該是多向的，即任何一方都可能提供任何通路成員有用的商業情報或資訊。
5. **促銷流（Promotion flow）**：是指透過廣告、人員促銷、銷售促進與公關等溝通工具，來說服消費者或中間商購買的過程。可以是單方面的由製造商提供，然後擴散到中間商與消費者；也可以是雙向的合作，一方面是製造商提供，一方面由經銷商、零售商提供或一方面由廣告商、活動代理商提供均可。

6. **金流（Money flow）**：指支付款項的流動，通常與產品流相反的移動。當消費者取得商品時，同時支付購買金額給零售商，這是零售商的銷售金額；零售商從經銷商取得商品，也要支付貨款給經銷商；經銷商從製造商取得商品，支付貨款給製造商。生產者交付商品到消費者手上，消費者支付貨幣，直到生產者取得貨款，形成所謂交易循環或商業循環，不同的中間商會有不同的交付貨款期限或票期。

五、服務產出水準

針對目標客戶，行銷通路的設計應該設定服務的產出水準。以下有五種服務產出水準可供設定。

1. **批量大小（Lot size）**：在一個設定的時間內，一個消費者在通路上可以購買的單位數量。在便利商店，以單個或小批量做爲銷售單位；在量販店，一次購買的單位可能以一箱或一大瓶爲單位。
2. **等待或配送時間**：平均一個消費者要等待多少時間，或多久才會配送到消費者所指定的地方。消費者購買電視冰箱洗衣機等大件商品，要等一兩天還是要等一個星期以上，才會送到消費者家中，現代的消費者已經愈來愈不能等待了，需要快速服務。
3. **空間方便性**：是指消費者於賣場購物時，賣場空間寬敞與否、停車場是否夠大、動線是否夠寬。例如有些家電特賣會，場地小、空間狹小，對消費者而言很不方便。有些大賣場，如購物中心，就顯得空間舒服方便多了。全聯社甚至以賣場空間小、動線狹小、沒有停車場做行銷訴求重點。
4. **產品多樣性**：是指通路組合（Assortment）的寬度。家中附近的水果攤零售店，往往組合較多，可以從一小片西瓜、一粒蘋果，賣到消費者想要的數量。但是經銷商或大批發賣場，可能要整箱或一大堆的方式批貨賣出，組合的寬度較小。
5. **服務的支持**：通路提供不同程度的附加價值服務，例如售後服務、退換貨、安裝、維修、送貨等。提供的服務愈多，消費者愈滿意，但是廠商的成本愈高、工作負擔愈重等，這些都需要慎重考量與權衡。

AmazonFresh 創造新的購買體驗

根據《華爾街日報》報導，亞馬遜將開設實體便利商店，內將販售農產品、牛奶、肉等生鮮商品，預計在幾周內開張。除了保存期限短的生鮮商品，消費者也可透過手機或店內的觸控板，訂購其他保存期限較長的食品雜貨，並享有當日到貨，讓消費者不用自己把商品扛回家。

這項計劃稱為「Project Como」，首先將獨家提供給 AmazonFresh 會員。這也讓亞馬遜的生鮮雜貨宅配服務 AmazonFresh 更像 Costco，除了有當日到貨的鮮食宅配，也提供獨家的實體購物體驗。

為了加速結帳，亞馬遜也計劃推出類似得來速的免下車取貨服務，讓消費者可直接在車內提領商品。知情人士透露，亞馬遜正在研發車牌辨識技術以減少取貨等待時間。透過鋪點實體店面，一方面可讓大家更習慣到亞馬遜消費，也可促進 AmazonFresh 的業務成長。

資料來源：改編自數位時代 2016/10/12

11-3 決定通路結構的因素

到底要採用幾個層次，一個或是多個中間商，或是中間商扮演什麼角色，是相當複雜的事。通路結構的決定受很多因素影響，一旦決定通路結構的內容，想要隨時更改是相當困難的。通常通路結構的決定，是企業組織對市場合作夥伴的一種長期承諾。以下分述決定通路的影響因素。

一、效益與成本考量

根據 Kotler（2009）的觀點，影響通路的決定因素，從效益與成本考量，可以根據通路的經濟性、控制性與適應性來看。

1. **經濟性**：經營各種通路有不同成本，以單位交易成本而言，零階通路的成本最便宜，包括網路行銷、電話行銷、型錄、郵購、電視行銷等。再來是各階的通路，一般包括各種經銷商、代理商與零售商店的選擇，成本最高的是公司直營方式，包括附加價值夥伴，如加盟店、異業結盟，最高是公司自己用業務人員，成立銷售團隊來經營（如圖 11-4）。

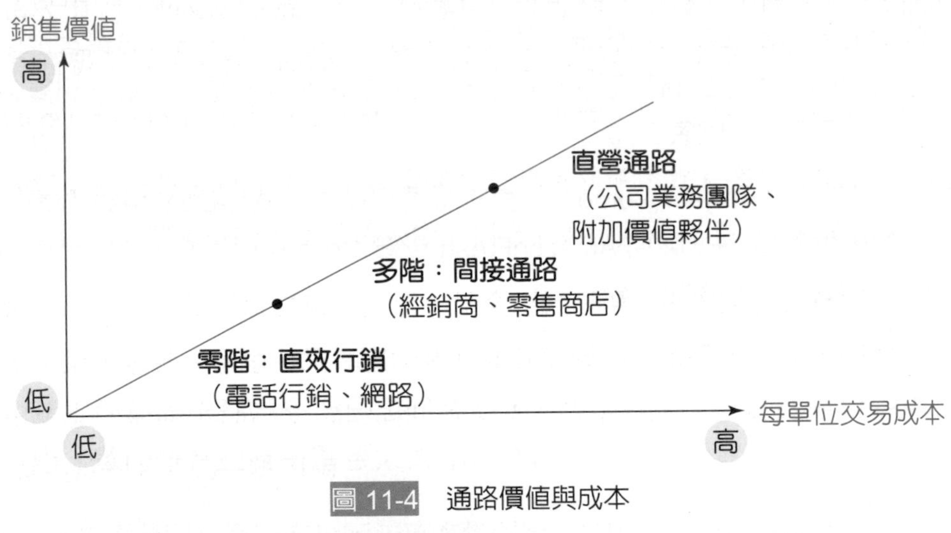

圖 11-4 通路價值與成本

資料來源：參考 Kotler（2009），第 462 頁

2. **控制性**：就效益而言，公司自己成立銷售團隊，控制力最強，銷售價值最高，但成本也最高。透過經銷商、代理商與零售商店，可以產生較低成本，但銷售價值會較

低，對經銷商、代理商與零售商店的控制，需要透過各種合作或契約進行。零階的直效行銷，雖然交易成本較低，同樣是銷售價值也低，對消費者的控制也不容易。

3. **適應性**：通路經營是一種長期的承諾，一旦決定就很難改變。直營通路投入多，通路改變的能力最難，間接通路次之；零階通路，改變最容易，最具彈性。

二、實際負擔的功能

衡量中間行銷通路的採用，應從實際負擔的功能來看。以實際中間商有能力、有意願可以負擔的工作來選擇。可從三個角度說明：

1. **中間商實際承擔的通路功能**：中間商所承擔的三類功能包含基本功能、協調配合功能與擴增功能，一一檢視中間商做了哪些，做的多，可能分工的要求就高；做的少，可能分層的設計就少。
2. **實體配送上之分類**：可分成倉儲產品（Accumulating product）、分類（Sorting）產品、配送（Delivery）產品、組合（Assortment）產品。將行銷通路中的合作夥件，依照其功能分成三類，根據每一個中間商所具有的功能，分配不同的任務。因爲這三類不僅代表不同的功能，還代表不同的投資、不同的設備、不同的人力分配、不同的顧客型態。這三類功能愈齊全，通路層次與密度就較少，分類與配送負荷愈大，轉運的層次就愈繁雜，組合功能愈強，表示愈近消費者，產品複雜度愈高。
3. **效益差異論（Discrepancies）**：中間商所塡補的功能，品質差異、組合差異、時間差異、地點差異，這是說中間商的存在，是因爲市場供給與需求之間出現差距。如果消費者對現有品質不滿意，就會有中間商提供較好的品質供消費者使用；消費者喜歡小量購物、精緻服務或不同等級服務的程度愈高，能夠提供少量多樣組合的中間商，產生效益就愈高。例如冬天可以吃到夏天的蔬果，臺灣可以吃到美國的蘋果、泰國的椰子、新鮮的日本帝王蟹、新鮮的阿拉斯加鱈魚等，都是中間商提供的效益。

三、實體工作的經濟性

這是指實體工作劃分與組織，是否具有經濟效益，可以讓交易有效率的進行。

1. **通路組織的權力分配**：這是指買賣雙方在交易時，所擁有的決定權要如何運作。有些交易只適合一個獨家的配銷，可以採用集中交易（如證券交易市場、匯率市場）；有些交易雖然集中，但是受區域影響，採用分散式交易（如各地農魚蔬果市場）；

有些交易，雙方協商力量，會影響交易結果，此時以均等式交易（如房屋仲介、一般商品交易）來進行。

2. **專業分工與經濟規模**：分工愈細，階層愈多，經濟規模愈大，愈自成體系。與消費者接觸的前緣，可以用庫存的概念或存貨緩衝或接單後出貨，或缺貨後補的方式處理。
3. **交易的公平、透明與法制**：制式化合約、交易資料公開、公平交易與消費者保護法規實施、價格與交期、速度、服務合理，這些都會影響交易的效率，使得行銷通路有不同的設計。

四、管理當局對通路控制的程度

管理當局對行銷通路控制，也影響通路結構的設計，基本上這是從交易成本理論的觀點來看，類似通路要自己擁有或外包經營的思考。

1. 管理當局想要對通路控制，可以將行銷通路內部化，加強組織分工，上游與下游垂直整合。
2. 管理當局不想對通路控制在組織內，可以將行銷通路外部化，如以市場價格競爭或加強與通路合約的訂定及監督，進行外包管理，第三者物流或四方物流控管。
3. 尋求策略聯盟、合作經營夥伴，可局部取得中間通路的優勢。

11-4 行銷通路的管理

行銷通路的管理，就是對行銷通路中的合作夥伴加以分析、規劃、組織與控制，這種跨組織的管理通常比較困難。從關係行銷的觀點來看，跨組織的通路管理，在於尋求通路之間垂直合作，是一個價值鏈的過程，透過交易與關係往來雙方共謀雙贏。

一、行銷通路管理的觀點

一般而言，行銷通路的管理，可以由下列幾個觀點說明：

1. 一種是由下而上（Pull，拉的觀點），一種是由上而下（Push，推的觀點）。前者是從零售商的觀點來看行銷管理，零售商掌握消費者資訊，對製造商有較多的控制權。後者是從製造商的角度來看，製造商掌握銷售資訊，管理零售商，這也是較傳統的一種方式。

2. 通路取得的方式，也會形成管理不同。根據管理當局對中間商通路的控制，可以分成三種觀點：
   (1) 公司或組織自己建立的中間商系統所有的經銷商或零售商，由公司自己找來，可能是直營，也可能是員工自己經營。像統一企業集團下的統一超商、捷盟物流、宅急便。
   (2) 從現有的中間商體系取得，例如杜老爺冰淇淋的經銷體系。
   (3) 與其他競爭者共存的中間商系統，一個中間商同時販賣許多競爭品牌或是不同品牌。例如使用聯強國際或德記洋行爲行銷通路。

二、垂直行銷系統

垂直行銷系統（Vertical Marketing System, VMS）是指行銷過程中製造商、經銷商與零售商結合成一個系統，尋求產業最大的共同利益，形成供應鏈管理。垂直行銷系統分成整合式、管理式、契約式三種，分述如下：

1. **整合式垂直行銷系統（Corporate VMS）**：指生產與配銷都在一個管理當局的控制內。經銷商和零售商以股權方式結合，也就是說製造商是母公司，經銷商或零售商是製造商的子公司或關係企業。例如統一企業與旗下子公司，統一超商、捷盟物流、宅急便的關係。
2. **管理式垂直行銷系統（Administered VMS）**：指製造商與中間商的結合，不是以股權方式結合，也不是依照契約訂定方式，而是基於規模與權力，可能是拉，可能是推的結合。這一類的製造商都具有強大的研究開發能力、廠商規模很大、品牌投資很大、行銷能力很強、通路鋪貨很廣，使得經銷商和零售商不得不聽從其指揮接受他們的管理，販賣他們的商品或服務。這一類廠商如P&G、Unilever、雀巢等公司。
3. **契約式垂直行銷系統（Contractual VMS）**：是指製造商，經銷商與零售商以合作契約規範雙方行爲。包括零售商自組合作社、批發商支持的自願連鎖商店及特許專賣（Franchise）。零售商自組合作社，例如國內的合作社組織、全聯社等單位。批發商支持的自願連鎖商店國內比較少見，例如「SUM」優質車商聯盟，全省數百家聯盟，專門負責中古車修理保養與販賣。

   特許專賣，是指擁有技術或know-how的廠商將技術或know-how授予被授權的一方，收取權利金作報酬。被授權的一方，在授權廠商的協助之下，進行統一進出貨、統一企業形象、統一管理、統一售價、促銷、配銷等商業行爲。特許專賣包括製造商支持的零售商特許專賣，如福特經銷商；製造商支持的批發商特許專賣，如可口可樂公司專售商標與配方給瓶蓋工廠；服務公司支持的零售商特許經營，如麥當勞速食服務業、汽車出租業等。

三、水平行銷系統

水平行銷系統（Horizontal Marketing System, HMS）就是指兩家或兩家以上不相關的公司共同結合資源以開拓行銷機會，如 War-Mart 和 Amazon. Com 合作電子商務。

四、多重通路系統

多重通路系統（Multichannel Marketing System, MMS）是指結合兩個以上的行銷通路來接觸不同的市場區隔。

五、通路的六個基本決策

有關通路的基本決策，如下說明：

1. **制定通路目標與策略**：管理中間商的第一個決策，是先設定經營該通路的目標與策略。應該考慮的因素有：中間通路在公司組織內所扮演角色與地位、競爭優勢、核心能力、積極或穩定、消費者資訊的取得與競爭者的相對程度、目標與組織結構分配。
2. **設計通路結構**：根據經營目標與策略進行通路結構的設計，考量第三節所提的因素，如成本與效益的考量。
3. **選擇通路成員**：通路成員的選擇要考慮許多因素，如密集程度的、選擇的標準（如歷史、信用、地區、意願）等。
4. **激勵通路成員**：對通路成員的激勵與領導要兼顧短期需要與長期目標的一致性，設定各種獎勵與誘因，注意成員之間的制衡與均衡，權衡與平衡。
5. **行銷通路策略與行銷組合的協調**：行銷通路的決定不能獨立於行銷組合的運作。通路要能對產品服務清楚明白，能配合執行價格政策、促銷、廣告、公關活動的配合，才能使行銷成功。
6. **通路成員績效的評估**：每年定期考核中間商績效，可月、季、半年或一年進行評估。評估可以使用 POS、EDI 等科技協助管理。如果中間商不能達成公司使命或績效表現不如理想，應該給於輔導或補救，甚至可以替換。長期而言，製造商與中間商應該共榮與共同成長。

行銷的世界

亞馬遜想賣什麼

貝佐斯曾言，「如果你要創新，就必須願意承擔被誤解的風險。」

你對「書店」的未來想像是什麼？20 年幾前，亞馬遜創辦人傑夫．貝佐斯（Jeff Bezos）給我們的答案是：網路。此後，網路書店如約而至，改變了現代人選書、購書的習慣，其中亞馬遜更從網路書店，跨足成為幾乎什麼都能賣的電商霸主。

現在，亞馬遜又要再次顛覆我們對於書店的想像，重新挑戰虛擬與實體的界線，這次它給我們的答案是：「零售應該是結合虛擬與實體，而非分道揚鑣」。於是，亞馬遜 2015 年底在西雅圖成立了全世界第一家實體書店。

對許多人而言，「逛書店」是一件無可替代的日常生活經驗，網路無法複製；而走一趟亞馬遜書店，你會覺得自己身處在一間網路書店，但你卻又能觸碰得到這些實體商品，亞馬遜想打造的，就是這樣的虛實消費體驗，它賣的是「在線下經營的網路書店體驗」。因為透過實體商店的各種設施與展示、服務人員的互動、氛圍的營造等，才能進一步展現品牌文化與精神，增加消費者的品牌黏著度。

亞馬遜曾表示，實體書店 Amazon Books 就是 Amazon.com 的實體延伸，該公司用營運網路書店 20 年的經驗來打造這間書店，店內的庫存、陳設將完全依照 Amazon.com 上的數據，包括讀者評分、總銷售量、暢銷書排行榜，並依此決定亞馬遜的進貨書單與庫存，將線上、線下購書體驗的特色相結合。

相較起來，實體書店連鎖商邦諾書店（Barnes and Noble）所給予的體驗仍居首位，因此科技顧問與作家 Rob Salkowitz 認為，比起賣書，亞馬遜更想知道逛書店的人，在書店中展現怎麼樣的行為。舉例來說，Amazon Books 書架上的標籤只顯示：一則關於這本書的網路評論、星級評等分數、一欄 Barcode 條碼。想知道書的價錢，你必須開啓手機上的 Amazon App、用相機掃描 Barcode 後，就會顯示這本書在亞馬遜網站上的價錢、評論等；而如果是沒有智慧型手機的顧客，店員將提供協助。

但進一步想，每個用戶手機上的 App 都已經登入自己的帳號，因此，每次這個用戶到實體書店進行條碼掃瞄動作時，亞馬遜都會有相關記錄。此外 Amazon Books 店面只收信用卡、不收現金，透過連結某位用戶在店面消費的信用卡資訊，以及會員帳號儲存的相比對，亞馬遜就可以進一步連結這位用戶在實體店、網路店面兩個不同管道的消費行為。透過你的每次掃瞄動作，亞馬遜可以更知道這個用戶的喜好、考慮購買的物品，再連結消費紀錄、瀏覽紀錄等，可以極度客製化 Amazon 發送給這位用戶的訊息，保證符合他的消費習慣，進而引導購買行為。

透過資料搜集，亞馬遜的實體書店實驗，可能為真正的書店市場創造新風貌。外媒《富比士》列出兩點 Amazon Books 可能帶來的正面影響：1. 透過分析消費者行為，進而得出更能吸引購買的產品陳列，這無疑能夠增加實體書店收益；2. 更精準的產品陳列也暗示，書店存貨、出版商供應等物流資源，能夠獲得更好的解決方法，進而增加營運毛利。

然而，也有一點需要擔憂的是，亞馬遜將網路與實體書店設為相同價錢，這也可能暗示出版商的毛利變得更低，如果其他實體書店為了跟進這個售價，將會進一步影響創作者、出版商、印刷商等整個生態圈的價值。

資料來源：改編自數位時代 2015/11/09，2016/05/05

問題討論

1. 實體書店經營困難，為什麼亞馬遜還想要虛擬走回實體呢？
2. 實體書店產業可能因此受影響嗎？
3. 亞馬遜在做的是 O2O （online to offline）電子商務模式嗎？

重要名詞回顧

1. 行銷通路（Marketing channel）
2. 通路結構（Channel structure）
3. 通路階層（Channel level）
4. 通路密度（Channel density）
5. 獨家配銷（Exclusive distribution）
6. 密集式配銷（Intensive distribution）
7. 選擇式配銷（Selective distribution）
8. 產品流（Product flow）
9. 協商流（Negotiation flow）
10. 所有權流（Ownership flow）
11. 資訊流（Information flow）
12. 促銷流（Promotion flow）
13. 金流（Money flow）
14. 垂直行銷系統（Vertical Marketing System, VMS）
15. 整合式垂直行銷系統（Corporate VMS）
16. 管理式垂直行銷系統（Administered VMS）
17. 契約式垂直行銷系統（Contractual VMS）
18. 水平行銷系統（Horizontal Marketing System, HMS）
19. 多重通路系統（Multichannel Marketing System, MMS）

習題討論

1. 請說明行銷通路的效益。
2. 請說明中間通路的功能有哪些。
3. 從經濟學的觀點，中間通路具有哪些功能？
4. 請說明通路分成哪些階層。
5. 通路密度有哪些決策？
6. 行銷通路有哪些流程？
7. 行銷通路中有哪些功能角色？
8. 決定行銷通路有哪些重要影響因素？
9. 行銷通路要如何管理？
10. 行銷通路有哪幾個基本決策？

本章參考書籍

1. D. J. Bowersox and M. B. Cooper, Strategic Marketing Channel Management (N.Y.: McGraw-Hill, 1992).
2. Kotler, P. , Marketing Management (N.J.: Prentice Hall, 2009).
3. Kotler, P. and G. Armstrong, Principles of Marketing (N.J.: Prentice Hall, 2008).
4. Czinkota M. R., Marketing: Best Practices (NY: The Dryden Press, 2000).
5. Spulber, D. F., Market Microstructure: Intermediaries and the Theory of the Firm (NY: Cambridge University Press, 1999).

12 零售、批發與物流

本章重點

1. 認識商店零售。
2. 認識無店面零售。
3. 了解直效行銷。
4. 認識批發與物流。

FOLLOW

全聯社福利中心低價起家數位轉型

全聯社福利中心的前身是「軍公教福利中心」，1998 年 9 月變成民營，消費者不需以「軍公教購物證」，就能進場採買，當時大賣場尚未興起，福利中心商品的價格往往是一般通路的 6~7 折，成為臺灣地區分布最廣闊且數量龐大的連鎖超市。2006 年全聯實業併購「臺灣善美的股份有限公司」經營股權，同年推出奧美廣告製作的電視廣告《問路篇》（《找不到篇》），訴求是「省下招牌的預算，回饋消費者更優惠的價格」。其後又推出《豪華旗艦店篇》，由首次登場的「全聯先生」邱彥翔細數全聯福利中心門市的「缺點」：沒有豪華地磚、沒有美麗的員工制服、沒有寬敞的空間、沒有停車場等，結論是「我們把錢省下來，給你更便宜的價格」。

2007 年全聯實業併購臺北農產運銷公司旗下「臺北農產超市」經營權。2012 年，首次年營收名次打敗家樂福，成了全台生活百貨雜貨營業額第一名。2015 年底再併購原屬於味全集團的「松青超市」經營權。截至 2021 年 5 月 30 日止，其分店數共計為 1064 家，另有 11 家優化生鮮、熟食商品的二代店，和 5 家是一般店 2 倍大的 imart，以及 5 家一般店 1/2 大的小型店「全聯 mini 輕超市」，已成為臺灣最大的本土超市。

全聯能維持價格優勢，「寄賣」策略是一大關鍵。所謂寄賣，就是賣多少貨品，就付給廠商多少貨款，廠商不用付上架費或開店、促銷贊助金，全聯社也不用給廠商訂貨金，省去庫存成本、資金週轉的問題，把這些額外成本省下來，就可以轉換成優惠的價格給消費者。

全聯的轉型首先源自於數次的併購，除了增加零售點擴大服務範圍與密度，也強化了在生鮮食材和蔬果物流的處理技術。其次在 2012 年開設二代店 iMart，採用許多科技設施如：電子液晶螢幕的價格板，以及時尚明亮的設計，吸引年輕客群，也扭轉全聯客群只有婆媽的印象。第三，2019 年 5 月推出行動支付「PX Pay」，上線兩周創下百萬下載紀錄，至 2021 年第一季已突破 700 萬用戶，成為國內市場中僅次於 Line Pay、街口支付的第三大行動支付。

資料來源：全聯社相關網站，維基百科，經理人

12-1 商店零售

零售（Retailing）是指向製造廠商或其他批發商進貨，以再售爲目的，將產品或服務直接銷售給最終消費者，以供其作非商業用途的一切活動。許多行銷通路的成員，包括製造廠商、批發商和零售商，或多或少都有進行零售的活動，但大多數的零售活動是由零售商自行舉辦，因此，零售商的銷售收入主要來自零售。

零售商店有許多不同的類型，可依店面有無、服務的多寡、產品線的廣度和深度，以及相對價格等特性加以分類（如圖 12-1），分述如下：

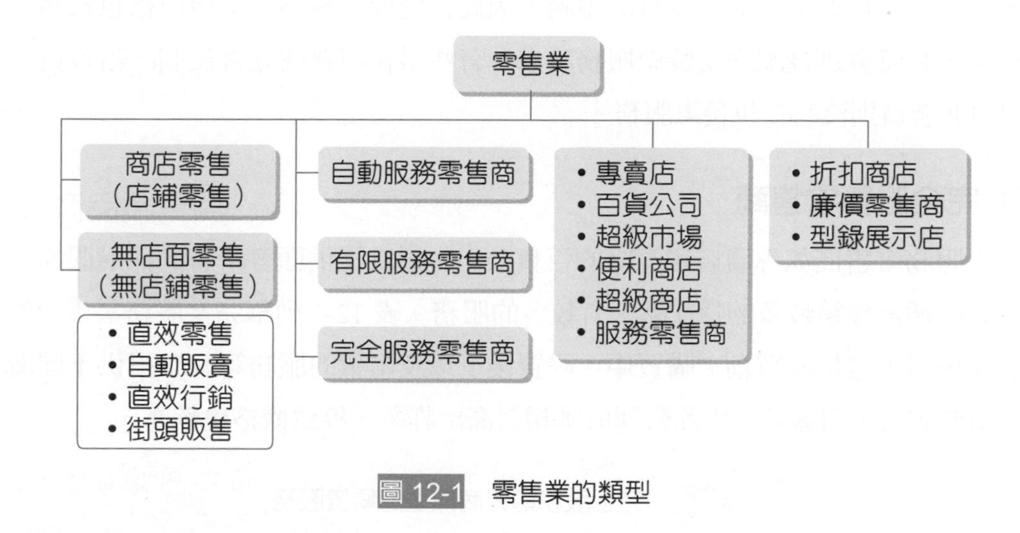

圖 12-1 零售業的類型

一、零售以店面有無分類

零售可依有無店面分爲商店零售（Store retailing）和無店面零售（Non-store retailing）兩大類。一般有店面的銷售稱爲商店零售，亦稱「店鋪零售」，是指透過零售商店來從事零售活動。沒有店面的零售稱爲無店面零售，或無店鋪零售，無店面零售包括直接銷售、自動販賣、直效行銷和街頭販售等。

二、零售以服務多寡分類

不同的產品需要不同數量的服務。零售商依提供服務的多寡可分爲：自動服務零售商（Self-service retailers）、有限服務零售商（Limited-service retailers）和完全服務零售商（Full-service retailers）三類。

（一）自動服務零售商

這類零售商又稱自助式服務，其零售店通常沒有華麗的裝潢，商品以開放式貨架陳列，消費者必須自己取貨到櫃檯結帳，更甚者，消費者需自己送貨到家。在臺灣，很多大賣場都是這類零售服務。自動服務零售商所販售的商品是便利品、全國性品牌和快速週轉的選購品。自助服務在有折扣經營的基礎下，許多顧客爲了省錢，願意到此種零售商店進行「尋找→比較→選擇」的購買程序。

（二）有限服務零售商

有限服務銷售較多的選購品，提供顧客需要相關的資料，有較多的銷售協助。這種零售商提供一些自助零售商所沒有的服務，因此營運成本較高，零售價格也較高。例如全國電子，有時會選擇配送安裝做服務訴求；有些零售商會成立會員制，給會員一些優惠，但對非會員則沒有提供優惠服務。

（三）完全服務零售商

完全服務零售商如專賣店和高級的百貨公司，通常提供顧客所有的採購服務。完全服務的商店通常經銷較多的特殊品，有較多的服務。表 12-1 列舉完全服務零售商所提供主要服務項目，包括購買前、購買中、購買後，以及附帶的服務等都有提供不同層次的服務。由於服務項目較多，因此營運成本相對高出許多，導致價格也較高。

表 12-1　完全服務零售商典型的零售服務

購貨前服務	購買中服務	購貨後服務	附帶的服務
1. 接受電話訂貨	1. 室內展示	1. 配送	1. 刷卡，支票兌現
2. 接受郵購訂貨	2. 試衣間	2. 一般包裝	2. 一般諮詢
3. 廣告型錄	3. 櫃台解說	3. 禮品包裝	3. 免費停車
4. 櫥窗展示	4. 試用試吃	4. 調整產品	4. 餐飲服務
5. 專車接送	5. 折扣優惠	5. 退貨	5. 修補
6. 專人接待	6. 以舊品抵購新品	6. 換貨	6. 內部裝潢
7. 購物時間安排	7. 時裝展示會	7. 整修	7. 分期付款
8. 時裝展示會告知	8. VIP 接待	8. 安裝	8. 化妝室
	9. 舒適空間	9. 刻字	9. 托兒服務

三、零售以產品線深度與廣度分類

零售商亦可依他們所經銷產品線的深度和廣度加以分類，爲專賣店（Specialty store）、百貨公司（Department store）、購物中心（Shopping center）、超級市場（Supermraket）、便利商店（Convenience store）、超級商店（Superstore）和服務零售商（Service retailer）。

（一）專賣店

專賣店經銷的廣度窄，但各產品線深度很深，產品種類齊全。常見的專賣店如服飾店、運動用品店、家具店、花店、書店等。專賣店可依其產品線的寬窄程度再予細分。例如服飾店可以是一家單一產品線商店（Single-line store），如 Nike Town、青山西服男士服飾店；可以是一家有限產品線商店（Limited-line store），如專賣運動球鞋的專賣店、專門販賣玩具的玩具反斗城、專賣年輕流行服飾的專賣店（如 N&H、Zara、Gap）等。由於市場區隔化，目標市場及產品專業化的應用日益增多，專賣店已處處可見。

（二）百貨公司

百貨公司銷售的產品線廣度寬，產品線深度則以一般家庭常用爲主，滿足消費者「一次購足（One stop shopping）」的特性。典型的產品線如服飾、寢具及家庭用品等，且每一產品線都有樓面管理，視爲一個獨立部門來經營。美國的 Wal-Mart、英國瑪莎百貨公司、日本的高島屋、三越、伊勢丹等，臺灣的新光三越、太平洋崇光 SOGO 百貨等都是著名的百貨公司。

臺灣流通業環境雖變革迭起，許多強勢新興業者如便利商店、量販店、購物中心等進入市場，但歷史悠久的百貨業仍是市場通路的主流。根據經濟部統計，國內百貨公司市場規模年約 2,000 億新臺幣。百貨公司大都分佈在五大都會區（台北、桃壢竹、台中、台南及高雄地區），由於百貨公司需要相當多的人潮來維持經濟規模，故其發展多半集中於大都會區。臺灣百貨公司具有幾項特色，即日系百貨業之市場佔有率高，朝向大型、財團化、連鎖集團化的寡佔競爭，如遠東、新光三越及太平洋等三大財團百貨公司。

（三）購物中心

購物中心的產品線廣且深度也較百貨公司長，所提供的功能也較多樣性，通常是兩家以上百貨公司的組合。大型購物中心，是以單一開發主體計畫所規劃的商業型態，結合購物、休閒、娛樂、餐飲、文教及生活服務等功能的複合性商業空間；高品質的購物環境滿足消費者購物方便性、舒適性及娛樂選擇性。根據相關研究，成立大型購物中心有助於提高國民所得與就業率、提升國民生活品質、帶動區域發展、平衡城鄉差異等優點。

臺灣自 1994 年工商綜合區相關法案通過後，從北到南大型購物中心蓬勃發展，從 1999 年，臺灣第一家大型購物中心－台茂，在桃園南崁開幕，代表臺灣零售業進入一個新的階段。2000 年以後，大江國際購物中心、微風廣場、京華城等陸續開幕，進入大型購物中心的戰國時代。這些大型購物中心都強調大坪數賣場、充足的停車場、各式各樣的商品、各種精緻美食、各款名貴的精品、戶外有公園綠地、設置影城等，是多功能與全方位的休閒娛樂中心。

（四）超級市場

超級市場通常以較大規模、低成本、薄利多銷、自助服務等方式經營，滿足消費者對生鮮和冷凍、冷藏食品、日常用品、家庭用品的所有需要。大多數的超級市場強調低獲利以及每日低價（Every Day Low Price, EDLP），因此需要有高的存貨週轉率才能獲得滿意的投資報酬率。

超級市場原以國內早期傳統市場爲競爭對象，依經濟部統計處資料顯示，超級市場營業規模約新臺幣 600 億元，雖每年仍呈穩定的成長，但與其他行業比較之，其成長的空間最低。在都會區的超市確曾搶奪不少傳統市場之消費群，但隨著便利商店與量販店的興起和盛行，使位於與便利商店或量販店同商圈之超市，漸漸被迫退出市場。尤其是便利商店的展店（加盟店）快速及量販店逐漸由都會區、鄰近郊區，朝市內社區及住宅區發展之後，超市、便利商店及量販店間的競爭更趨白熱化。知名的超級市場包括頂好惠康超市、惠陽超市、松青超市、台北農產、裕毛屋等。

由於超市與量販店的功能和特質相雷同，主要的差異爲超市設置地點多屬市區，而早期量販店多設在都會區鄰近郊區之工業區用地，但近年來新設量販店已延伸到市區內社區及住宅區，並在「一次購足，大量採購」及低價策略運用下，致使超市優勢盡失，讓超市發展陷入空前的困境，港商百佳超市、日商雅客超市及知名的美村、羽康、潭興連鎖超市陸續退出市場。

國內超市經營多爲跨國性投資，領導廠商港商惠康超市近年來主推百坪以下「Express Fresh」小型店面，把超市當超商經營，以小坪數、近距離和加強生鮮及冷凍食品，搶占小家庭和單身市場。

時事快遞

全聯以讓利、購併、創意拚出龍頭地位

超市與量販店功能近似，量販店的發展曾經一度壓縮超市的生存空間，但在全聯超市興起後，主打跟量販店差不多的品項價格，但是更貼近消費者的區位地點，加上令人印象深刻的溝通策略，目前反而擠壓到量販店的營收。

全聯之所以能夠拓展版圖，在消費者生活中扮演重要角色，主要有以下原因：

1. 高 CP 值吸引客群：對消費者而言，不需要去量販店而能享有量販價格，在家附近不需大量採買，可以少量多次、新鮮便利。全聯則透過規模經濟與寄售策略壓低進貨價格，才能讓利給消費者。
2. 購併同業衝高店數：從軍公教福利中心起家，一路購併楊聯社、善美的超市、台北農產超市、全買超市、松青超市等，擴大通路的涵蓋面，也補強產品線與生鮮物流處理技術。在地點的選擇上，深入巷弄節省店租成本。
3. 奧美操刀整合行銷溝通：自 2006 年起委託奧美廣告，推出一系列的企業形象包裝廣告，明確傳達全聯「低價一樣有好貨」的企業核心宗旨，成功轉移顧客擔心低價低品質的知覺風險，塑造高 CP 值的形象，廣告中的全聯先生更是形象鮮明深植人心，使得品牌能累積一定忠實客群。

全聯一開始鮮明的價格策略形象，已定形於多數消費者心中，雖然近年積極拓展新型態店型，走向有機、都會即食，甚至進入百貨通路，提升服務附加價值，企圖拓展年輕客群。但消費者是否認同，品牌轉型能否成功，在總裁徐重仁失言風波，談到年輕人要「忍耐不計較低薪」、「現在臺灣年輕人很會花錢」等公關危機之後，主打全聯經濟美學還能說服年輕客群嗎？值得長期觀察。

資料來源：經理人 2016/03/16，中時電子報 2017/04/13

作者訪問連結

（五）便利商店

便利商店的產品線以個人日常用品、食品爲主，包括：報紙、香菸等雜貨銷售。通常規模較小、營業時間長、假日不休息，能滿足家庭突發性或少量的採購，並只銷售一些週轉率高之便利品。例如美國的7-ELEVEn與Stop-N-Go、臺灣的7-ELEVEn統一超商、全家便利商店等。這類商店由於營業時間長，且顧客係臨時有需要才去購買，因此價格相對較高，但因可滿足顧客的便利需求，顧客也願意付較高的價格。

以好鄰居自稱的便利商店萌芽於七〇年代末期，經過多年的深耕，在九〇年代開花結果，據調查臺灣便利商店連鎖及單獨店店數已近一萬家，其中連鎖與非連鎖之比例約65% 比 35%；在市場漸進邁向成熟期之際，雖然展店還有成長空間，但速度已趨緩，而因商店普及度和同質性高，同業競爭更加激烈，市場呈現「強者恆強，弱者愈弱」的寡佔態勢愈趨明顯，目前主要便利商店計有統一超商、全家、萊爾富、OK及福客多等五家。2011 年底，統一超商總店數已接近五千家，市場佔有率最高，全家也有二千多家。

（六）超級商店

超級商店主要是滿足消費者對例行購買之食品、非食品項目和服務的所有需要，它的規模比一般的超級市場大很多，銷售的商品項目很多，有的也提供許多服務。超級商店有超級中心（Supercenters）、大型專賣店（亦稱「型錄殺手商店」，Catalog-killer stores）和特級市場（Hypermarkets）等三種類型。美國的威名商場超級中心（Wal-Mart Supercenters）和 Kmart 超級中心（Super Kmart Centers）是比較著名的超級商店。

近些年來快速興起的許多大型專賣店如玩具反斗城、宜家家居（Ikea）等也是一種超級商店，這類大型專賣店，產品線狹窄，但產品項目非常齊全，強調低價。

特級市場則是一種巨型的超級商店，結合超級市場、折扣商店和倉庫零售，除了銷售食品，也銷售家具、家庭用品、服飾和許多其他產品。特級市場在美國並不成功，但在歐洲和其他市場則相當成功，如法國的家樂福（Carrefour）、西班牙的 Pyrca 和荷蘭的 Meijer's 都是歐洲著名的特級市場。

從 1989 年臺灣開設第一家量販店萬客隆開始，量販店很快成爲臺灣最大的零售通路系統，並在商品批發及零售市場間掀起一場新的通路革命，也爲「一次購足、大量採購」的量販店消費者採購行爲奠定基石。目前國內量販店經營的銷售客層定位大致可分成三類：1. 以一般個人消費者爲對象；2. 採會員制，但未限制須團體客戶，一般個人也可成爲會員；3. 經營批發業務，以零售商、機關團體和餐廳爲對象。

經過數十年的光景，國內量販店已從工業區用地進入市區或住宅區經營，並因財團的大舉加入，財團化、大型化之寡佔趨勢日益明顯，市場已進入高度競爭時期，部分財力較弱之業者已紛紛轉型或結束營業。目前量販店廠商有家樂福、大潤發、好市多及遠東愛買，其中萬客隆已於 2003 年宣告結束臺灣的營業。由於量販店的經營策略係以「一次購足、大量採購」及「物超所值的價格競爭」雙管齊下，使超市的生存受到嚴重威脅，同時衝擊都市商圈內百貨公司。

（七）服務零售商

服務零售商是指提供服務的零售商，如旅館、汽車旅館、銀行、航空公司、大學、醫院、電影院、網球俱樂部、保齡球館、餐館、理髮店、洗衣店等都屬服務零售商。

四、零售以相對價格分類

零售商可依據價格的高低來分類。大多數的零售商以一般價格提供標準品質貨品和顧客服務；有些零售商提供較高品質的貨品和服務，相對的售價也較高。但也有零售商是以低價爲特色，包括折扣商店、廉價零售商（Off-price retailer）和型錄展示店（Catalog showroom）。

（一）折扣商店

折扣商店以薄利多銷的方式經營，銷售標準化的商品，售價較低。知名的折扣商店如：美國的沃爾瑪商場（Wal-Mart）、Kmart、Target 等。早期折扣商店以服務很少，設在租金低、交通便利的地區，利用倉庫式的設施來經營，以降低成本。但近些年來，許多折扣商店面對其他折扣商店和百貨公司的強烈競爭，已開始「升級」。它們改善內部裝潢、增加新產品線和服務，並在市郊開設分店，也使得成本提高、價格上漲。由於百貨公司也常藉著降價促銷活動與折扣商店競爭，使得折扣商店與百貨公司的角色日益模糊。

折扣零售也漸漸由一般商品走上專業化商品之路，例如運動器材折扣商店、電子產品折扣商店（如美國的 Circuit City，臺灣的燦坤、全國電子）、折扣書店（如美國的 Crown Bookstore），臺灣的五金百貨、南北貨店等。

（二）廉價零售商

當主要的折扣商店逐漸升級時，廉價零售商逐漸興起，填補低價、大量採購的商店空隙。一般的折扣商店以批發價進貨，以低的邊際利潤來維持低的價位；而廉價零售商則以低於一般批發價向製造廠商或其他零售商採購其過剩的產品或非標準尺寸（零碼）的產品。由於是銷售過剩、供應不穩定等特性的商品，因此定價也比一般零售價低。

廉價零售商在食品、服飾、電子產品到陽春銀行、折扣經紀商等領域都有，包括台北的光華商場也是。廉價零售商主要有三種類型：獨立廉價零售商、工廠直銷店與倉庫型賣場。分述如下：

1. **獨立廉價零售商（Independent off-price retailer）**：由企業家擁有或經營，或是大型零售公司的事業部。
2. **工廠直銷店（Factory outlets）**：由製造廠商設立經營並具所有權，通常爲銷售工廠生產過多的剩餘貨品、停產的貨品或零碼尺寸的貨品等。但現在並非全部如此，也有很多零售店（現在稱暢貨中心）標榜便宜，此種零售店有時集中於購物中心，有許多直銷店的售價皆低於一般零售價格的50%，銷售相當廣泛的產品項目，如Dexter（鞋子）、Ralph Lauren（高級服飾）。
3. **倉庫型賣場（Warehouse club）**：亦爲批發俱樂部（Wholesale club）或會員倉庫（Membership warehouses），例如沃爾瑪百貨擁有的Sam's俱樂部、好市多（Costco）等是美國知名的倉庫型賣場；大潤發、家樂福、B&Q特力屋、Ikea等是臺灣知名的倉庫型賣場。它們的賣場通常是以超低價銷售貨品，坪數巨大，裝潢簡單，倉庫式的設施，一般只賣給會員，提供極少的服務，顧客要自行將家具、大型家電用品等各種大件物品帶到結帳櫃檯，其不提供送貨到家服務，不接受信用卡。但在臺灣，由於競爭激烈，各大賣場並不會只賣給會員，非會員也可購買，也都提供各種送貨安裝，接受信用卡或是提供分期付款服務。目前臺灣只有好市多，堅持需要會員卡，以付現金爲主，只接受少數的信用卡。

其他以低價爲號召的商店，有美國、歐洲的「一元商店」，日本的100元店，在臺灣有「十元商店」、39元商店、50元商店等。

（三）型錄展示店

型錄展示店，又稱「型錄殺手」，主要是利用展示店中的商品型錄，以低價、折扣價銷售高利潤、高週轉率及有品牌的貨品。這些貨品包括珠寶、動力工具、照相機、旅行箱、小型家電用品、玩具及運動器材等。

型錄展示店的產品線是所有零售店中最深、最廣的，以專家立場購買，價格低廉來做商店產品組合的特色。型錄展示店以降低成本與售價吸引大量的消費者，創造大量的銷售量。顧客透過展示店中的商品型錄訂貨，再到店裡的提貨區去提貨。美國以 Home depot、Best Buy 為代表。

12-2 無店面零售

大部分的零售是在零售商店中完成，但也有相當部分的零售交易不經過零售商店。這種不在零售商店中執行的零售活動就稱之為無店面零售（亦稱無店鋪零售或無店鋪販賣）。在許多國家，經由非商店零售方式完成的銷售額仍遠較商店零售所達成的銷售額為低。例如美國非商店零售的銷售額估計，佔全美零售總額的 20%。

由於非商店零售有許多有利的發展條件，未來在消費者市場中的重要性將與日俱增。以臺灣的市場來看，非商店零售事業有許多發展的利基，包括：

1. 職業婦女愈來愈多，她們重視購物的便利性。
2. 人們日益重視休閒和家居生活，希望減少到商店購物的時間。
3. 政府對非商店零售（如直銷）事業的管理日益嚴密，增加人們對非商店零售商品的信心。
4. 個性化消費時代來臨，非商店零售事業可提供更多樣化和更具個性的商品。
5. 商業區的土地和運送成本日益增加，加上停車空間不足、交通壅塞，大幅提高消費者到商店購物的有形與無形費用，亦有助於非商店零售的發展。
6. 科技不斷創新，各種新的非商店零售方式（如傳眞購物、電視直銷、網路購物等）不斷推陳出新，消費者可以更方便、更經濟地利用各種不同的非商店零售管道購物。

無店面零售的商業經營型態有直接銷售（Direct selling）、自動販賣（Automatic vending）和直效行銷（Direct marketing）等三種類型。

一、直接銷售

直接銷售是透過銷售人員和不在零售商店內的消費者面對面接觸來從事零售。直接銷售方式源於二十世紀之前沿街兜售的小販，如今直接銷售也是一極為龐大的產業，許多公司採取沿門銷售、辦公室銷售（Office to office selling）、聚會銷售（Party-plan selling）等直接銷售方式來銷售公司產品。

雅芳是沿門銷售方式的佼佼者。雅芳公司把它的銷售員—雅芳小姐，訓練成為家庭主婦的好朋友與美容顧問，這群美麗的天使已使雅芳成為世界上最大的化妝品公司以及名列第一的沿門銷售廠貨。此外，臺灣的台英社也是沿門銷售和辦公室銷售的成功直銷業者。特百惠（Tupperware）則是聚會銷售的佼佼者，它的銷售員會邀請若干朋友及鄰居到某一個人的家裡聚會，然後藉機展示及推銷其產品。

多層次行銷（Multilevel marketing）是直接銷售的一種變形。如安麗（Amway）、如新（New Skin）等都是這種銷售方式的先驅。他們先招募獨立的從業人員擔任其產品的配銷商（Distributor），透過配銷商再招募子配銷商（Sub-distributor），子配銷商又稱「下線」，將產品賣給子配銷商，子配銷商又再招募其他人，將產品賣給他們，並由最後一層次的子配銷商將產品賣給消費者，銷售網即由層層的「上限」、「下限」所組成。配銷商的報酬包括銷售給配銷商所招募的整個銷售群體的銷售額，加上直接賣給零售顧客的盈餘的某一百分比，比例高低各公司不同。

在臺灣，多層次行銷[1]亦通稱為多層次傳銷或俗稱「老鼠會」，早期因缺乏法規約束而經常發生交易糾紛。簡單的說，所謂多層次傳銷係指事業透過許多層的配銷商來銷售商品或提供勞務，每一個配銷商（即所謂的「參加人」）在給付一定的經濟代價後，加入該傳銷組織，並取得銷售商品或勞務以及介紹他人參加之權利，因此參加人除了可將貨品銷售出去以賺取利潤外，還可自己招募、訓練一些新的配銷商建立銷售網，再透過此一銷售網來銷售公司產品以獲取差額利潤。截至 2011 年統計，向公平會報備的多層次傳銷者，還有在經營者有近千家，約有近 400 萬人次曾參加過報備的多層次傳銷者。

1 依據《公平交易法》(第 23 條) 的規定，「多層次傳銷，謂就推廣或銷售之計畫或組織，參加人給付一定代價，以取得推廣、銷售商品或勞務及介紹他人參加之權利，並因而獲得佣金、獎金或其他經濟利益者而言。前項所稱給付一定代價，謂給付金錢、購買商品、提供勞務或負擔債務。」

直接銷售的缺點包括：1. 銷售佣金高達零售價的 40% 到 50%；2. 招募、訓練、激勵和留住銷售人員（大多數是兼差的）不容易；3. 有些銷售人員會利用高壓（High-pressure）方法或耍詐。儘管如此直接銷售仍具消費者可在家購物或在彈性的時間、地點和銷售人員接觸；銷售者可用大膽的方法去試圖說服消費者購買其產品，亦可把產品帶到購買者的家中或工作場所，並向消費者展示其產品。

二、自動販賣

自動販賣已被廣泛地用來銷售各式各樣的產品，包括許許多多的便利品和衝動性購買的商品，如香菸、飲料、糖果、報紙、襪子、化妝品、速食點心、熱湯食品、書籍、專輯唱片、軟片、T 恤、保險單、捷運車票、火車票、錄音帶、錄影帶等。在許多國家（尤其是日本）自動販賣機非常普遍，到處可見自動販賣機提供 24 小時的銷售服務，以自助方式銷售不易腐壞的商品，不需人員再經手處理。

自動販賣是一種昂貴的配銷通路，所販賣的商品價格比一般零售商店要高出許多。自動販賣成本之所以較高是因爲散布在各地的販賣機需經常補貨、經常有機器發生故障，以及在某些地區貨品易遭竊等緣故，此外，缺貨及商品無法退換等，也常造成消費者很大的困擾。不過，已有新的技術可對自動販賣機作遠距偵測，降低販賣機缺貨或發生故障的次數（造成收入喪失），當然這些進步的科技一點也不便宜。

自動販賣機正逐漸增加其用途，特別在娛樂性服務方面，如彈球機（Pinball machine）、吃角子老虎（Slot machine）、自動點唱機（Juke box）以及各式各樣新的電腦遊戲等。自動櫃員機可以 24 小時爲銀行的顧客提供兌現、存款、提款及轉帳的服務。未來自動販賣機可使用不需現鈔的「記帳卡」（Debit card），顧客預先付款並於購貨時逐次扣抵。

三、直效行銷

直效行銷又稱「直接行銷」，是指利用各種非人員接觸的傳播工具直接和消費者互動，同時要求消費者直接回應。直效行銷使用的工具，包括廣播、電視、報紙、雜誌、直接郵件、型錄、電話、電子郵件、網際網路等。不論採用那一種工具，直效行銷的目的都在設法讓目標市場的消費者可以快速回應、直接訂貨。

直效行銷是指不經由配銷系統的中間通路而將產品與服務直接從生產者轉移到顧客手中的一種行銷方式。因此，凡是僱用銷售人員直接將產品銷售給顧客，或生產者兼營零售商店直接將商品賣給消費者，皆可視爲直效行銷。

但演變至今，由於電話、電視及網際網路在銷售上的應用日益普及，於是直效行銷一詞已泛指所有應用一種或多種非人員接觸工具直接和消費者互動的行銷方式，包括型錄行銷（Catalog marketing）、郵購行銷（Direct-mail marketing）、電話行銷（Telemarketing）、電視行銷（Television marketing）、線上行銷（On-line marketing）等。

（一）郵購行銷

郵購行銷者直接將信件、小冊子、錄音帶、電腦磁碟片或產品樣本郵寄給消費者，要求消費者利用郵件或電話來訂購貨品。消費者名單可由行銷人員自行蒐集，或向郵寄名單經紀商購買名單。郵購行銷者通常先從所有名單中挑選一部分名單進行郵寄測試，再根據反應情形決定是否大量郵寄。

直接郵購的使用非常普遍。對行銷者而言，它在選擇目標市場上有高度的選擇性，也可針對目標市場的特性設計具有吸引力的行銷方案，並可進行測試來衡量消費者的反應。郵購大多應用於書籍、雜誌、禮品、服飾、食品、保險服務、信用卡服務、會員招募等項目的銷售。國內如中誌郵購，或一些信用卡發卡銀行的郵購，還可以刷卡集紅利點數換贈品，都是這方面的例子。

（二）型錄行銷

廠商將產品型錄郵寄給消費者，或將商品型錄放在零售商店中供消費者訂購或取閱。寄出型錄的廠商大都是產品線齊全的大型零售商店，如臺灣各大百貨公司、量販店等。

有的型錄行銷者採用會員制，更能對其顧客的特性和需要有深入的了解，能提供顧客滿意的服務，例如 DHC 型錄銷售，透過統一超商陳列型錄，創造很好的業績。臺灣的統一型錄就是採用會員制，可經由會員調查知道其會員的購買需求和購買行爲，適時調整行銷作法。在 7-11、全家等便利商店，都有許多免費的型錄供消費者取用。

（三）電話行銷

電話行銷是利用電話直接向消費者進行銷售。行銷者打電話向消費者推銷產品，消費者可利用廠商付費的電話號碼（如美國的 800 號碼或臺灣的 0800 號碼）進行訂貨。許多產品或服務，如保險、雜誌訂閱、信用卡、俱樂部會員等，都可透過電話來購買。臺灣的康健人壽就是這類代表。

電話行銷提供消費者很大的購物便利性，這是電話行銷吸引人的地方。電腦與電話的結合已使電話行銷的成本大幅降低。電腦可自動撥號，向消費者播放事先錄好的廣告，並可以電話答錄機來接受消費者的訂單，或轉給電話接線員去處理，這種全自動的電話行銷系統使電話行銷更具有成本上的競爭力。近年來，電話行銷在臺灣發展相當迅速。

（四）電視行銷

利用有線電視與無線電視頻道直接銷售產品或服務給消費者，做法有以下三種：

1. **透過直接反應廣告（Direct-response advertising）**：即透過電視轉播網播出行銷者的產品廣告，並提供免費訂購電話號碼給消費者。這種途徑在雜誌、書籍、小件日常用品、錄音帶、CD、收藏品及許多其他產品的銷售頗爲有效。
2. **居家購物頻道（Home shopping channels）**：這種頻道完全用來銷售貨品與服務，有些購物頻道播放的時間很長，如美國的品質價值頻道（Quality Value Channel, QVC）和居家購物網（Home Shopping Network, HSN）更是每天 24 小時都在播放購物節目。臺灣目前除東森之外，還有 momo 台、viva 台，市場規模高達 600 億，許多家電用品、服裝、3C 電子產品、減肥瘦身產品等等都透過購物頻道銷售。甚至在短短的一、二小時內，銷售百顆鑽石、百部汽車、上千人的旅遊產品，比一些經銷商一年業績還強，更捧紅了不少產品代言人。
3. **影像通訊（Videotext）和互動電話**：即利用電話線將顧客的電視機和廠商的型錄連結起來，顧客可透過與系統相連結的特殊鍵盤置下訂單。

（五）線上行銷

線上行銷是指透過互動的電子通路和購買者進行溝通和銷售。廠商可利用線上電腦系統提供電腦化的產品和服務資訊供購買者參考，購買者則利用家中的電腦經由電話線路進行選購。如雅虎奇摩購物網、e-bay、Amazon、各企業的線上購物網等。這幾年線上購物快速成長，據統計，它的到達率已經超過報紙媒體了，僅次於電視媒體而已。現在消費者買書、買花、訂購各種商品、聽音樂、看電影、看電視、訂車票、看氣象等，都離不開線上購物。

12-3 零售輪迴理論

隨著銷售者的改變，零售的型態也不斷在改變。零售輪迴（Wheel of retailing）理論，又稱「零售烽火輪」，指出零售的改變呈週期性或循環性的型態。零售輪迴理論認爲新型的零售商常以低成本、低價格商店的型態進入市場，剛開始其他零售商並不太注意這種新型的零售商，但因受消費者歡迎並惠顧這種新的零售機構，而逐漸侵蝕其他零售商的生意。根據零售輪迴理論，新型零售商逐漸「升級」，以吸引更大的市場，獲得更高的利潤和地位。他們會提升產品的品質，增加顧客服務，結果會造成高的營運成本和高的價格，使他們容易受到另一種新型零售機構的侵襲。另一種新型零售機構同樣會以低成本、低價格商店的型態進入市場。

這種演進過程持續循環，百貨公司、超級市場、折扣商店、倉庫型賣場、大型專賣店（量販店、大賣場）、線上零售商的興起和發展大致可用零售輪迴理論來說明。但是，零售輪迴理論並不能解釋所有主要的零售發展。例如自動販賣機是以高成本、高利潤的姿態進入市場；便利商店是以高價格進入市場；購物中心進入市場時也不強調低價；最近採用網站從事零售的零售商也會面對營運費用更低的競爭者。

12-4 零售行銷決策

當消費者進到一家零售商店，他會看到什麼？感受到什麼呢？燈光美、氣氛佳，還是東西便宜、服務親切？一家零售商店要給消費者留下什麼印象，或是得到什麼，就必須思考零售行銷決策。

一、目標市場

零售店首先要決定服務的顧客是誰？商品要賣給誰，也就是決定目標市場，主要的消費群。決定了目標市場，後續的行銷作業，才能有一定的規範，如商品組合、定價、服務等。目標市場的訂定，可以利用之前介紹的市場區隔方法－「市場區隔變數」來衡量市場，針對消費者行爲做深入分析。目標市場的訂定，要能夠掌握主要的顧客群，有時太過簡化或目標客戶太多，都不是很好的方式。例如伯朗咖啡館以「提供客戶好咖啡，創造本土咖啡文化」爲企業目標，以提高咖啡品質、中價位爲其市場定位，歐洲風的美術裝潢基調，開創出屬於自己的風格。

二、產品組合與採購

產品組合（Product assortment）是指零售店針對目標市場的需求，提供產品線的深度與廣度的組合。例如需要很多顆大西瓜，可能需要去瓜果批發店購買；需要一顆西瓜，可能需要去家樂福購買；如果只要半片西瓜，可能需要去超市購買；如果只需要一小片西瓜，可以到附近水果攤購買即可。不同的零售通路，代表商品銷售數量或基本單位不同，產品線多寡、備貨深淺，自然不同。

產品組合決策，會影響採購的決策。零售店裡該有哪些產品品項、產品線要有多少、廣度與深度等都影響採購成本、採購來源。知名流行服飾 Zara，以快速流行爲訴求，縮減商品組合廣度與深度及採購來源，捨棄較遠、較便宜的中國或印度，從土耳其進貨，有效降低存貨成本。

三、價格與服務

價格是零售店很重要的一個決策，與目標市場、產品組合、採購決策息息相關。例如購物中心或便利商店，並非以低價爲號召、超市則以薄利多銷、EDLP的價格要有折扣、量販店則以低價促銷作爲吸引顧客上門的武器。

價格和服務，在零售商更是不可分開的決策。通常價格高，則服務較爲完備，所提供的服務也較多；價格低，通常都是自助式零售，較少服務。例如百貨公司通常以服務完備作訴求。

四、商店氣氛

商店氣氛是一個很重要的決策。消費者一進到店裡，就可以感受到店裡的氣氛。例如星巴克咖啡店裡昏黃、暗咖啡色搭配輕鬆音樂的氣氛，就是一個可以讓人聊天的場所；誠品書局的裝潢氣氛讓人感覺看書、聊天、喝咖啡都很舒適。

商店氣氛又稱爲商店形象，包括了空間設計，如商店的牆壁裝飾、燈光、走道、商品擺設、樓面管理、顧客休息場所規劃、點心咖啡等附屬設施、停車場等；現場服務人員禮儀、制服、專業程度等，也都是塑造商店形象或氣氛的重要元素。

五、商店活動與經驗

商店活動與經驗的決策，主要說明商店本身的促銷活動，或消費者參與的經驗。有些商店經常辦活動，如週年慶、換季大拍賣、佳節活動，或是服裝秀、社會公益活動等，創造消費者經常光顧的動機。有些網路購物的網站，為讓消費者經常上網瀏覽，特別加強方便使用，使好的經驗帶動好的銷售。

六、溝通

溝通是指零售店的溝通組合。透過廣告、公關、促銷，或事件活動，讓消費者對零售店有更多的了解。如流行服飾，要常出現在一些雜誌上，又如星巴克從每一個顧客關心起，讓每一個顧客都是溝通的訊息者。

七、店址選擇

最後，也是最重要的決策是選擇店址，店址是決定商店成功的不二法門。一旦店址決定，商店經營已經成功了一半。店址的選擇需考慮很多因素，如商圈大小、競爭廠家多少、顧客來源等因素。除此之外，店址的選擇可以分成設在商業精華區（如台北信義計畫區內）、地區商業中心（如內湖南港等區、板橋中壢等區域、或某些鄉鎮的市中心）、社區商店街、或是一般商業街道或是店中店（如在新光三越百貨公司設專櫃、在誠品書局內設店）。

地點不同顧客來源也不同，定價、促銷等活動當然不同。如設在商業中心，過路客居多、顧客流量大、租金貴，應要以新奇、裝潢、經常辦活動作號召；如設在社區內，則以社區居民為主，力求顧客經常上門為要，重覆購買為主，雖然租金可能較便宜，但是業務量可能沒有商業中心多，且生活作息也不同。

12-5 批發與物流

一、批發

批發（Wholesale）是指將產品或服務銷售給以再出售爲目的或基於商業用途而購買的購買者的所有活動。有些零售商也從事批發活動，但所謂的批發商是指哪些主要從事批發活動的廠商。

批發商可依若干構面，如生產者是否擁有批發商、批發商是否擁有產品的所有權、批發商提供的服務，以及批發商產品線的廣度和深度區分成三種類型：商品批發商（Merchant wholesalers）、經紀商（Brokers）和代理商（Agents）、製造廠商的銷售分支機構。

（一）商品批發商

商品批發商係指獨立經營、擁有產品所有權、承擔因擁有所有權而產生的風險，並將產品賣給其他批發商、工業用戶或零售商的企業。商品批發商在不同的行業可能有不同的名稱，例如批發商、中盤商（Jobbers）、配銷商、進口商、出口商、或工廠供應商（Mill supply houses）等皆是。商品批發商又可分爲完全服務批發商（Full-service wholesalers）與有限服務批發商（Limited-service wholesalers）兩類。

1. **完全服務批發商**：是指提供最廣泛批發功能的中間機構，其所提供的服務項目包括存貨儲存、合適的商品搭配、融資協助、送貨、以及提供技術諮詢和管理服務等。完全服務批發商又可細分爲以下四類：
   (1) 一般商品批發商（General merchant wholesalers）：一般商品批發商提供許多產品線（如同時提供化妝品、洗衣粉、香煙、食品等產品線），但各產品線內的深度都有限。其通常要和顧客（主要是雜貨店、家庭用品店和地區性百貨公司等零售商店）維持堅強的互惠關係。小零售商店通常可從一般商品批發商獲得所需的各種產品。供應工業用戶補給品和附屬品的一般商品批發商，有時被稱爲「工業配銷商」或「工廠供應商」。
   (2) 有限產品線批發商（Limited-line wholesalers）：有限產品線批發商只提供少數的產品線，但在這些產品線內的產品搭配很完整。

(3) 特殊產品線批發商（Specialty-line wholesalers）：特殊產品線批發商提供的產品範圍最狹窄，通常只有一條產品線或一條產品線中的少數產品項目，如水果批發商、貝殼海產批發商等。這類完全服務批發商了解最終購買者的特別要求，並提供給顧客深入的產品知識和很大的選擇空間，也能提供給顧客銷售協助和技術諮詢服務。

(4) 貨架中盤商（Rack jobbers）：貨架中盤商是提供完全服務、經銷特殊產品線的批發商，他們在超級市場、雜貨店、折扣商店內擁有陳列貨架，自行負責商品陳列、標價、保存帳單和存貨記錄，零售商只要提供空間即可。貨架中盤商專門經銷高毛利的非食品項目，如健康和美容用品、書本、雜誌、五金和家庭用品等。

2. 有限服務批發商：此批發商只提供顧客某些服務，主要有以下四種類型：

(1) 付現且運貨自理批發商（Cash-and-carry wholesalers）：此類型通常只擁有幾條暢銷的產品線，以現金交易方式銷售給零售商，不負責運輸。他們的顧客通常是小零售商或小工業用戶。

(2) 卡車批發商（Truck wholesalers 或 Truck jobbers）：卡車批發商通常是小型的批發商，他們開自用卡車將有限的產品線直線運送到顧客處供顧客現場檢查及選購。對小雜貨店而言，卡車批發商的角色很重要。他們經銷的產品多為不易久藏的產品（如水果和蔬菜等），有時也賣肉類和香煙產品。他們雖然負責銷售、運送產品等功能，但通常不提供信用，因此被歸類為有限服務批發商。

(3) 承訂批發商（Drop shippers 或 Desk jobbers）：承訂批發商主要從事如煤、石油、木材、化學品、建材等大宗產品批發。其擁有產品的所有權，但不實際持有產品，而是將得自零售商、工業用戶或其他批發商的訂單轉給製造廠商，並安排送貨事宜，使商品直接從生產者運送到顧客手中。承訂批發商實際上承擔從接獲訂單到交貨給顧客這段交易期間的產品責任，包括未售出貨品的成本。

(4) 郵購批發商（Mail-order wholesalers）：郵購批發商利用型錄銷售產品給零售商、工業用戶和機構購買者。他們經銷的產品包括化妝品、特殊食品、運動用品、辦公室用品、汽車零件等。對於偏遠地區的顧客，利用郵政或其他運貨工具銷售產品是一種便利而有效的方法。

（二）代理商和經紀商

代理商和經紀商並不擁有產品所有權，他們的功能主要在促成和加速商品的銷售，並賺取提供服務的佣金，佣金一般根據產品的售價來訂定。代理商是長期代表買方或賣方的中間商，而經紀商則是買方或賣方短期僱用的中間商。代理商和經紀商所提供的服務雖較有限服務批發商爲少，但他們通常是某些特定產品或某些特定顧客型的專家，能夠提供有價值的銷售專業知識。

代理商一般可分爲製造廠代理商、銷售代理商、和佣金商等三種類型。

1. **製造廠代理商（Manufacturers' agents）**：是指代理兩家或兩家以上製造廠商的獨立中間商，通常能提供顧客完整的產品線。他們在指定的地區內代理，彼此互不競爭且產品互補。他們和每一代理的製造廠商簽訂正式合約，在合約中訂明代理地區、產品售價、訂單處理和送貨、服務與保證等銷售條件，對製造廠商的定價和行銷政策不具控制力，也不提供信用給顧客，可能也無力提供技術服務。製造廠代理商提供的服務愈多，佣金自然也就愈高。製造廠代理商以代理服飾、機器設備、鋼鐵、家具、汽車用品、電器用品和某些食品最爲常見。製造廠代理商的主要優點是他們的接觸面廣、顧客關係良好。對大製造廠而言，代理商可幫助大製造廠把開發新銷售區域的成本降至最低，也可幫助大製造廠在不同的地區爲不同的產品調整銷售策略。對哪些無力維持本身銷售人力的小製造廠而言，代理商也有其功用，因爲在代理商賣出產品之前小製造廠不用負擔成本。代理商可以分攤不相互競爭產品的營運費用，從而降低爲每家製造廠商提供服務的價格。與代理商合作的主要缺點是製造商須爲銷售新產品支付較高的佣金率。
2. **銷售代理商（Selling agents）**：不具產品所有權，但負責所有的批發活動。他們通常沒有地區的限制，在價格、推廣和配銷方面有完全的權力，在產品的廣告、行銷研究和信用方面也扮演主導的角色，有時甚至可對產品和包裝提供建言。規模小的生產者或不易維持行銷部門的製造廠商最常與銷售代理商合作，有財務問題的生產者也可能利用銷售代理商，以避免馬上要支付的行銷成本。銷售代理商代理彼此不相競爭的產品線，以避免利益衝突。
3. **佣金商（Commission merchants）**：佣金商收到當地賣者寄售的貨品，並在大的中心市場協商銷售。農產品市場中最常見到這種代理商，他們擁有大量的商品，安排分級或儲存事宜，並運送商品到市場。完成銷售時，佣金商扣除佣金和費用後，將餘款交給生產者。佣金商對價格和銷售條件有很大的權力，他們提供規劃上的協助，有時也提供信用，但通常不提供推廣上的支援。佣金商對小生產者最爲有用，除了農產品之外，他們也可能協助絲織品、藝術品、家具或海產品的銷售。

4. **經紀商（Broker）**：經紀商尋找買者或賣者，並協助買賣雙方協商交換。經紀商的主要目的是聚集買賣雙方。和其他中間商比起來，經紀商執行的功能較少。他們不提供融資，也不實際持有產品，對價格沒有影響力，也不承擔風險，但他們可提供顧客專業的商品知識以及現成的接觸網。

（三）製造廠商的銷售分支機構

第三種批發商類型是由製造廠商自己經營批發業務，即製造廠商的銷售分支機構，包括銷售分處和銷售辦事處。

1. **銷售分處（Sales branches）**：銷售分處是製造廠商自己擁有的中間商，負責銷售產品及對製造廠商的銷售人力提供支援性服務，還提供信用、送貨、推廣上的協助和其他服務。在許多情況下，他們也持有存貨。他們的顧客包括零售商、工業用戶和其他批發商，電器用品、配管工程、木材和汽車零件產業中，設立銷售分處非常普遍。
2. **銷售辦事處（Sales offices）**：銷售辦事處也是由製造廠商所擁有。像銷售分處一樣，他們遠離製造工廠；但與銷售分處不同，他們並不持有存貨。製造廠商有時爲了更有效地接觸顧客而設立分支機構，由自己來執行批發功能。製造廠商有時因現有的中間商未能提供專業的批發服務，也會設立自己的分支機構。

二、物流

根據美國行銷協會（American Marketing Association, AMA）對物流（Logistics）之定義，「物流是從生產地到消費或使用地點，有關物資的移動或處置的管理。」。

美國物流管理委員會（Council of Logistics Management, CLM）對物流之定義：「物流，是以適合於顧客的要求爲目的，對原材料、在製品、製成品與其關聯資訊，從產出地點到消費地點之間的流程與保管，爲求有效率且最大的對消費用的相對效果而進行計畫、執行、管制。」

物流的生產者必須以有效的方法將其產品儲存、處理和運送到市場，讓他們的顧客可在適當時間和適當的地點獲得適當的產品搭配。實體分配的效率嚴重影響顧客滿足和行銷成本。物流可包括訂單處理、存貨管理、倉儲和運輸等活動。

1. **訂單處理**：物流活動從接獲顧客的訂單開始必須快速而正確地處理，使訂單至匯款週期（Order-to-remittance cycle）儘可能縮短，訂單可利用郵寄、電話、傳真、電腦或銷售人員送達。
2. **存貨管理**：存貨管理是指發展和維持足夠的產品搭配，以滿足顧客的需要。存貨投資通常占公司資產相當大的比例，因此存貨決策對實體分配成本和顧客服務水準有很大的影響。存貨過少將造成缺貨，並有品牌轉換、銷量減少、顧客流失之虞；存貨過多將增加成本，並有產品過時、失竊和損壞的風險。存貨管理的目的是要力求降低存貨成本，同時維持足夠的貨品供應。
3. **倉儲和運輸**：倉儲是指產品在尚未銷售之前都必須加以儲存，當生產與消費循環未能完全配合時，儲存功能更有其重要性。例如許多農產品的生產具有季節性，但是需求卻是持續不斷的，此時必須依賴儲存的功能才能克服產銷雙方在數量與時間的差距。運輸是最昂貴的物流功能。透過運輸才能將產品從生產地或製造工廠運送到顧客手中，增加產品的時間和地點效用。運輸方式主要有鐵路、卡車、水路、航空和管線等五種，每一種運輸方式都有其特殊的功用。

國際平價服飾到臺灣

來自歐、美、日平價、知名快時尚之服飾品牌，包括日本 Uniqlo（2010/10 登台）、西班牙 ZARA（2011/11 登台）、美國 GAP（2014/03 登台）、美國 Forever 21（2015/06 登台）紛紛進駐臺灣，形成百家爭鳴的戰局。

所謂「快時尚」是指服飾品牌快速頻率地更動新品、櫥窗陳列，故身處其間的設計師須能預知近期潮流趨勢，在短時間內設計出各式新潮服裝，而消費者挑選商品時，也是看準了就買，絕不遲疑。這樣的現象，正如同日本知名趨勢學家大前研一在著作《M 型社會》裡曾提到 New Luxury（新奢華）的概念。意即在 M 型社會的結構中，會產生「以中下階級為主流，並加入一些豪華主義的購買衝動」，也就是「買得起的時尚」的消費行為。

不論是哪一個「快時尚」品牌，都借助了現今發達的資訊系統，加上具有執行力的管理，從設計到上架平均約只要 2 至 3 周，期望讓消費者能夠時時購買到最新的流行，以款式多、數量少為經營策略，避免滯銷的危險。更有些品牌以和知名設計師聯名的方式，合作出產限定商品。

資料來源：公民新聞 2016/05/31

問題討論

1. 「快時尚」零售有何特色？其所可能衍生之「共享經濟」通路為何？
2. 試比較 Uniqlo、ZARA、GAP、Forever 21 進入臺灣零售市場，通路策略有何差異？

重要名詞回顧

1. 零售（Retailing）
2. 商店零售（Store retailing）
3. 無店面零售（Non-store retailing）
4. 自動服務零售商（Self-service retailers）
5. 有限服務零售商（Limited-service retailers）
6. 完全服務零售商（Full-service retailers）
7. 專賣店（Specialty store）
8. 百貨公司（Department store）
9. 購物中心（Shopping center）
10. 超級市場（Supermraket）
11. 便利商店（Convenience store）
12. 超級商店（Superstore）
13. 服務零售商（Service retailer）
14. 直接銷售（Direct selling）
15. 多層次行銷（Multilevel marketing）
16. 自動販賣（Automatic vending）
17. 直效行銷（Direct marketing）
18. 型錄行銷（Catalog marketing）
19. 郵購行銷（Direct-mail marketing）
20. 電話行銷（Telemarketing）
21. 電視行銷（Television marketing）
22. 線上行銷（On-line marketing）
23. 零售輪迴（Wheel of retailing）
24. 產品組合（Product assortment）
25. 批發（Wholesale）
26. 商品批發商（Merchant wholesalers）
27. 經紀商（Brokers）
28. 代理商（Agents）
29. 物流（Logistics）

習題討論

1. 請說明店面零售的內容與類別。
2. 請說明無店面零售的類別。
3. 請說明批發商有哪些分類類型。
4. 直效行銷是什麼意思？包含哪些？
5. 請說明物流的定義及其內容。
6. 何謂自動販賣？在臺灣有無未來發展潛力？
7. 請討論臺灣零售市場，各個通路的發展前景。

本章參考書籍

1. Philip Kotler and K.L. Keller, Marketing management, 13th ed. (Upper Saddle River, NJ: Prentice Hall, 2009)
2. Philip Kotler and Gary Armstong, Principles of Marketing, 11th ed. (Upper Saddle River, NJ: Prenticc Hall, 2006)
3. Bruce, M and L. Daly（2006）, Buyer Behavior for Fast Fashion, Journal of Fashion Marketing and Management, Vol. 10, No.3, 329-344
4. 行政院公平交易委員會，多層次傳銷事業，網址 http://www.ftc.gov.tw/。
5. 經濟部商業統計月報及各項商業活動營業額，網址：www.moea.gov.tw/ ～ meco/stat/four/index 104.btm。

13 行銷整合溝通

本章重點

1. 說明行銷溝通組合。
2. 了解溝通過程。
3. 了解有效溝通步驟。
4. 推廣預算編製。

行銷觀測站

FOLLOW ···

小時光麵館微電影讓統一麵再創高峰

圖片來源：小時光麵館

「小時光麵館」可說是 2015 年臺灣最成功的廣告之一，五支微電影在 YouTube 共創下破千萬的點閱數，並帶動統一麵的產品銷售。其後又陸續推出五支微電影，點閱數仍居高不下，全系列除了故事行銷，還包含十支創意產品作法的影片，以及十支創意主題曲的影片，吸引不少年輕族群的眼球數。統一麵 YouTube 頻道的訂閱人數，也從原本的幾百人，飆升到近兩萬人。

統一麵創立於 1970 年，1971 年當時的統一總經理高清愿到台南度小月吃擔仔麵，構想研發出肉燥麵，並以傳統擔仔麵攤商為包裝，成為打敗生力麵的主力產品，目前旗下最有名的產品也還是統一肉燥麵。隨著時代變遷，統一麵希望善用網路平台，拉近與年輕人的距離，提昇品牌好感度與產品銷售量。

聯旭廣告經由市調發現，對很多消費者而言，統一麵是很重要的生活記憶，而且它加什麼料都好吃，至於吃泡麵本身則是一件很幸福的事情，因此小時光麵館的點子應運而生，將統一麵結合心情變成一道道獨創的料理，透過小時光麵館發生的故事，呈現出生活中可能發生在你我身上的點點滴滴，引發共鳴，將統一麵「以心情調味」的主軸發酵擴散出去。因為故事動人、歌曲動聽、產品創意天馬行空，所以在網路世界中引發討論，甚至期待，進而傳播迅速，溝通效果驚人。

362 likes

資料來源：改編自動腦新聞 2016/04/15，聯合新聞網 2016/06/04，維基百科

13-1 行銷溝通組合

廠商的整體行銷溝通方案稱爲推廣組合（Promotion mix）或溝通組合（Communication mix）。推廣組合傳統上包括廣告、人員銷售、促銷，公共關係和直效行銷等工具。但近年來，企業的推廣活動愈來愈多元化，推廣的工具也愈來愈多。常用的推廣工具說明如下：

1. **廣告（Advertising）**：由一位身分確定的贊助者，對觀念、貨品或服務，以付費方式，對非特定群眾，做非人員的陳述和推廣。例如平面媒體有報紙、雜誌，空中媒體有電視、廣播，戶外媒體有車站或車廂廣告、T 霸廣告等。
2. **人員銷售（Personal selling）**：由廠商的銷售人員與顧客或潛在顧客做面對面的互動，用以推介產品，解答問題，達成銷售和建立顧客關係。例如保險公司或房屋仲介公司的業務銷售人員。
3. **促銷（Sale promotion）**：廠商提供的短期誘因，對消費者傳遞趕快購買的邀約，刺激產品或服務的購買或銷售。例如買一送一、買大送小、特價、折扣、折價券、贈品、銷售競賽、抽獎活動等促銷活動。
4. **公共關係或稱公共報導（Public relation or publicity）**：爲建立良好的企業形象，或其產品與服務的品牌形象所設計的各種不同活動，或是新產品上市、活動宣傳、處理企業所發生的危機。例如宏碁推出全新設計 Aspire 筆記型電腦，塑造時尚與專業形象。或金車公司面對三聚氰胺毒奶事件，召開記者會，主動宣布回收產品。公關的工具有記者會、新聞資料發布、演講、研討會、遊說、年報、小冊子發放等。
5. **直效行銷（Direct marketing）**：利用各種非人員管道的接觸做工具，例如直銷、型錄銷售、郵購、電話行銷、電子郵件等方式，直接和顧客溝通或引發顧客的直接反應。
6. **互動式行銷（Interactive marketing）**：利用線上購物或電子商務，從事企業對企業（B2B），或企業對消費者（B2C），產品或服務的直接銷售。廠商可以透過線上購物直接和消費者產生互動，爲顧客量身訂做商品或服務，或消費者可以直接選取自己所喜歡的商品或服務。例如 Yahoo 奇摩網站、PCHome 網站、e-bay 拍賣網等。

7. **事件與體驗（Event and experiences）**：經由公司舉辦的各種活動或行銷方案，如百貨公司週年慶、新春酬賓活動，讓消費者參與活動，創造銷售業績。
8. **口傳行銷（Word-of-mouth marketing）**：即口傳或口碑。消費者透過口耳相傳、文字敘述或網路溝通，傳達購買或使用商品或服務的心得與經驗。
9. **善因行銷（Cause-related marketing）**：企業運用贊助、慈善捐助或參與公益活動，達到關懷社會或推動環保等，這些活動不一定與經營獲利有關，但卻可建立良好的企業聲譽與形象。

13-2 溝通的過程

推廣需要有效的溝通。如果溝通無效，推廣必然失敗。爲有效達成溝通的效果、提高溝通的效率，行銷人員必須了解溝通過程，了解溝通是如何進行的。

溝通傳播過程，如圖 13-1 所示。包括訊息來源（Source）、編碼（Encoding）、訊息（Message）、解碼（Decoding）、收訊者（Receiver）、反應（Response）、回饋（Feedback）及干擾（Noise）等八個要素，其中以「訊息來源」和「收訊者」爲最重要的要素。

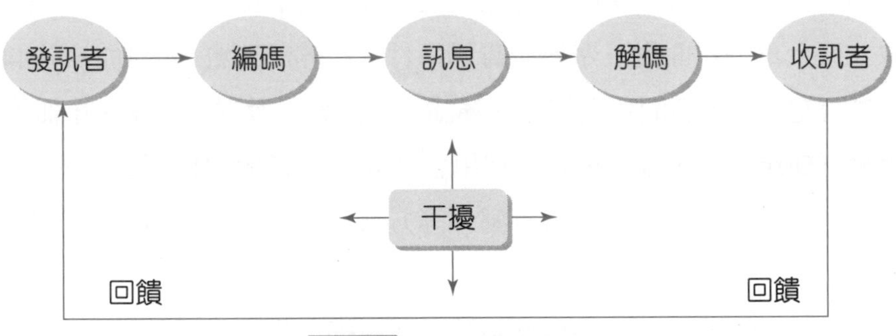

圖 13-1 溝通傳播模式

1. **訊息來源**：即發送者，是透過許多訊息媒體把某一訊息傳遞給收訊者；收訊者不只評估訊息，也會評估訊息來源的可靠性與可信度。其中訊息媒體是指訊息的運送者，例如銷售人員、廣告和網際網路都是常見的訊息媒體。銷售人員以聲音和行動親自傳遞訊息；廣告則藉由雜誌、報紙、廣播、電視、網際網路和其他媒體來傳遞訊息。採銷售人員來傳遞訊息的主要優點是，銷售人員可立即得知收訊者的反應、得到回饋，藉由收訊者接收訊息後的反應據以做出必要的改變。利用廣告傳遞訊息時，通常必須依賴行銷研究或銷售數字才能獲得回饋，往往較費時。

2. **編碼**：是指將訊息轉換爲符號的形式。影響編碼的因素有：溝通技巧、溝通的態度、溝通雙方對於溝通訊息的知識，與社會文化系統。社會文化系統是指溝通的發送者與收訊者造成的社會文化環境，不同的社會文化環境，對於語言、文字或聲音的認知也會有所不同。
3. **訊息**：是指發送者傳達的內容。訊息內容受到編碼符號、訊息內容本身、來源選擇與編碼、內容的選擇與安排等因素影響。而訊息傳遞的媒介可以是文字溝通、語言溝通、非語言溝通、電子媒體等正式管道或非正式管道。
4. **解碼**：是指將發送者的訊息轉譯爲接收者所能了解的形式，同樣受到編碼的四個因素影響，包括收訊者的溝通技巧、溝通的態度，收訊者對於溝通訊息的知識，與社會文化系統。
5. **收訊者**：收訊者收到訊息後，可能會在認知、情感、信念或行爲方面發生改變，這就是收訊者的反應。發訊者的任務是要將訊息傳送給收訊者（即目標閱聽者），但目標閱聽者可能無法得到發訊者想要傳遞給他們的訊息，其原因有三：
   (1) 選擇性注意：人們只選擇有興趣的訊息，而不會注意到所有的刺激。
   (2) 選擇性扭曲：人們將所收到的訊息套進他們的信念系統，會加油添醋（放大），也會視而不見（去除）。
   (3) 選擇性記憶：人們只能長期記憶所接觸到之訊息的一小部分。
6. **回饋**：是指將訊息送回發放地，發送者因此得以檢視送出的訊息被了解的程度，藉以修正自己的溝通方式。
7. **干擾**：或稱「噪音」，是指任何妨礙溝通程序中任一階段的障礙物。溝通過程中，均有可能發生干擾，干擾會讓溝通的效果降低，行銷人員充分了解溝通過程中的各種干擾並加以避免，才能達到有效的溝通。干擾包括：(1) 溝通雙方的心理與生理的狀態，如疲勞、心不在焉；(2) 溝通的情境條件，如時間緊迫、中斷溝通、器材故障等。例如電視廣告播出時，收視者的交談或吃點心等都是干擾。又報紙把相互競爭的廣告擺在一起刊登也是一種干擾。

訊息來源要決定究竟想傳遞給收訊者什麼訊息，同時要把想要傳遞的訊息轉化成文字或符號，此即爲編碼。而收訊者接收到文字或符號後要進行解碼工作，設法解釋訊息的涵義。編碼和解碼常造成溝通過程中的困難，發訊者和收訊者對文字和符號的意義可能因彼此的態度、經驗不同而有不同的解釋，雙方需有一個共同的參考構架才能達到有效的溝通。在國際行銷活動中，更容易因文化的差異而造成編碼和解碼沒有交集的困擾。

爲使溝通有效，發訊者必須了解並配合收訊者的解碼過程來進行編碼。訊息必須用收訊者了解的文字和符號來表達，否則雞同鴨講，發訊者和收訊者各說各話，沒有交集，自然不可能達成有效的溝通。

13-3 有效溝通的步驟

爲達成有效的溝通，行銷溝通人員首先應確認目標聽眾是誰，然後決定溝通目標、設計溝通訊息、選擇溝通管道和決定溝通組合，最後還要評估溝通對目標聽眾的影響，並尋求整合行銷溝通（圖 13-2）。

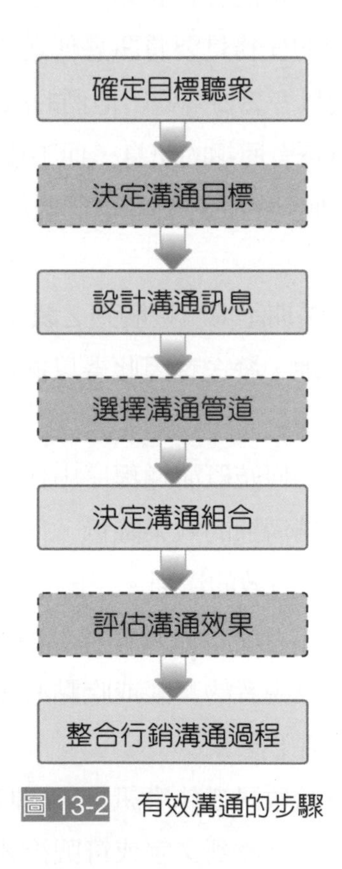

圖 13-2 有效溝通的步驟

一、確認目標聽衆

行銷溝通者在一開始就要清楚確認所要溝通的對象（即目標聽眾或觀眾），他們可能是公司產品的潛在購買者或目前使用者，也可能是購買的決定者或影響者。這些聽眾可能是個人、群體、特別的大眾或一般大眾。目標聽眾是誰，對溝通者的決策會有很大的影響，包括說什麼、怎麼說、何時說、何地說、由誰來說等。

行銷人員可透過聽眾分析節目收視率、廣播收聽率、雜誌閱讀率調查資料、讀者群特性分析，或產品知名度調查等工具，確認目標聽眾。例如電視新聞的觀眾群和娛樂節目的觀眾群就不同，因此廣告產品與服務自然不同。

二、決定溝通目標

溝通目標主要在告知、說服與影響消費者購買的選擇。其主要目標如表 13-1：

表 13-1 溝通的目標

主要目標	說明
1. 類別需求	當消費者對個別商品有需求時，對溝通的產品或服務就會特別注意。例如消費者想買一部車，就會蒐集相關車廠品牌的資訊、注意各家廠牌的溝通資訊。
2. 品牌知名度	溝通的目的在提升品牌知名度，品牌知名度愈高，消費者選擇的意願就愈高。愈有知名度的品牌，消費者會愈信賴。
3. 品牌態度	溝通的目的在告知、說服與影響消費者購買的選擇，也就是影響消費者對該品牌的態度、形成該品牌的態度或改變該品牌的態度。例如透過媒體，可以塑造百貨公司流行時尚的形象。再者如金蘭醬油或台鹽低鈉鹽，透過廣告，訴求產品雖然貴一點，但有助於家人健康，改變消費者對該產品態度。
4. 品牌購買意願	溝通目的在增加消費者購買品牌的意願，消費者願意增加支出，或下一次再續購，都有助於購買意願的提升。

三、設計溝通訊息

在確認溝通聽眾並分析他們的特性之後，行銷溝通者必須決定希望得到何種反應。當然，最後的反應通常是購買。但購買行爲乃是消費者或使用者冗長的決策過程的最終結果。因此，行銷溝通者必須瞭解目標聽眾目前是處於決策過程中的那一個階段，並決定要向前推進到那一個階段。

行銷溝通人員可能希望從目標聽眾那裡獲得認知的（Cognitive）、情感的（Affective）或行爲的（Behavioral）反應。行銷人員可能希望讓目標聽眾認知某些資訊（如新產品上市或產品減價的資訊），或改變他們的態度（如對某品牌的偏好程度），或促使他們採取某些行動（如立即下單購買）。

在界定所期望的聽眾反應之後，行銷溝通人員接下來就要發展或設計有效的溝通訊息。一個理想的訊息應該能夠引起聽眾的注意（Attention）、感到興趣（Interest）、刺激慾望（Desire）、誘發行動（Action），即 AIDA 模式（如圖 13-3）。實際上，極少有一種訊息能將聽眾直接由注意一直推進至行動，但是 AIDA 模式仍可做爲衡量訊息品質的架構。

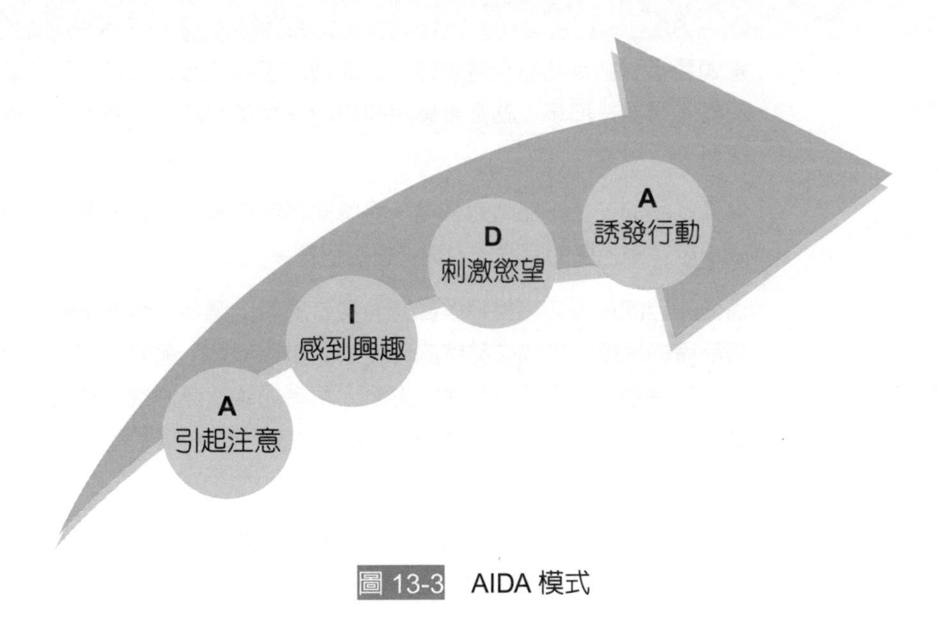

圖 13-3 AIDA 模式

吸引眼球數的冰桶挑戰與假人挑戰

2014 年「冰桶挑戰」紅遍全球，這是一場公益活動，以對抗「ALS 肌肉萎縮性側索硬化症」為初衷，因為諸多明星政要的參與，通過短視頻的呈現方式與點名接力的創意玩法，藉助社交網絡將活動無限延伸放大，冰桶挑戰不但讓人關注到 ALS 這種罕見的疾病本身，也探索出一條視頻娛樂行銷的引爆路徑。

2016 年的「假人挑戰」也有著「冰桶挑戰」同樣的發展趨勢，他原本只是一群美國高中生的創意，但出乎意料的是，NBA（美國職業籃球聯盟）、NFL（國家橄欖球聯盟）甚至希拉蕊等國際政要也開始跟著玩起來，讓這個遊戲在美國社交網絡上引起了大範圍圍觀，並在娛樂圈與大眾群體中蔓延開來，一個強而有力的「娛樂 IP」就此形成。

如果說冰桶挑戰過程中觀眾期待的是冰水淋下的那一刻，假人挑戰則有著更多的藝術、表演與創意的成分。簡單來說，其規則是參加者必須擺出一種戲劇化的姿勢，然後靜止不動扮演「假人」，這一切都將通過智慧型手機錄影功能記錄下來，再上傳到 Twitter、YouTube、FB、IG、微博等平台，引發共鳴共歡。而當畫面中人物增多、造型各異且有些動態效果時（如燃燒，風吹等），頗有點電影大片特效的味道，作品發布後，則可以透過點名的方式傳遞給下一波挑戰者。

挑戰像病毒一樣的傳染開來，就像在看一場無法預期的街舞比拚，這些影片的意義，除了是種記錄，記錄影片中短暫的歡聲笑語，還能反映主題，讓人陷入美好的聯想和各種回憶裡，引人深思更加珍視。

資料來源：改編自每日頭條 2016/12/08，壹讀 2016/09/05，動腦新聞 2016/04/15

要設計一種有效的溝通訊息，行銷溝通人員必須先解決三個問題：1. 說什麼，即訊息內容（Message content）；2. 如何說，即訊息結構（Message structure）和訊息格式（Message format）；3. 由誰去說，即訊息來源（Message source）。

（一）訊息內容

行銷溝通者必須決定要對目標聽眾說些什麼，亦即要向目標聽眾提出什麼訴求或主題，俾能產生期望的反應。訴求有兩大類，一類訊息與產品 / 品牌有關，分為理性訴求、感性訴求，另一類訊息與產品 / 品牌比較無關，分為無關訴求、道德訴求。

1. **理性訴求（Rational appeals）**：此訴求的重點是訴諸聽眾的自身利益，亦即告訴聽眾，產品能產生什麼利益。例如訊息中可能告訴聽眾有關產品的品質、經濟、價值或效能。一般認為，工業購買者對理性訴求的反應較明顯，因為他們了解產品，能辨認產品價值，同時也要對其購買抉擇負起責任。至於消費者在購買單價較高的產品時，也常會多方蒐集相關資訊並仔細比較，因此對品質、經濟、價值或效能等理性訴求亦會有反應。
2. **感性訴求（Emotional appeals）**：此訴求是想要引起聽眾某些正面或負面的情感以刺激其購買。溝通者使用正面的感性訴求，例如幽默、愛、榮耀、友情以及歡樂等。溝通者可能以恐懼、罪惡感、羞恥等負面的感性訴求來刺激人們做他們應做的事（如吸煙、酗酒、濫用藥物、吃得過量等）。恐懼訴求如果不過分強烈是很有效的。當來源的可信度高，而且溝通可減少恐懼時，恐懼訴求的效果較好。
3. **無關訴求**：是指廣告內容和廣告產品或廣告訊息無關。主要是針對廣告的理性或感性訴求而來，雖然廣告內容與品牌或商品無關或不相關，但卻不是真的不重要。根據相關研究，這種無關訴求，對於低關心度，低涉入的產品，有顯著影響。例如統一麵小時光麵館微電影，從頭到尾訴說人與人之間各種難以割捨的情感，故事中巧妙置入產品創意作法，看似與品牌 / 產品無關，並無強調產品特性或品牌個性，卻能引起消費者共鳴。
4. **道德訴求（Moral appeals）**：乃是讓聽眾感覺到什麼是對的和適當的。道德訴求常被用來呼籲人們支持某些社會理念，諸如愛用國貨、環境保護、和諧的族群關係、女性平權、以及幫助弱勢群體等，善因行銷（Cause-related Marketing）常使用此類訴求。

（二）訊息結構

有效的溝通也有賴有效的訊息結構。訊息結構主要考慮三項：是否提出結論、單面與雙面的論點、表達的順序。

1. **是否提出結論**：溝通者可為聽眾下結論，或是讓聽眾自行作結論。有的研究結果指出為聽眾下結論會有較大的效果，但也有的研究結果指出讓聽眾自己提出結論效果較大。一般言之，如果溝通者被認為不值得信任，或議題被認為太簡單，或涉及高度的個人隱私，則由溝通者提出結論可能導致負面的反應。
2. **單面與雙面的論點**：單面或雙面的論點是指溝通者只是單方面稱讚自己的產品，或是否也要提及一些缺點。直覺上，利用單面論點的表達方式將可獲得較佳的效果，但是答案並不是十分的明確。有些研究發現，單面的訊息對於原本就傾向於支持溝通者立場的聽眾最有效果，而雙面的訊息則對於反對溝通者立場的聽眾最有效果。對於會接觸到反面訊息的聽眾，或負面訊息必須加以克服時，雙面的訊息比較適合。
3. **表達的順序**：可分為直接表達或間接表達。直接表達是將訊息直接對消費者說明，間接表達則不採用直接方式，而是透過象徵、隱喻等方式，讓消費者轉化相關訊息。如洗劑類商品，表達衣服很乾淨，除了直接表達外，可以藉用陽光充足，藍天無雲等間接方式表達。另一種表達順序方式，是溝通者應將最有力的論點放在最前面或最後面的問題。在單面訊息的設計下，將最有力的論點放在前面有助於引起聽眾的注意與興趣。在雙面訊息的設計下，則必須考慮是先表達正面的論點或是先表達負面的論點；如果聽眾原本是持反對立場，則溝通者似宜先提出反面論點，先解除聽眾的武裝，然後再提出強而有力的正面論點作為結論。

（三）訊息格式

溝通者也必須爲訊息設計一個有力的訊息格式。例如在印刷廣告中，溝通者要決定標題、文案、圖示及顏色；如果訊息要經由收音機來傳達，則溝通者必須選擇用語和聲音；如果訊息是經由電視或人員來傳達，則除了上述所提的事項之外，還要再決定肢體語言、面部表情、手勢、服飾、姿態與髮型等；如果訊息係藉由產品本身或包裝來傳達，則溝通者必須選擇顏色、質材、氣味、大小及形狀。

（四）訊息來源

訊息來源是指送出或傳遞訊息的人，訊息來源要考慮到來源的公信力，公信力包括專業性、可信度和吸引力。一般而言，愈具有專業性、可信度和吸引力的訊息來源，愈能影響或改變閱讀者的認知、態度或行爲。

現代企業溝通，愈來愈喜歡用廣告代言人，在推薦式廣告中，主要的訊息來源就是廣告代言人。廣告代言人的類型如表 13-2。

表 13-2　廣告代言人的類型

類型	說明
名人型（Celebrity）	包括演員，影視歌星，運動選手，電視主播，電台 DJ，節目主持人，導演，名模，政治人物等。
專家型（Expert）	包括醫生，律師，購物專家等。
高階經理人型（CEO）	如中信金的辜濂松，宏碁施振榮都曾經當過企業形象廣告代言人。
典型消費者（Typical consumer）	這一類早期有白蘭洗衣粉，飛柔洗髮精廣告，現代有很多家庭日用品廣告，都喜歡用家庭主婦或上班族做廣告代言人。

廣告代言人具有很多特性，通常他們的外表或個性都要具有吸引力（Attractiveness）、深受目標市場消費者喜愛的（Likeability）、可信度（Trustworthiness）高、是消費者認識或熟悉的公眾人物（Familiarity），或具有某一方面的專業（Expertise）和一定的人際關係或社交能力。透過廣告代言人的介紹，產品之推薦，可增加企業形象，提高品牌知名度，增加消費者的信賴感，減低使用焦慮，降低競爭壓力，進而達成廣告效益。

四、選擇溝通管道

溝通者須選擇有效的溝通管道來傳達訊息。溝通管道一般可分爲人員管道與非人員管道等兩種類型。

（一）人員溝通管道

人員溝通管道（Personal channel）是指兩個人或兩個人以上的直接溝通，他們可能以面對面、透過電話、郵件、MSN、部落格或網路視訊等方式來進行溝通。人員溝通管道的溝通效果來自溝通人員可針對個別聽眾設計表達方式，並可得到回饋。

人員溝通管道，可以進一步區分爲鼓吹管道、專家管道與社會管道。

1. **鼓吹管道（Advocate channels）**：是由廠商的銷售人員向目標市場的聽眾進行接觸溝通。
2. **專家管道（Expert channels）**：是具有專業知識的專家向目標聽眾進行展示與說明。
3. **社會管道（Social channels）**：是經由鄰居、朋友、家庭成員、社團會員等社會管道向目標市場聽眾提出建議。

許多產品領域中，專家與社會管道的口碑影響（Word of mouth influence）顯得非常重要，例如牙膏用牙醫師公會推薦、咖啡透過愛用者推薦都是。因此人員的影響力，在下列情況，特別重要：1. 當產品的價格昂貴、有風險、或不經常購買時，此時購買者可能會到處蒐集資訊；2. 當產品可表示使用者的品味或地位時，此時購買者會徵詢他人意見，以避免困窘。

（二）非人員溝通管道

非人員溝通管道（Nonpersonal channel）係指不以人員的接觸或回饋來傳達訊息的管道，包括媒體、氣氛與事件（Events）。媒體包括印刷媒體（報紙、雜誌與直接郵件）、廣播媒體（收音機、電視）、電子媒體（錄音帶、錄影帶、影碟、網頁），以及展示媒體（布告板、招牌、海報）。

氣氛係指設計的環境可創造或增強購買者傾向去購買某一產品的「整套環境」。例如，律師事務所和旅館的布置可傳達信心和其他品質。事件係指爲傳達特定訊息給目標聽眾而設計的活動。例如公司的公共關係部門所安排的記者招待會、大型開幕活動、產品展示會和其他特別活動。

大眾媒體的溝通係透過兩階段溝通流程（Two-step communication flow）來影響人們的態度與行為；亦即觀念通常是先經由大眾媒體傳達給意見領袖（Opinion leader），然後再由意見領袖傳達給一般大眾。兩階段溝通流程有若干涵義：

1. 大眾媒體對公眾意見的影響不如想像中那麼直接、有力與自動，因為它係透過意見領袖來轉達。在一個或以上的產品領域中，意見領袖的意見是他人所追尋的。意見領袖比受他們影響的人對大眾媒體有更多的接觸，他們將訊息傳達給其他較少接觸媒體的人，因而延伸了大眾傳播媒體的影響。他們也可能傳達被改變的訊息，或者根本未傳達任何訊息，因而扮演守門人的角色。
2. 有人認為人們的消費型態主要是受從較高社會階層「涓滴下來」（Trickle-down）的效果所影響，兩階段理論對此一看法提出挑戰。相反的，兩階段理論認為人們主要是與相同社會階層的人互動，從他們自己的意見領袖那裏獲得他們的風格與其他觀念。
3. 兩階段溝通意指大眾溝通者應先將訊息傳達給意見領袖，再由意見領袖傳達給一般大眾。例如藥廠應先向最有影響力的醫師推廣他們的新藥品。
4. 許多研究證實了傳統的兩階段溝通流程模式，但是有許多研究也發現了其他的流程。新的研究發現：一般大眾不會永遠只坐著等意見領袖來傳達訊息，他們通常會主動向意見領袖詢問資訊和建議。而且大眾媒體除了影響意見領袖之外，通常也會影響其他收訊者，特別是創新者和參考群體。此即所謂的多方向流程（Multidirectional flows）模式。

五、決定溝通組合

現代溝通組合工具有廣告、人員銷售、促銷、公共關係與直效行銷等。行銷人員應如何把溝通或推廣預算分配給這幾種工具，是一項重要的行銷決策。

不同的產業之間，分配推廣預算的方式常有明顯的差異。即使在同一產業之中，不同廠商的分配方式亦不盡相同；例如同屬化妝品業，SK-II 或多芬把大部分的推廣預算花在廣告上，而雅芳則投注大量推廣費用在人員銷售上。廠商在決定溝通組合或推廣組合時應考慮本身的推廣（或溝通）組合策略。

（一）推廣組合策略－推 vs. 拉

推廣組合策略基本上有兩種，即推的策略和拉的策略。推的策略（Push strategy）

是指廠商透過中間商將產品「推」向消費者或最終使用者，廠商針對中間廠商進行推廣活動（主要是人員銷售和中間商推廣），鼓勵中間商多訂貨，多向消費者或最後使用者推銷廠商的產品。拉的策略（Pull strategy）是指消費者或最終使用者透過中間商將產品「拉」向自己；廠商針對消費者或最終使用者進行推廣活動（主要是廣告和消費者推廣），鼓勵消費者或使用者向中間商要求購買廠商的產品，使中間商不得不向廠商訂貨。

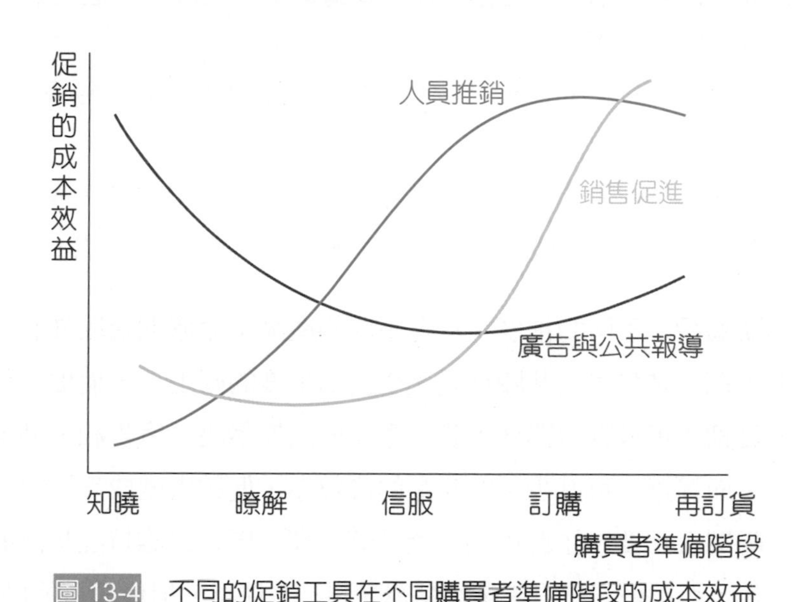

圖 13-4 不同的促銷工具在不同購買者準備階段的成本效益

（二）影響推、拉的策略的因素

廠商究竟要採取推的策略或拉的策略，應考慮產品、市場的類型和產品生命週期等因素。

1. **產品、市場的類型**：不同的推廣工具在消費者市場和工業市場中的重要性是不同的。消費品的公司較常用「拉」的策略，花在廣告上的資金較多，其他依次為促銷、人員銷售及公共關係。相反的，工業品的公司傾向於採用「推」的策略，較多的資金用在人員銷售，其他依次為促銷、廣告和公共關係。一般言之，對價格昂貴而且有風險的商品，以及在銷售者數目較少而規模較大的市場中，人員銷售會廣被採用。在工業市場中，廣告雖比人員銷售用得少，但廣告仍扮演重要的角色。在工業市場中廣告能執行表 13-3 之功能。

表 13-3 工業市場中廣告的功能

功能	說明
建立知曉	廣告能介紹公司及其產品。
建立理解	假使產品具有新的特色，廣告可以有效地解釋這些特色。
有效率的提醒	如果潛在顧客知道該產品，但仍未準備購買，則由廣告來提醒他們將比銷售人員的拜訪來得經濟。
產生指引	提供小冊子和附有公司電話號碼的廣告是為銷售代表找出潛在顧客的一種有效方法。
正當性	銷售代表可以利用刊登在著名雜誌上的廣告，使公司及產品具正當性。
再保證	廣告可提醒顧客如何使用產品，也可對顧客的購買給予再保證。

2. **產品生命週期階段**：不同的推廣工具在不同的產品生命週期階段亦有不同的效果。在產品的導入期，廣告與公共關係是產生高知曉度的好工具，而促銷則可促進早期的試用，人員銷售可鼓勵中間商進貨。產品成長期階段，廣告和公共關係仍具有強大的影響力，而促銷則可減少。在產品的成熟期，促銷再度成爲重要的工具，廣告只用來提醒購買者不要忘了此產品。產品衰退期，廣告只維持在提醒的水準，公共關係已用不著，而銷售人員只能讓產品還受到一些注意，但促銷可能仍是重要的。

六、評估溝通效果

實施某一推廣方案之後，行銷溝通者還要衡量或評估此一推廣方案對目標聽眾的影響或效果。通常包括下列評估事項：

1. 他們（指目標聽眾）是否看過或聽過？看過或聽過幾次？
2. 他們能記得那一部分或那幾部分的訊息？
3. 他們對這些訊息的看法或態度是正面的還是負面的？
4. 在收到訊息之後，他們對廠商或產品的態度是否有顯著的改變？如果有的話，是正向的改變還是負向的改變？
5. 在收到訊息之後，他們的購買行爲是否有顯著的改變？

實施促銷計畫後，溝通者必須衡量其對目標聽眾的影響。這項工作包括詢問目標聽眾能否辨認或回憶所傳遞的訊息，他們看過幾次、記得哪些部分、對這些訊息有什麼看法、收到訊息之前與之後對公司或產品的態度有無改變等。溝通者同時也要蒐集聽眾的反應行為，如多少人購買產品，多少人喜歡該產品，及有多少人還會告訴別人。

圖 13-5 提供一個良好的回饋衡量範例。由圖中可以發現，就品牌 A 而言，整個市場有 80% 的人都知道品牌 A，其中 60% 的人試用過，而試用過的人中有 20% 感到滿意。整體而言，這顯示溝通者在增加知曉的效果上是成功的，但產品尚未符合消費者的預期。相對地，整個市場只有 40% 的人知道品牌 B，其中有 30% 的人曾經試用過，但卻有 80% 的試用者感到滿意。該例顯示溝通者應利用消費者對產品所產生滿意度，更加強其溝通計畫。

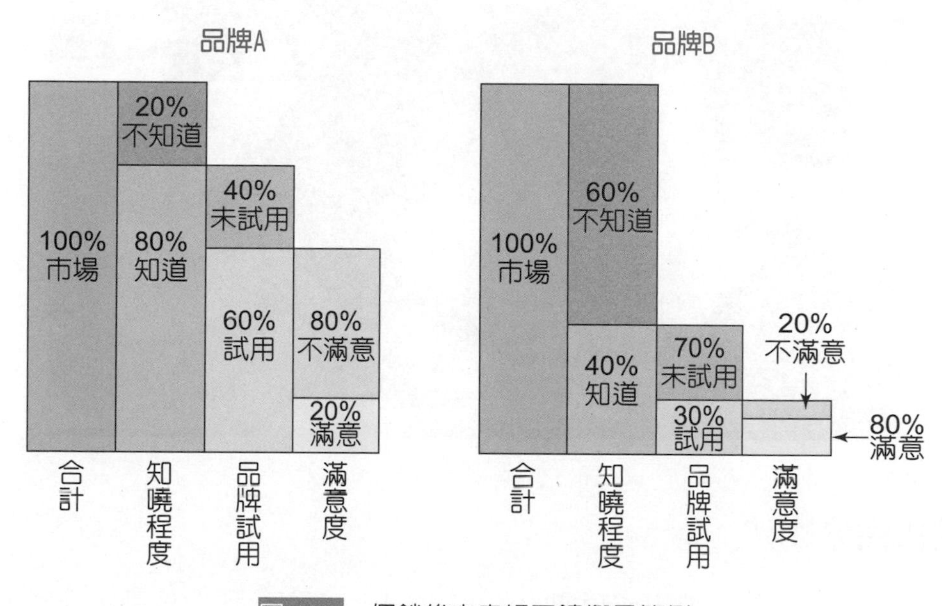

圖 13-5　促銷後之良好回饋衡量範例

七、整合行銷溝通過程

許多公司主要仍依賴一種或二種的溝通工具來達成其所想要的目標。他們可能將大量的市場分解成一些小型的市場，然後針對每個小型市場採用其自己的溝通途徑。溝通工具、訊息種類及目標聽眾的範圍愈來愈廣，因此使公司逐漸採納整合行銷溝通（Integrated Marketing Communications, IMC）的觀念。整合行銷溝通是站在策略規劃的觀點，將所有廣告溝通工具加以整合，以達到最大的溝通效果。

13-4 推廣預算

廠商要花多少錢在推廣活動上，是一項主要的行銷決策。不同產業的推廣支出常有很大的差異，例如，飲料業、化妝品業的推廣費用比例（佔銷售額的百分比）通常會遠比機械業的推廣費用比例爲高。即使在同一產業內，不同廠商的推廣費用比例也常高低有別。以下是五種決定推廣預算的方法：銷售百分比法、單位固定金額法、量力而爲法（Affordable method）、對付競爭法、目標任務法（Objective-task method）。

一、銷售百分比法

銷售百分比法是以目前的或預期的銷售額的某一個百分比做爲設定推廣預算的基礎。例如某家公司決定以預期銷售額的 5% 爲推廣預算，假定該公司預估下一年度的銷售額爲新臺幣 10 億元，則該公司下年度的推廣預算將爲新臺幣 5 千萬元。銷售百分比法使用簡單，具有以下優點：

1. 銷售百分比法意謂推廣費用將與廠商的支付能力一起變動，這點會令財務經理感到滿意，因爲財務經理認爲費用應與廠商銷售額的變動維持密切的關係。
2. 促使管理階層思考推廣成本、售價及單位利潤之間的關係。
3. 促使同業間的競爭趨於穩定，只要競爭廠商以大致相同的銷售百分比作爲其推廣費用。

銷售百分比法在邏輯上是有令人爭論之處，其認爲推廣是「果」、銷售是「因」，但在邏輯上，推廣應視爲銷售的「因」而不是「果」。此種方法未能考慮產品生命週期、市場情況和產品特性等因素是其缺點。除了根據同業間的默契或過去的經驗外，這種方法未能提供一個合理的基礎來決定特定的百分比。

二、單位固定金額法

單位固定金額法是根據生產或銷售每一單位產品的一個固定金額作爲設定推廣預算的基礎。例如某家公司可能決定每銷售一個單位的產品提撥新臺幣 1 千元做爲推廣支出之用，或該公司預估下一年度將銷售 3 萬個單位，則下一年度的推廣預算將爲新臺幣 3 千萬元。

單位固定金額法的計算簡單，但和銷售百分比法一樣，未考慮產品生命週期、市場情況、產品特性等因素是其缺點；並且視銷售是推廣的「因」而不是「果」，在邏輯上同樣有令人爭論之處。

三、量力而為法

量力而爲法是以廠商本身的支付能力爲依據來設定推廣預算。這種方法使用簡單，有多少錢可用就編多少推廣預算。但此方法忽略了推廣對銷售的影響，且每年的推廣預算可能會起起伏伏，變動不定，將不利於廠商的長期規劃。

四、對付競爭法

對付競爭法是以對付競爭作爲設定推廣預算的主要考量，俾能與競爭者分庭抗禮。有些公司採用這種方法，如果主要競爭者花費新臺幣 2 千萬元作推廣，則他們也會編新臺幣 2 千萬元的推廣費用；或主要競爭者以其銷售額的 5% 作爲推廣預算，則他們也會以銷售額的 5% 作爲推廣支出。這種方法能考慮到競爭者的活動，是其可取之處。不過，因各家廠商的資源、機會、威脅、行銷目標等不盡相同，以競爭者的推廣預算來據以設定本身的推廣支出，似有不妥之處。有人認爲採用對付競爭法，維持與同業間大致相同的推廣預算，可避免引起推廣戰爭；但在實務上，推廣預算相同，無法保證推廣戰爭不會發生。

五、目標任務法

目標任務法是根據所要達成的特定目標來設定推廣預算。它要求先確定推廣目標，再決定達成這些目標所需完成的任務，然後估計執行這些任務所需的成本，把這些成本加總起來即得推廣預算。

目標任務法是最困難的一種決定推廣預算的方法，它需要了解推廣支出和推廣結果之間的關係，這通常不是一件容易的事。例如某家公司推出一種新產品，希望在三個月的推廣期間內讓 80% 的目標市場顧客知曉這種新產品；這家公司到底要用多少廣告和促銷活動才能達到此一推廣目標呢？這雖不是一個容易回答的問題，但目標任務法可強迫行銷溝通人員去認眞思考這個問題。

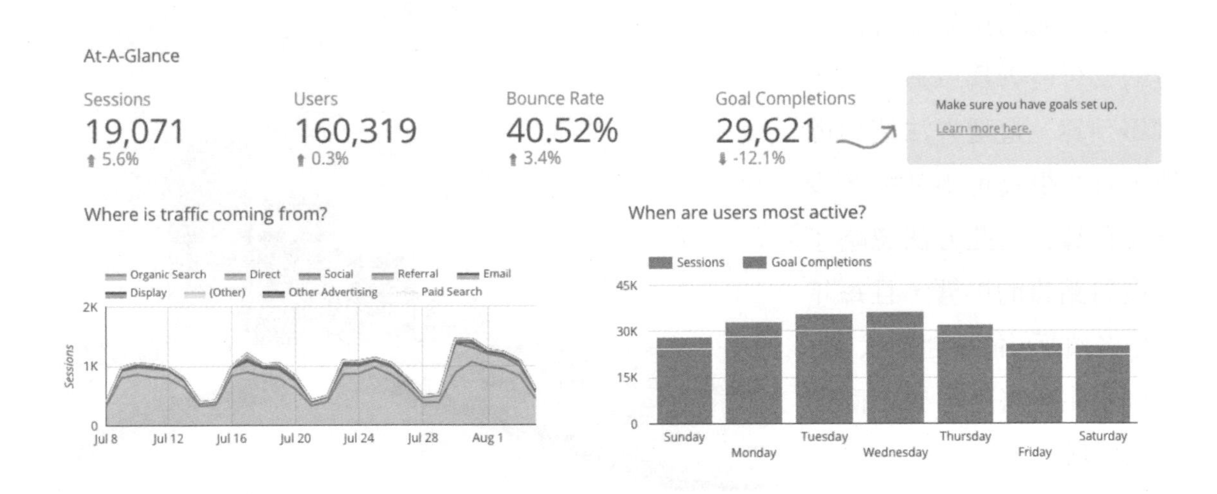

目標任務法可使行銷人員更加關注推廣目標的達成，更有效地使用推廣預算。此方法未能提供決定各目標優先順序的基礎，將所有的目標都視爲同等重要，但實際情形並非如此，有些推廣目標是比其他目標重要。此外，要估計達成某一特定目標所需花費的推廣成本常常是不容易的，這也是目標任務法的缺點之一。

行銷的世界

群眾募資讓美夢成真

群眾募資（Crowd-funding）又稱群眾集資、公眾集資或群募。是指透過網際網路，向大眾展示所宣傳之計畫內容、原生設計與創意作品，而後，通過募集資金，讓此作品量產或實現。有意支持、參與及購買的群眾即可藉由此「贊助」方式，讓此計劃、設計或夢想實現。

透過網路上的平台連結起贊助者與提案者，以支持各種活動，包含災害重建、民間記者、競選活動、創業募資、藝術創作、自由軟體、設計發明、科學研究以及公共專案等。根據 Wiki 的資料，全世界第一個產生的群眾募資活動，是 1997 年英國樂團 Marillion，透過從廣大群眾所募集之 6 萬美金款項，成功地完成美國巡迴演出。

群眾募資近年在臺灣也因各募資網站的崛起而蓬勃，如 flyingV、HereO（已轉型 PressPlay）、嘖嘖 zeczec 等。至於募資項目，以 2016 年上半年為例，根據贊助人數為標準發現，其前十名分別為音樂與設計各三件、公益、飲食、桌遊和課程各一件。

資料來源：群眾觀點 2016/07/14，維基百科

問題討論

1. 請說明「看見臺灣」電影之成功因素有哪些？
2. 請說明臺灣近年各募資網站成功，是掌握了哪些訊息溝通步驟？

重要名詞回顧

1. 推廣組合（Promotion mix）
2. 溝通組合（Communication mix）
3. 廣告（Advertising）
4. 人員銷售（Personal selling）
5. 促銷（Sale promotion）
6. 公共關係（Public relation or publicity）
7. 直效行銷（Direct marketing）
8. 事件與體驗（Event and experiences）
9. 互動式行銷（Interactive marketing）
10. 口傳行銷（Word-of-mouth marketing）
11. 善因行銷（Cause-related marketing）
12. 人員溝通管道（Personal channel）
13. 鼓吹管道（Advocate channels）
14. 專家管道（Expert channels）
15. 社會管道（Social channels）
16. 非人員溝通管道（Nonpersonal channel）
17. 推的策略（Push strategy）
18. 拉的策略（Pull strategy）
19. 整合行銷溝通（Integrated Marketing Communications, IMC）

習題討論

1. 請說明何謂溝通組合。
2. 請說明什麼是溝通傳播模式。
3. 請說明有效溝通的步驟。
4. 訊息內容有哪幾種訴求？
5. 廣告代言人的類型可以分成哪幾種？
6. 請說明推廣預算編製的五種方法。

本章參考書籍

1. Coulter, K. S. and G. N. Punj (2007), Understanding the Role of Idiosyncratic Thinking in Brand Attitude Formation, Journal of Advertising, Spring; 36. 1, 7-20.
2. Richard E. Petty, and Joseph R. Priester (2003), The Influence of Spokesperson Trustworthiness on Message Elaboration, Attitude Strength, and advertising effectiveness, Journal of Consumer Psychology, 13 (4), 408-421.
3. Ohanian, Roobina (1991), The impact of celebrity spokespersons perceived image on consumers intention to purchase. Journal of Advertising Research, 49-54.

14 廣告、公關與促銷

本章重點

1. 認識廣告定義與種類。
2. 說明廣告主要決策。
3. 認識銷售促進或推廣。
4. 了解公共關係或公共報導。

行銷觀測站

FOLLOW ···

「創意」終結 52 年哥倫比亞內戰的魔法

2016 年 9 月 26 日，哥倫比亞總統桑托斯和左派游擊隊 FARC 領袖希梅內斯，在聯合國祕書長潘基文、美國國務卿凱瑞與梵蒂岡國務卿帕洛林的見證下，簽下歷史性和平協議，為該國造成 22 萬人喪生、500 萬人流離失所的 52 年內戰，鋪好最後一哩路。這樣的結果是在哥國政府與多方公民組織長年遏止恐怖主義與暴力的努力後，認知到硬碰硬不是辦法，找上廣告創意工作者，希望透過「溝通」，達成讓游擊隊員卸甲回家的目的。

FARC 靠綁架人質索取贖金、走私毒品、非法開礦維生，並不時展開恐怖行動。最近十數年來，雙方展開談判，試圖達成和平協議。2002 年起，哥倫比亞國防部啓動人道投誠計畫，鼓勵游擊隊員投誠，重新進入社會。2006 年起，哥倫比亞國防部與廣告公司 MullenLowe SSP3 合作，發展可以持續使用的溝通策略。

MullenLowe SSP3 對前游擊隊員進行大規模訪談後，決定以「感受」為訴求，說服哥倫比亞國防軍進行「耶誕行動」。國防軍人們協助廣告公司團隊在游擊隊出沒的叢林當中，掛上約 2,000 顆 LED 燈泡及一面廣告旗幟，上面寫著：「如果聖誕節能在叢林出現，你也可以回家。投誠吧」。根據《Wired UK》在 2015 年 10 月的報導，這一系列宣傳活動共促使 331 名、約 5% 的游擊隊員退出 FARC。2011 年再一次進行「光之河計畫」，把游擊隊員家人們所捎來的禮物與訊息裝在會發光的塑膠球裡，再放在游擊隊拿來當做食物補給、交通要道的河流上漂浮著。當時總共收集了 6,300 多個訊息、玩具、珠寶、十字架等，結果導致平均每六個小時就有一名游擊隊員投誠。截至 2014 年，這一系列的耶誕節活動促使 1.7 萬名游擊隊員投誠，重返社會。

資料來源：關鍵評論 2016/09/29

14-1 廣告

廣告（Advertising）是指由一明確的贊助者經由付費的各種媒體所做的一種非人員的溝通。在各種推廣工具中，廣告是相當重要的一種，因爲廣告的傳播媒體非常廣泛，例如雜誌、報紙、廣播、電視、戶外展示（如海報、招牌）、新奇贈品（如火柴盒、記事本、日曆）、車廂（火車、汽車）、商品型錄、宣傳單、網際網路等都是廣告可運用的媒體。

一、廣告的定義

最常爲大眾採用的定義，是美國行銷協會提供的定義：「廣告是由一個廣告主（作廣告的人）在付費的條件下，對一項產品，一個觀念或一項服務（指商品）所進行傳播的活動」。例如百事可樂公司爲了推銷百事可樂該項產品所作的廣告。廣告的廣告主通常不是一個人，而是一個機構，所進行的傳播活動是針對一群特定的、但不很明確的大眾（消費者），因此，大致可將廣告區分爲下列幾個特點：

1. **廣告是一種傳播工具**：廣告是將一項商品的信息，由負責生產或提供這項商品的機關，將它傳遞給一群消費者，此種將訊息傳遞給一大群人的傳播方式通稱爲大眾傳播。例如各大百貨公司的廣告看板，藉由看板將廣告資訊傳達給每位消費者。若由一個推銷員面對面地向一位顧客傳遞信息是個人傳播，二者是不同的。
2. **廣告不同於公共報導**：廣告主須付錢進行信息傳播活動，它與另一種大眾傳播方式「公共報導」不同。公共報導通常指媒體機構（如報紙或電視台等），自動給一項商品作免費的宣傳，選擇此方式的媒體機構，通常是因有關這項商品的信息有其新聞價值，可吸引許多的讀者、觀眾或聽眾。但此種傳播方式，對廣告主而言是不可靠的，無法事前計畫。例如董氏基金會的禁煙宣導，以知名藝人的號召力來促使大眾信服而實行。一般商品廣告則不然，它可以有目標，有計畫的來控制支配傳播活動。
3. **廣告所進行的傳播活動是帶有說服力的**：「說服性」的傳播目的，不僅將信息傳遞出去並被接收，它的最終目的是要讓信息接受人接受所傳達的信息內容，希望這種信息的接受可以導致接收信息的人去作某一些信息中所要求他們做的活動。例如高露潔牙膏廣告，運用醫生或老師專業知識的說服力，促使消費者了解，信任該項產品的功效，進而去購買。所以由此可知，廣告運用了許多不同策略，讓信息收受者接受即爲說服廣告。

4. **廣告所進行的傳播活動是有目標、有計畫且有連續性的**：由於廣告爲說服性的傳播，而說服性本身是需經過較長時間的培養及反覆推敲。因此要使廣告發揮其功能作用，它必須經過較長時間、有目標、有計畫的作一連串的傳播活動。它必須是按部就班、逐步進行，有連續性的說服活動。例如可口可樂公司的飲品廣告是經過長期的計畫、翻新，有一致的主題和顏色形象，持續呈現給社會大眾最新、最好的商品。

二、廣告的類型

廣告可分爲「產品廣告」和「機構廣告」兩種基本的類型，如圖 14-1，說明如下。

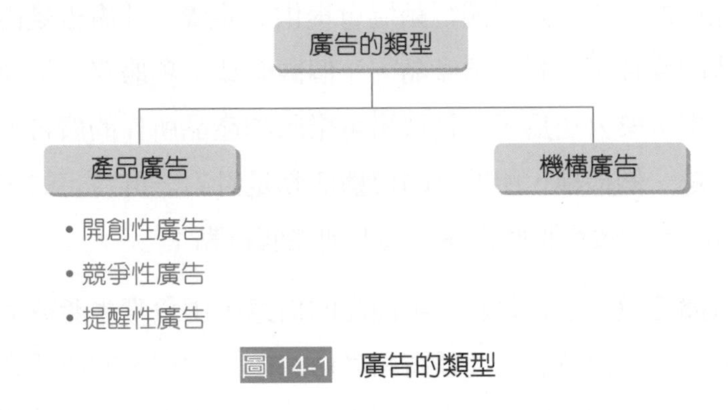

圖 14-1 廣告的類型

（一）產品廣告

產品廣告（Product advertising）是爲了引導目標市場去購買廣告主的產品或服務而從事的廣告。廣告的對象可能是消費者或最終使用者，也可能是通路成員。產品廣告又可分成開創性廣告、競爭性廣告、提醒性廣告等三類。

1. **開創性廣告（Pioneering advertising）**：開創性廣告的目的在開發對某一產品類別的主要需求，而非開發對某一特定品牌的需求。廠商通常在產品生命週期的早期採用開創性廣告，用以告知潛在顧客有關新產品的訊息，並設法將他們轉變爲採用者。
2. **競爭性廣告（Competitive advertising）**：競爭性廣告的目的在開發對某一特定品牌的選擇性需求。當產品生命週期往前移動，廠商面對強烈競爭時，常被迫採取此類廣告。可分爲以下三種：

(1) 直接型競爭性廣告：是要促成立即的購買行動。

(2) 間接型競爭性廣告：強調產品的利益，希望影響未來的購買決策。例如美國達美航空（Delta Airlines）的廣告大部分是競爭性廣告，其中有許多是想促成立即銷售的直接型廣告，例如告知價格、時間表和訂位的電話號碼；有些是間接型的，強調服務的品質，並建議下次要向旅行社提到達美航空。

(3) 比較性廣告（Comparative advertising）：是一種較激烈的競爭性廣告，它使用真實的產品名稱，做特定品牌的比較，讓不同的品牌互相對抗。例如 Advil 止痛藥在其廣告中出現競爭者品牌的圖片，廣告文案宣稱它的藥效較佳，也較持久；MCI 和 AT&T 常在美國電視廣告中纏鬥，彼此都宣稱它們的長途電話服務比對方划算；花王一匙靈濃縮洗衣粉和白蘭強效洗衣粉曾於 1990 年代中期在臺灣市場上打了一場比較性廣告大戰。隨著臺灣電信事業的自由化，自 2000 年起中華電信、臺灣大哥大、遠傳電信與和信電訊也不斷上演比較性廣告之戰。

3. 提醒性廣告（Reminder advertising）：提醒性廣告的目的在增強一種有利的關係，讓大眾記住產品的名稱。當產品具有品牌偏好或堅持可能是在產品生命週期的成熟期或衰退期，提醒性廣告會有其功用，主要用來增強以前的推廣活動。廣告主可能會採柔性訴求（Soft-sell）廣告，只提及或展示名稱達到提示的效果。例如每月初一或十五，有兩個老人背影出現，說明天要拜拜了，拜拜要用什麼呢？大家都會記得是「大茂黑瓜」，經過多年的推廣，這個品牌已經和拜拜結合在一起。黑松汽水曾是臺灣冷飲市場的領導品牌，它的「老朋友系列」廣告也是一種提醒性廣告，希望能維持黑松汽水在顧客心目中的地位。

（二）機構廣告

機構廣告（Institutional advertising）的目的在推廣某一公司、組織或產業的名稱、形象、人員或聲譽。例如諾基亞手機的廣告，「科技始終來自人性」，突顯公司對產品和人的連結；國泰世華以大樹來表示更好的人生保障等。

三、廣告表達方式

廣告策略與主張或許只有一種，但是廣告卻可組合下列各種表現形式來傳達所要推銷的產品：

1. **直接說明**：廣告中平鋪直敘產品所提供的利益是什麼，這種類型廣告通常以理性訴求作說明，讓消費者直接了解產品功能與特性。例如飛利浦熨斗廣告直接告訴消費者「飛利浦過後，一片平坦」；電冰箱廣告直接說明冰箱容量大且常保新鮮。
2. **生活片段**：此表現一個人或者更多人在日常生活中使用本產品的一般情景。例如台鹽就是利用家庭主婦使用鹽做菜的情景來表現「健康美味鹽」；中華汽車運用親子情感－「爸爸的肩膀是我人生的第一部車」形塑產品。
3. **生活型態**：強調該產品符合某種生活型態。例如某種咖啡飲品在廣告中的情境搭配是以庭院爲背景，桌上擺了一些的餅乾，人們悠閒的樣子；臺灣啤酒用歌手蔡依林的青春活動作訴求，呈現「臺灣啤酒尚青！」
4. **新奇幻想**：即創造與產品本身或其用法有關的新奇幻想，如舒跑運動飲料之廣告，提倡消費者以溫熱方式來喝該飲料，感受另一番風味；芬達汽水用誇張手法表現氣泡很強；辣味泡麵吃起來，嘴巴著火等皆屬之。
5. **音樂**：此爲使用一個人、一群人或卡通人物唱和產品有關的歌曲爲背景，或直接展示出來。如「Qoo 酷」飲料，以可愛角色和卡通歌曲來介紹其產品，消費者一聽到其音樂就能琅琅上口，「有一種飲料，喝的時候 Qoo，喝完臉紅紅，……」。
6. **個性的象徵**：此爲創造產品個性化的特徵。這些特徵可能是生動活潑的，或眞實的。例如眼鏡公司推出的眼鏡，以時下年輕男女塑造出眼鏡，表現個性及流行特色的趨勢。
7. **氣氛或形象**：此乃在喚起對產品的美、愛或安詳的感覺，以建立產品的氣氛或形象，它不爲產品作任何聲明，僅做暗示性的提示。在許多女性內衣的廣告，如華歌爾或戴安芬，以女性柔美身體，激發許多遐想，創造某種氣氛爲主要的廣告訴求。雀巢咖啡的「肯定是你」；麥斯威爾咖啡的「好東西，要和好朋友分享」等廣告都徹底表現了朋友之愛，成功地替該品牌打下知名度。
8. **科學證據**：提出調查結果或科學證據，證明該品牌確實優於其他品牌。常見的如嬰兒紙尿褲、奶粉、成藥，由醫護人員或愛用者的親自證實，說明該產品確實吸水力強且清爽、營養成分佳、或藥效良好。而牙膏、醫療用品等都喜歡用這類廣告。
9. **證言**：藉由較爲可靠、深受歡迎的人物或專家爲產品作見證。最明顯的例子如小象隊董玉婷和名模包翠英爲媚登峰瘦身代言；吳念眞、林志玲爲許多商品代言等。

14-2 主要的廣告決策

在發展廣告方案時，必須依序考慮以下五項主要決策，如圖 14-2。

圖 14-2 廣告的主要決策流程

一、廣告目標的設定

發展廣告方案時，需先訂定廣告目標使命。廣告目標必須配合有關目標市場、定位、與行銷組合的決策，因爲廣告方案只是整體行銷方案的一環而已。廣告目標的設定要考慮到市場的競爭狀況、產品生命週期階段、顧客偏好等因素。廣告目標除了表示銷售目標外，還包括與顧客溝通的過程（即在某段特定期間內對某一群特定的閱讀者所要達成的一項特定的溝通任務）。例如，某廠商的廣告目標可能是要在三個月內讓某一群家庭主婦知曉其商品的比率從目前的 20% 提高到 30%。

廣告目標可依廣告所要達成溝通目標，分成三類，即告知性、說服性和提醒性的目標，如表 14-1。

表 14-1 廣告欲達成的溝通目標

溝通目標	說明
告知性的廣告	(1) 告知新產品上市 (2) 告知產品的新用途 (3) 告知產品的銷售地點 (4) 告知產品的價格或價格的變動 (5) 說明產品的性能 (6) 建立廠商的形象
說服性的廣告	(1) 建立品牌的偏好 (2) 說服顧客改買本公司的品牌 (3) 改變顧客對產品特性的認知 (4) 說服顧客接受銷售員的拜訪
提醒性的廣告	(1) 讓顧客在淡季時仍然記得本公司的品牌 (2) 維持品牌知名度 (3) 維持廠商的良好形象 (4) 增強購買的信心

（一）告知性廣告目標

告知性廣告的目標是要告訴顧客有關產品的資訊。在推出新產品或新服務時，這是一種非常主要的廣告目標。例如微波爐新上市時，它的廣告將微波爐的性能、功效、甚至如何用微波爐烹飪等資訊透過廣告告訴消費者，便是一種告知性質的廣告。

（二）說服性廣告目標

說服性廣告的目標在說服顧客偏好或購買某一特定的品牌。例如 Pi Pi 紙尿褲曾以「太空尿尿趣事多」的廣告，引證其產品內襯爲太空人專用的高分子吸收棉（Polymer），證明其產品品質較其他品牌好，希望說服消費者購買其產品。

（三）提醒性廣告目標

有些產品在市場上銷售多年，已有相當的知名度，但廠商仍需要推出提醒性廣告來提醒購買者，不要忘了他們的產品。例如可口可樂公司花很多錢在電視廣告上，其目的主要是要提醒人們不要忘了可口可樂，而非爲了告知或說服的目的。黑松汽水的「老朋友系列」廣告，也都是爲了提醒性的目的。

二、廣告預算的決定

廣告目標確定後，廠商接著要爲各產品編列廣告預算。廣告具有告知、說服和提醒的功能，可提升產品的需求曲線，但是廣告仍須講求投資報酬率，希望以較低的成本得到較大的效益。

前章曾介紹決定推廣預算的五種方法（即銷售百分比法、單位固定金額法、量力而爲法、對付競爭法與目標任務法），這些方法同樣可用來協助行銷人員決定廣告預算。決定廣告預算時，有五個特別的因素需要加以考慮：

1. **在產品生命週期中的階段**：新產品通常需要編列較多的廣告預算，用以建立產品的知名度，並鼓勵消費者試用。對已建立品牌知名度的產品通常以銷售額的某一百分比來編列較低的廣告預算。
2. **市場占有率與消費者基礎**：高市場占有率的品牌通常只需較少的廣告支出來維持其市場占有率。但若想拓展市場來提高市場占有率時，則需要較大的廣告支出。此外，就接觸每位消費者所費的平均廣告支出而言，市場占有率高的品牌就比市場占有率低的品牌爲少。
3. **競爭與混亂**：在一個競爭者多且廣告支出也高的市場中，爲使品牌能突出於市場，必須做更多的廣告。甚至與品牌無直接競爭之廣告也會帶來混亂，此時亦須做較多的廣告以爲因應。
4. **廣告頻率**：需要重複傳達品牌訊息給消費者的次數也會決定廣告預算。
5. **產品替代性**：商品類（如香菸、啤酒、冷飲）的品牌需要大量的廣告來建立與眾不同的形象。當某一品牌具有獨特的實體利益與特色時，廣告也是重要的。

三、廣告訊息的創造

不論廣告預算多大，廣告必須能引起目標閱聽者的注意，並讓閱聽者產生共鳴，廣告才算成功。因此，創造有創意的廣告訊息是非常重要的。

創造有效的廣告訊息應從確定顧客利益著手，並以之作爲廣告訴求。廣告訴求（Advertising appeals）是指在廣告訊息中所強調的產品（或服務）利益。廣告訴求應具有三個特徵：

1. **有意義的**：指出產品的利益，使產品更受消費者喜愛。

2. **是可信的**：消費者必須相信產品或服務將會提供廣告所承諾的利益。
3. **具獨特性**：應告知產品如何比競爭品牌還好。

例如，山葉鋼琴的「學鋼琴的孩子不會變壞」、雅芳化粧品的「比女人更了解女人」和「關於女人，找雅芳聊聊」、以及台新銀行玫瑰卡的「認眞的女人最美麗」，都是具備上述三個特徵的廣告訴求，不僅明確表現出產品的利益，也能夠把自己的產品和競爭品牌區隔開來，展現與眾不同的特色，因而都曾在顧客心目中留下深刻有力的形象。

廣告訴求決定後，還要決定廣告訴求的表現方式，將此訴求有效的表達出來，俾能吸引目標閱讀者的注意和興趣。行銷部門往往需要提出一份廣告企劃書，說明擬議中的廣告目標、廣告訴求和表現方式。

四、廣告媒體的選擇

廠商研擬廣告決策的另一項任務是「選擇廣告媒體」以傳遞廣告訊息。選擇廣告媒體的主要步驟包括：1. 決定廣告的接觸面（Reach）、頻率和效果；2. 選擇主要的媒體類型；3. 選擇特定的媒體工具（Media vehicles）；4. 排定媒體的時程。

（一）決定接觸面、頻率與效果

選擇媒體之前，廣告主必須決定爲達成廣告目標所需的接觸面、頻率以及希望產生的效果。接觸面是指在一特定期間中目標市場的顧客接觸到廣告活動的百分比。

1. **接觸率（Reach, R）**：某特定期間內，接觸某特定媒體至少一次的人數或家計單位數。
2. **頻率（Frequency, F）**：某特定期間內，一個人或一個家計單位接觸到的訊息平均次數。
3. **效果（Impact, I）**：透過既定的媒體，其展露一次的定性價值。
4. **總展露數（Total number of exposures, E）**：即接觸率乘以頻率（E ＝ R×F）。由此衡量所得者稱爲毛評點（Gross Rating Points, GRP）。例如，一個媒體預計接觸到 80% 的家庭，平均展露頻率爲 3 次，則我們可以說該媒體計畫的毛評點爲 240（＝ 80×3）。若另有一媒體計畫的毛評點爲 300，其雖有較高的效果，但我們卻無法瞭解其接觸率與頻率各爲如何。

5. **加權的展露數（Weighted umber of exposures, WE）**：此爲接觸率乘以頻率，再乘以平均效果（WE = R×F×I）。

廣告主可能希望平均接觸三次。媒體效果是指訊息展露的定性價值（Qualitative value），例如對需要示範的產品而言，電視的訊息效果要比報紙的訊息效果爲佳。一般言之，廣告主所希望獲得的接觸面愈廣、頻率愈多、效果愈大，則廣告預算也必須愈高。

（二）選擇主要的媒體類型

媒體規劃人員應該知道各主要媒體類型的接觸面、頻率與效果。主要的媒體類型有報紙、電視、直接郵件、廣播、雜誌、戶外廣告及網際網路，表 14-2 爲各種主要廣告媒體的比較。

表 14-2 主要廣告媒體

媒體	優點	缺點
報紙	彈性、時效、地區市場涵蓋面大、可廣泛被接受、可信度高。	壽命短、再製品質不好、轉閱的讀者不多。
電視	大衆市場涵蓋面大、單位展露成本低、結合畫面、聲音和動作、訴諸感官。	絕對成本高、吵雜、短暫的展露、不易選擇閱聽者。
直接郵件	閱聽者選擇性高、彈性、在相同媒體內沒有廣告競爭、允許個人化。	單位展露的相對成本高、「垃圾郵件」的印象。
廣播	地方易接受、地區與人口選擇性高、成本低。	只有聲音、短暫的展露、低注意力、分散的閱聽者。
雜誌	地區與人口的選擇性高、具可信性及聲譽、再製品質高、持續時間長和轉閱的讀者多。	購買廣告的前置時間長、成本高。
戶外廣告	有彈性、高的重複展露、成本低、低的訊息競爭、位置選擇性好。	幾乎不能選擇閱聽者、創造力受限制。
網際網路	選擇性高、成本低、立即、互動能力。	接觸的消費者較少、人口統計上是偏斜的閱聽者、影響力相對較低、閱聽者控制展露。

廣告媒體均有其各自的優點與限制，媒體規劃人員可考慮下述幾個因素來選擇廣告媒體：

1. **目標市場的媒體習慣**：廣告主應尋找能夠有效接觸目標市場的媒體。
2. **產品的性質**：流行時裝的廣告最好利用彩色雜誌，而汽車的效能最好在電視上展示。
3. **訊息的類型**：新產品上市或減價的訊息，可以運用廣播或電視媒體；帶有許多技術資料的訊息可能需要利用雜誌、直接郵件或線上廣告與網路。
4. **成本**：電視廣告費用很高，相對的報紙或廣播廣告就便宜多了，但只能接觸較少的消費者。

（三）選擇特定的媒體工具

媒體規劃人員必須選擇最好的媒體工具（即各媒體類型內的特定媒體）。媒體規劃人員應在媒體成本和若干媒體效果因素之間求得平衡。首先，應平衡成本和媒體工具的閱聽者品質；第二，應考慮閱聽者的注意力；第三，應估計媒體工具的編輯品質。如此，媒體規劃人員才能在一定的成本內，選擇在接觸面、頻率與效果等方面都能合乎要求的媒體工具。

（四）安排媒體時程

廣告主必須安排年度廣告的時程。大多數廠商都會做一些季節性的廣告；也有一些廠商只做季節性的廣告，如賀軒（Hallmark）只在主要節日前為其賀卡做廣告。元本山海苔、萬歲牌瓜子或開心果，通常也只有逢年過節才會有廣告。巧克力或中秋月餅的廣告，通常在旺季前二或三個月開始播出，隨著季節接近，廣告量增加，過了情人節或中秋節，就看不到該產品廣告。

廣告主也須選擇廣告時程的型態。廣告時程可平均分散在各時期，也可視市場情況做重點式安排，以擴大廣告效果。有些是帶狀播出、有些是挑時段播出、有些會先多後少、有些會逐量增加，廣告時程的型態，受到預算、目標市場收視習慣，節目收視率等因素影響。

五、廣告效果的評估

廠商投資在廣告上的金額很大，因此對於廣告的效果應定期加以評估。一般而言，廣告效果的評估可分為溝通效果的評估和銷售效果的評估兩部分。

（一）溝通效果的評估

溝通效果的評估係在衡量一個廣告和顧客的溝通情形。例如廣告是否能眞正吸引閱聽者的注意，閱聽者看了廣告之後是否能記住廣告內容等。溝通效果的衡量，即文案測試（Copy testing），可在廣告正式推出之前與之後加以測試（如圖 14-3）。

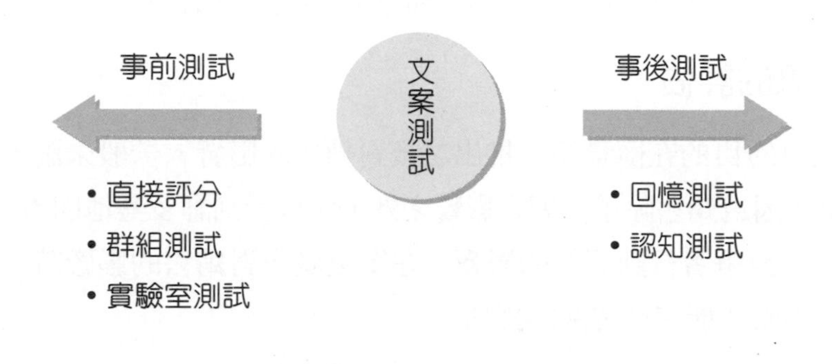

圖 14-3　溝通效果的評估

1. **事前測試**：事前測試的方法有以下三種：
   (1) 直接評分（Direct rating）：讓一群消費者（受測者）接觸一些設計好的廣告文案，分別予以評分。例如，讓這群消費者看過若干為雜誌廣告而設計的廣告後，請他們就「這個廣告能引人注意的能力如何」、「這個廣告傳遞訴求或利益的清晰度如何」、「這個廣告對促成消費者購買的影響力如何」等問題在一評點尺度上分別評分。直接評分的結果與廣告對消費者的實際影響畢竟有段距離，但仍可用來剔除較差的廣告。
   (2) 組群測試（Portfolio test）：讓一群消費者（受測者）接觸一些設計好的廣告文案，俟消費者看完或聽完之後，請他們回想所接觸的廣告（訪問時可以給予提示或不作提示），就記憶所及描述各個廣告的內容。此一結果可用來說明廣告是否突出以及訊息被理解及記憶的情形。
   (3) 實驗室測試（Laboratory test）：實驗室中利用一些儀器來衡量消費者（受測者）接觸廣告後的生理反應，如心跳、血壓、瞳孔擴大、出汗情形等，以評估廣告的效果。這種測試只能衡量廣告引人注意的能力，無法測出廣告對信念、態度或意圖的影響。

2. **事後測試**：事後測試有兩種常用的方法：

(1) 回憶測試（Recall test）：請曾經接觸某種特定媒體的消費者（受測者）回想過去某一廣告的產品和廣告主，說出他所能記憶的廣告內容。回憶分數可用以表示廣告受人注意與記憶的程度。

(2) 認知測試（Recognition test）：以在雜誌刊登的廣告爲例，要求消費者（受測者）指出他們在某一期雜誌上所看過的廣告，每個廣告都可以求出三種閱讀率：

① 注意率：即自稱曾在某一期雜誌上看過該廣告的讀者比率。

② 略讀率：能正確指出該廣告之產品和廣告主的讀者比率。

③ 精讀率：即自稱曾讀完大部分廣告內容的讀者比率。

（二）銷售效果的評估

評估銷售效果的目的在衡量廣告推出之後對銷售的影響。一般來說，銷售效果較溝通效果更難衡量。因爲銷售除了受廣告影響之外，還會受到許多其他因素（如產品特性、景氣變動、價格、競爭者行動等）的影響。在衡量廣告對銷售的影響時，應將廣告以外的其他因素予以過濾才能有較客觀的評估。

廣告的銷售效果通常可以用「歷史法」或「實驗法」來加以評估。歷史法係利用統計技術導出廠商過去的廣告支出與同期（或落後一期）的銷售額之間的關係，然後據以推估廣告支出的銷售效果。實驗法即指變動廣告支出的數額，將廣告支出以外的因素維持不變，然後據以衡量不同的廣告支出水準對銷售額的影響程度。

臺灣在 1993 年時，AC 尼爾森公司自國外引進個人收視記錄器（People meter），提供分眾每分鐘的收視率數字，還可以做到即時的各時段收視率。雖然有很多不同的意見，但現在各個電視節目愈來愈接受這種收視率調查，來決定廣告的效益。

目前 AC 尼爾森全臺灣的樣本戶約有 1,400 戶，抽樣誤差至少仍在 2 個百分點上下。也就是說任何一個收視率數字的前後百分之四都可能在誤差範圍之內，舉例來說，如果現有的抽樣戶是 1,400 戶，只要有一戶電視台轉台，就可以有 0.08 個百分點的差距！

個人收視記錄器最大的特點是自動化。觀眾僅需在收視開始與結束的時間點按下屬於自己專有的按鍵，其他一切全自動，包括偵測頻道與節目的變換。這種科技配合在選樣時即收集完成的個人細節，如年齡、性別、教育、收入等，就可透過每晚由電話線路回收的收視資料，經過電腦統計，在第二天把收視率及相關資訊傳送給電視台、廣告代理商、媒體購買中心等不同的訂戶。

14-3 銷售促進或推廣

常見的推廣工具除了廣告之外，另一個常見的工具就是促銷。促銷（Sales promotion）係指廠商為了立即提高銷售量而採取的短期誘因，例如百貨商店的「跳樓大拍賣，全面五折起」、化妝品業的「附贈精美禮品」、冷飲業的「集瓶蓋抽大獎」、食品業的「買一送一」、旅館業的「淡季特別優惠專案」等都是促銷的實例。

一、促銷的類型

促銷可依促銷的對象分為三類，即消費者促銷、組織購買者促銷、中間商促銷。相關促銷工具見表 14-3。

表 14-3 主要的促銷工具

促銷對象	消費者促銷	組織購買者促銷	中間商促銷
促銷工具	免費樣品 特價活動 贈品 抽獎 遊戲 競賽 折價券 購買點展示 現金減讓 示範	特價品 贈品 現金減讓 購買點展示 產業會議 展覽會	購貨折讓 免費商品 商品折讓 合作廣告 銷售競賽 商展

（一）消費者促銷

消費者促銷（Consumer promotion）是指針對消費者的促銷活動，其目的主要有二：

1. 增加消費者的購買量，例如「買三送一」，可促使原先只想買一、二個單位的消費者為獲得贈品而增加購買的數量；2. 鼓勵非使用者的試用，例如新產品推出時提供免費樣品，可鼓勵非使用者試用新產品。

1. **免費樣品**：提供給消費者免費使用的試用品。樣品可能是挨家挨戶的贈送，也可能要求消費者函索，或擺在商店裡供人取用，或隨附於其他商品之中。一般而言，新上市的產品常運用免費樣品來促使消費者試用。例如花王公司在推出蜜妮洗面皂時以函索方式贈送許多小包裝樣品；白蘭牙膏上市時則隨白蘭洗衣粉贈送。提供免費樣品的成本可能較高，因此利用免費樣品來促銷的產品通常是製造成本低且消費者經常購買的新產品；對這些產品，如能促成消費者試用，很可能會使消費者成爲經常的購買者。
2. **特價品**：給予消費者在商品價格上某種程度的優待，通常均明白顯示於標籤或包裝上。採行方式很多：一種是直接降低價格，依原價打八折或幾折出售；特價品的包裝，即兩件或以上的相同商品一齊包裝，並減價出售，如三件只賣兩件的價錢。很多便利商店舉辦第二件 6 折或特價品的組合，即將兩件相關的商品（例如牙膏與牙刷）包裝在一起減價出售；或是加量不加價，增量多少百分比。特價品促銷降價多少，一般要考慮折扣比率與折扣金額。折扣太少，沒有激勵銷售作用，折扣太大，損及利潤，還會引起消費者知覺風險。特價品可能使有部分消費者會轉換原來使用的品牌而改用正在促銷的品牌，促銷期間內使市場佔有率大幅度提高，但是如果無法因此建立起較高的品牌忠誠度，維持市場佔有率，則當特價品促銷結束後市場佔有率將回復原狀甚至降低，反而傷害廠商的市場地位。
3. **贈品**：消費者購買某一特定產品時，隨貨免費贈送或以很低價格出售的商品。例如，乖乖食品贈送玩具；集點數贈送贈品，如便利超商集點送鑰匙圈、吊飾或小熊娃娃等，都是贈品的例子。舉辦贈品活動時，贈品的選擇相當重要，贈品必須是消費者喜歡的產品，而且又與一般市場上買得到的產品有所差異，俾能讓消費者感受到贈品的價值感。
4. **抽獎和遊戲**：消費者在購買一定數量或金額的產品、或回答某些問題後參加抽獎，廠商抽出得獎者後，給予中獎的消費者獎金或獎品，如國外旅遊、金牌、轎車等。遊戲是消費者每次購買產品時都會收到某些字母或數字，消費者要把字母拼全或數字找齊後才能得獎。抽獎和遊戲的獎金或獎品通常都相當吸引人，因此雖然中獎率不高，但是常吸引許多消費者的投入。例如消費券實施，有些縣市送黃金，有些送汽車、房子。抽獎活動由於需要有大獎才能吸引人，因此較適用於市場佔有率較高的品牌，才能夠有較大的銷售量來支持所提供的獎品或獎金。
5. **競賽**：競賽與抽獎不同。抽獎只要填寫並寄回參加抽獎的表格即可，能否中獎完全是靠運氣；而競賽則要求消費者完成某項工作，如回答一些問題，才有資格參與競賽贏得獎品。一般分為靜態競賽與動態競賽兩種，靜態的比賽，包括戶外寫生、繪畫比賽、攝影比賽、作文比賽等。動態比賽如慢跑、路跑、騎自行車比賽、各種球類活動比賽等。參與競賽者的人數可能比參加抽獎者為少，但參與競賽者往往比參加抽獎者更為投入，因此，競賽對參與者的促銷效果是較大的。

6. 折價券：折價券是一種常見的消費者促銷工具，可以印在雜誌的插頁上、夾在報紙上隨報附送、附在產品的包裝上、放置在商店中讓人索取，或夾在汽車的雨刷上，有時可直接從網站下載折價券使用，最及時的是用刮刮卡，即刮即折。折價券必須要能讓消費者以相當的低價買到他們所需要的某種物品或服務，才能收到促銷的效果。折價券常用來鼓勵顧客試用新產品或新包裝，或用來吸引顧客重複購買。折價券的使用，必須和產品或消費者使用習慣相結合之外，還需要考慮折價的比率、折價的金額、折價券使用頻率、折價券的回贖率等因素。折價券的折價金額或折價比率太低，無法吸引顧客使用意願；折價金額或比率太高，會影響利潤，引起消費者懷疑，例如瘦身美容業，常常有 5 千、上萬元的體驗券，但是顧客上門後，索取的費用更高，讓消費者有受騙的感覺。折價券如果累積次數過高或使用不便，也會使效果打折扣。如要累積 10 次以上，才能有優惠，或像家樂福大潤發，折價券一次很多，可是下次購買只能用一張，都會使促銷美意受影響。折價券消費者使用比率，稱為回贖率。一般而言回贖率都很低，大量樣本下的研究，回贖率是 2%，故發行折價券時須考慮回贖率多寡。精品、化妝品的折價券，回贖率會較高；一般日用品折價券回贖率較低。折價券的優缺點如下：

(1) 創造品牌知名度方面：附有折價券的印刷廣告通常比沒有折價券的廣告更有效。

(2) 折價券可回饋現在的產品使用者，找回以前的使用者，並鼓勵忠誠購買。

(3) 從收回來的折價券，廠商可以了解折價券是否已接觸到預期的目標市場。

(4) 忠誠度計畫：如坐飛機累積里程數，可以換機票，換紅利點數，都是吸引顧客重覆購買，培養忠誠度的促銷方法。

使用折價券的缺點是有欺詐和錯誤之虞；隨著提供折價券廠商日益增加，折價券的價值也逐漸喪失，且折價券的大量使用者的品牌忠誠度已下降，許多消費者只用折價券來購買他們常買的產品，已使折價券鼓勵消費者試用新品牌或新產品的促銷效果備受質疑。折價券的另一個問題是商店對於折價券的產品項目常常沒有足夠的存貨，對商店和產品的信譽都會造成傷害。

7. **購買點展示**：是在零售商店中所做的展示，其目的在吸引零售商店中的購買者注意某一品牌或產品，並進一步促成銷售。包括前頭櫃展示、收銀機前展示、店中標示、店長推薦、櫥窗展示、展示貨架等。購買點展示有時也會和店內示範或免費樣品一齊配合使用。只要購買點展示具吸引力，能提供有用的資訊，並能與商店佈置相搭配，零售商店通常會樂於使用。

8. **現金減讓**：是指消費者提出購買某一產品的證明時，由廠商給予一定金額的退款，主要用來鼓勵消費者試用促銷的產品。如 OK 便利超商發行折讓現金一元的現金券。不過，如果消費者認爲現金減讓的退款過程過分繁雜，對廠商提供現金減讓的原因也有負面的想法，他們可能認爲用來促銷的產品是新的、未經檢驗或銷路不好的產品。如果不能改變消費者的這些想法，提供現金減讓將會降低該產品的形象和對該產品的喜愛程度。

9. **示範**：產品示範可向消費者展現產品的功效或功能，從而可鼓勵消費者試用或購買產品。示範是很有效的，但產品示範須有專人在現場實地示範，成本通常很高，除非促銷效果很大，廠商不會輕易採用。如電視購物頻道，常常對某些產品，如化粧品、家用電器、清潔用品等作示範演出。家樂福、大潤發等大賣場，常有人示範各種廚具清潔用品。

（二）組織購買者促銷

組織購買者促銷是指針對組織購買者所做的促銷活動，其目的在鼓勵企業、政府和非營利組織等組織購買者提早購買和增加購買量。許多消費者促銷工具（如特價品、折價券、贈品、現金減讓、購買點展示等），同樣可做爲對組織購買者促銷的工具，而產業會議、展覽會則是針對組織購買者的促銷工具。

1. **產業會議**：廠商經常與產業公會就研發、生產、行銷或產業發展問題舉辦產業會議，介紹和促銷產品，常可收到很大的促銷效果。

2. **展覽會**：廠商也常爲組織購買者舉辦產品展覽會，或稱商展。展覽會可以加強與原有顧客的接觸，介紹和促銷新產品，並可接觸到許多潛在的顧客，擴大市場的接觸面。但參加展覽會常所費不貲，事前應審慎評估，並對參展相關事宜妥爲規劃。

（三）中間商促銷

中間商促銷（Trade promotion）包括對各級經銷批發商、零售商或是公司業務單位、業務人員，針對中間商所做的促銷活動，其目的在鼓勵中間商多進貨，並努力銷售。

1. **購貨折讓**：購貨折讓是當中間商購買一定數量的產品時，給予中間商的暫時性減價。購貨折讓直接了當，只要中間商購買一定數量的產品，就可獲得減價，使中間商的利潤提高。購貨折讓的缺點是競爭者容易模仿，所有廠商都進行中間商折讓的結果，將造成所有廠商的利潤都下降。
2. **免費商品**：當中間商購買一定數量的產品時，廠商可提供給中間商免費商品，以鼓勵中間商多進貨、多銷售。
3. **商品折讓**：商品折讓是指廠商支付某一數額的錢給哪些提供廣告或展示等推廣努力的中間商，以鼓勵中間商協助執行廠商的推廣活動。
4. **合作廣告**：合作廣告是廠商和中間商之間的一種廣告安排，由廠商分攤部分中間商爲其產品推出廣告活動的媒體成本。廠商分攤的金額通常按照購貨數量來決定。
5. **銷售競賽**：銷售競賽主要是激勵中間商努力銷貨，提供銷售表現優越的中間商獎金或獎品。保險業常稱此爲衝高峰競賽。銷售競賽的缺點是爲達成有效的激勵效果，獎金或獎品須有足夠的吸引力，這項促銷工具往往很花錢，促銷效果可能只是短期的。
6. **商展**：廠商可參加商展，向中間商展示其產品和服務。參加商展是接觸中間商和向中間商促銷的有效方法，但參加商展須支付場地租金、場地佈置、產品運輸、服務人員酬勞等多項費用，屬於昂貴的一種中間商促銷工具，因此審慎選擇欲參加的商展，並妥善規劃，才能達到參展的效果。
7. **優秀人員選拔或舉辦表揚大會**：爲了鼓勵經銷商、批發商或業務人員，很多企業都設有優秀人員選拔、優秀經銷商選拔、每月服務最佳人員選拔，或定期舉辦經銷商或中間商表揚大會。有些公司會租下一個地區、一個小島、一個旅遊景點，讓全公司的人員相互交流，舉行各種表揚大會，選出年度傑出風雲人物或優秀人員。

二、主要的促銷決策

促銷活動五花八門，各種促銷工具的功能、延續時間、成本等都不相同，廠商在進行促銷活動前必須要審慎規劃。主要的促銷決策包括決定促銷目標、選擇促銷工具、發展促銷方案、測試、執行促銷方案和評估促銷成果。

（一）促銷目標的決定

首先，廠商應依照行銷策略的發展、市場的競爭態勢以及產品所處的生命週期階段綜合判斷，以決定促銷活動的目標。促銷活動的目標不一而足，包括增進消費者或中間商對商品特性的了解、加強品牌印象、增強消費者或中間商對商品新用途的認識、增加新的試用者等，行銷主管應慎重考量本身條件與市場競爭狀況，決定其促銷活動的主要目標。

（二）促銷工具的選擇

確定促銷目標後，接著要著手選擇促銷工具。如前所述，促銷包括消費者促銷和中間商促銷兩類，分別都有多種促銷工具可供選擇。廠商應視促銷目標和本身的資源條件，考量各種促銷工具的特性，選擇合適的促銷工具。

（三）促銷方案的發展

決定了促銷目標和促銷工具之後，接著要進一步發展一套有效的促銷方案，內容包括誘因的大小、參與的條件、訊息的傳遞、促銷的期間、時程的安排以及預算的編列等重要決策。

1. **誘因的大小**：首先應決定誘因的強度或大小。促銷活動若欲成功，需要提供足夠的誘因。誘因愈大，促銷的效果通常亦愈大；但是，誘因條件愈佳，負擔的成本也會愈高；所以，廠商應在兩者之間做一個權衡。
2. **參與的條件**：促銷的對象可遍及所有人，亦可限定於某些群體。許多促銷活動都會規範參加者的資格，例如寄回若干包裝空盒或瓶蓋才送贈品、或購買某一定數量以上者才能享受折扣、或規定公司員工及眷屬不得參加抽獎等等，都是對促銷的對象做適當的限制。
3. **訊息的傳遞**：廠商須決定如何把促銷活動的訊息迅速傳達給消費者或中間商。例如，抽獎活動的進行過程及結果要快速傳達給消費者或中間商，以維持公平性。因此，促銷活動從開始宣佈、執行到最後結束都必須要透過各種不同的媒體，迅速的將訊息傳送出去。

4. 促銷的期間：促銷活動的期間如果太短，也許會有許多消費者或中間商來不及參加，因而減少其吸引力。但促銷期間如果太長，則又失去了「促使馬上購買」的衝動，降低了促銷的成果。促銷期間以多長爲宜，常須視產品的類別而定。

5. 促銷時程的安排：行銷人員應安排各種促銷活動的時程，並與生產、銷售、實體分配等部門事先協調，以保證促銷活動的順利進行。此外，還要準備應急方案，以應付可能的突發狀況。

6. 促銷預算的編列：促銷活動的總預算有兩種不同的編列方式：

(1) 「由下往上加總」，即由行銷人員選擇個別的促銷活動，並預估它們的總成本；特定促銷活動的成本包括管理成本（印刷、郵寄、推廣費用）以及誘因成本（贈品或折扣成本，包括兌換成本）乘以該促銷活動的預期銷售單位。

(2) 「以公司總推廣預算中的某一百分比做爲促銷經費」爲較常用的方式，百分比的決定依市場或品牌的不同而有所不同，亦受產品生命週期階段及競爭性推廣支出的影響。

（四）促銷方案的測試

促銷方案應儘可能在事先進行測試，以決定其所提供的誘因是否有足夠的吸引力，並了解促銷方案的推動是否會遭遇哪些可能的困難，以便及早規劃因應。

（五）促銷方案的執行

促銷方案經測試之後，如測試結果令人滿意，即可依促銷方案的設計付諸執行。惟在執行之前必須做好妥善準備，以免發生促銷活動已正式展開，但零售商尚未準備妥當、或促銷的貨品尚未送達零售商店，造成消費者與零售商的不便與抱怨等情事。

（六）促銷成果的評估

對促銷活動的成果應加以評估。製造廠商可用銷售資料、消費者調查和實驗法等三種不同的方法來評估促銷的成果。

1. 銷售資料：透過市場調查機構蒐集銷售資料來了解促銷的成果。例如公司促銷前的市場占有率爲 6%，促銷期間上升到 10%，促銷結束後立刻降爲 5%，而後又回升至 7%。顯然，這一促銷活動不僅吸引了新的試用者，也促使原有的使用者購買更多的商品，由於消費者必須有一段消化存貨的時間，所以促銷活動結束時銷售量會下降，但長期而言，占有率上升至 7% 顯示公司已爭取到一些新的使用者。如果公司的產品並沒有優於競爭者的產品，則市場占有率可能又會回復到促銷前的水準，即表示促銷改變的只是需求的時間型態，而非總需求。

2. **消費者調查**：如果需要更多的資訊，則可進一步進行消費者調查，來了解多少消費者仍記得此一促銷活動、他們對此一促銷的想法、多少人利用此一促銷、以及此一促銷對往後品牌選擇行為的影響。

3. **實驗法**：促銷的成果也可利用實驗法來加以評估，實驗法可變動誘因價值、促銷期間等屬性來衡量促銷的成果。例如從消費者固定樣本中選出一半的家庭，寄給他們折價券，然後利用掃描資料來追蹤折價券是否引領更多的人去購買促銷的產品。

14-4 公共關係及公共報導

一、公共關係

公共關係（Public Relation）是非付費、無廣告主。組織在運作中，為了使自己與公眾相互合作、相互了解，而採取的行為規範或傳播活動；可以協助個人或組織（營利或是非營利），透過多樣且公開的溝通管道與溝通策略，和不同公眾建立良好關係。換言之，公共關係即是獲取與維持公眾的支持與了解。根據相關研究，公共關係是一系列包含計畫、執行與評估在內的企劃步驟，是組織機構為成功達成與公眾溝通，所採取經過設計而持續使用的一套計畫（Harris, 1999; Wragg, 1992）

公共關係所要經營的目標群體關係有七個，包括：社區關係（Community relations）、新聞關係（Press relations）、顧客關係（Customer relations）、競爭者關係（Competitor relations）、業務關係（Purveyor relations）、員工關係（Employee relations）、其他公共關係（Other publics）。

公共關係是一種主要的推廣工具，它的目的在和組織的各種「大眾」（Publics），包括顧客、潛在顧客、股東、員工、工會、社區、媒體、政府等，維持良好的關係，並建立良好的組織形象。

二、主要的公關工具

公共關係人員常用的工具很多，包括新聞、演說、事件、出版物、視聽材料、公共服務、識別系統（Identity system）、發言人設置、聯盟支持、政府關係、運動行銷、融入市場等。

（一）新聞

公關人員常尋找或創造對組織、產品、或其員工有利的新聞。有些新聞題材是自然發生的，但有時公關人員也會利用一些事件或活動來創造新聞題材。公關人員爲有效利用新聞這項工具，除了要了解新聞的處理作業之外，也要和大眾傳播媒體人員維持良好的關係，取得媒體的合作。現在電子媒體，如網路新聞、電視新聞節目、電視脫口秀或廣播，都是很重要的工具。

（二）演說

演說是創造組織與產品報導的一種工具。公關人員可安排組織的重要負責主管透過在各種會議上的公開演說，與各界人士加強溝通，改進組織的公共形象。例如邀請一些影視演員或模特兒，講演流行服飾、化妝品、瘦身或美容，通常可以得到很好的效果。

（三）事件

組織透過各種特殊事件的安排，引起社會大眾對組織本身或其產品的注意與興趣。事件涵蓋的範圍甚廣，包括記者會、研討會、開幕活動、成立大會、週年慶、競賽等。公關人員應經由周詳的規劃，運用各種可形成「事件」的場合，安排各種不同的活動，吸引媒體和大眾的注意，提升組織的知名度和形象。例如，許多公司善用成立十週年、廿週年、卅週年的機會，擴大籌辦各項多彩多姿的活動，讓公司有機會廣邀政府官員、供應商、中間商、顧客及媒體人士參加，吸引社會大眾對公司及其產品的注意；亦有許多企業採取熱心贊助或舉辦公益活動，如 ING 安泰人壽聚辦「台北國際馬拉松賽」；麥當勞設立「麥當勞叔叔之家兒童慈善基金會」幫助貧困兒童，均有助於提升企業的形象。

事件是手段，行銷是目的。透過引發「新聞媒體追蹤報導」與「消費者參與、融入或話題討論」的方式，創造一個讓大家注意力集中的焦點，營造出聚眾的效果，甚至引發風潮，賺進相當可觀的商業利益發揮聚焦的功能，一舉突破市場上的雜音障礙，在競爭者中得以鶴立雞群。

相對於廣告、公關、促銷、直效行銷等行銷工具的單一效果，事件行銷可以創造出多面的綜效，引起更大的迴響。事件行銷比較有趣、奇特，所謂的事件多半結合話題點、新聞點、故事性的人、事、物，讓原本生硬、逐利的商業活動，多了些引人入勝，甚至是讓人驚嘆的包裝與美化。經過事件行銷包裝後的商業活動，也比較能化解消費者的心防與抵抗。

公關置入行銷有以下四種方法：

1. **公關創意式置入**：以公關創造新聞，公關是幕後黑手，設計與品牌產品相關的新聞進行品牌印象置入。例如台糖、台鹽化妝品，就是採「立委用的保養品」；于美人說黃番茄減肥，促銷番茄與相關產品。
2. **時節話題式置入**：於特定的時節針對公眾關心議題進行深度性質的置入。例如針對情人節怎麼過、百貨公司推情人商品、母親節送什麼禮等。
3. **重大新聞事件搭配置入**：運用社會關心的公益與災難事件結合捐贈。例如公益贊助活動、東南亞海嘯捐贈、防 SARS 口罩、豬流感事件。
4. **危機處理行銷**：善用逆境轉爲正面訊息。例如千面人蠻牛事件、三聚氫氨毒奶粉事件。

（四）出版物、宣傳品和視聽材料

組織可透過出版物、宣傳品和視聽材料來接觸並影響社會大眾。而宣傳必須是持續性的、不間斷的計畫並頻繁出現。出版物包括海報、宣傳小冊子、文章、定期刊物及其他出版物。這些出版物提供給社會大眾和顧客許多有關組織的政策和動態、新產品的性能等資訊，在傳遞銷售訊息、塑造組織形象上有很大的功效。例如公司定期出版的刊物（如統一企業的《統一企業》月刊），大學出版的小冊子，介紹學校的師資、校舍、學生活動、校園生活和其他特色。這些出版物都是重要的促銷工具，聲音資料包括影片和 CD，可被公司應用在有線電視或商業廣告上。

出版物並不以印刷品爲限，也包括視聽材料在內。愈來愈多的出版物是以影片、錄音帶、錄影帶的形態呈現，甚至可以放在網際網路的網頁、部落格、社群網站上。例如，Windows 中文版從沒沒無聞到家喻戶曉，甚至以視窗版應用軟體 EXCEL 打敗當時市場的盟主 Lotus 1-2-3。一路和電腦使用者不斷互動，累積了足夠的行銷能量，終於讓 Windows 98 中文版成爲跨越資訊領域到家用產品的當紅炸子雞。微軟公司並沒有花費很大的廣告費用，採用的是舉辦超過一千場的研討會，和電腦使用者面對面溝通，並邀請媒體報導使用者的成功案例。

（五）公共服務

組織可以透過支持公益活動來塑造良好的形象。也可藉由贊助活動使公司或品牌產品在平面、電子媒體上曝光。例如參加宗教團體、醫院義工、志工、參與捐血、健診、參與動物保護、環境保護、節能減炭活動等。

（六）識別系統

組織還可透過建立與運用識別系統，讓社會大眾易於認識，並塑造獨特的形象。例如，許多公司建立自己的企業識別系統，設計獨特且具吸引力的標誌圖案，並將公司的信封、信紙、宣傳小冊子、報表、名片、建築物、員工制服、車輛都印上公司的標誌圖案。識別系統易於辨認，且有吸引力，將是一種有效的公關工具。

（七）發言人設置

公司的發言人必須經過選擇及訓練，公司也必須提供足夠的訊息資料給發言人。

（八）聯盟支持

聯盟支持（Coalition support）係指第三團體的支持。是很有效的，第三團體的背書在建立對爭議性議題的支持上特別重要，且效果好。

（九）政府關係

政府關係（Government relations）爲一種訓練，不一定和行銷傳播會有關聯，但卻是關鍵的要素。一個合乎規定的決策會影響服務或產品的行銷，政府關係將是行銷傳播中不可或缺的一環，有的公司會鼓勵政府制定一些規則給予公司特殊專有的好處。例如政府勞工單位對進口勞工數量設限或開放，對於許多企業影響很大，所以必須要透過一些公關方式，去影響政府的進口勞工決策。

（十）運動行銷

由於運動具全球性、超越了語言的界限、種族、性別和年齡的鴻溝，因此運動是有效和有力的行銷媒介。企業透過贊助奧運，或高爾夫球、棒球、賽車等各種運動賽事，提高其品牌產品的曝光率與知名度活動。

（十一）融入市場

融入市場（Ethnic markets）乃指要接近某一特殊的消費大眾，就必須了解其風俗習慣和語言。例如公司從事有關越南、印尼與泰國的人力仲介業務往來，就必須了解越南、印尼與泰國勞工的特質，才會有良好溝通與往來。

五月天的必應驚奇

圖片來源：商業周刊

臺灣天團五月天是「五個人＋必應創造＋相信音樂」的堅實組合，而獲得中信創投與文化部投資的「必應創造」，是一家繼華研、霹靂、昇華後，又一投入資本市場的影視股新兵，選在五月天 20 周年演唱會當天登錄興櫃，首日就一舉成為興櫃文創類股的股王，引起各界矚目。

必應創造，原只是相信音樂的一個演唱會製作部門，必應董事長周佑洋是五月天近十年來的首席演唱會製作人，2014 年初，周佑洋從相信音樂自立門戶，與產業鏈中的技術服務、舞台設計以及燈光、音響、視訊設備租賃等五家公司做垂直整合，合併成為必應創造。在短短一年內，變成臺灣業界規模最大的製作公司，同時也是唯一一家橫跨製作、設計、技術、工程與策略整合，軟硬體一條龍全包的製作公司。

2016 年開始，平均每兩天，全世界就有一場由必應創造成員參與的演唱會正在進行著。隨著五月天、田馥甄、劉若英等歌手開演唱會，必應創造參與的演出案量也提升近 25%、租賃設備超過 300 場，去年營收高達 7.9 億元。將平台、市場規格化以符合國際水準，將來不只亞洲市場，叩關歐美也絕非夢想。

資料來源：今周刊 1056 期 2017/03/16

三、公關協助行銷銷售的方法

公關能協助行銷銷售，其目的是獲得目標市場消費者的投入（Involvement）、可信度（Credibility）與價值（Value）（Weiner, 2005）。公關和廣告最大不同是廣告缺乏公關所擁有的可信度，其消費者願意接受的程度較高。運用公關的創意，可以協助完成行銷溝通組合。公關用以協助行銷銷售的方法如下說明：

1. **預期中的新市場**：不了解某一新產品之市場在哪，對於找尋潛在的消費者也不見得有用時，公關活動計畫可依不同種類媒體，來協助尋找消費者。
2. **接觸次要的市場**：假如沒有透過公關去接觸，就會喪失擴大銷售的機會。
3. **提供第三團體的背書**：只依賴廣告和促銷說自家產品好，會招致懷疑；但是有了利益關係的第三者團體，例如報章雜誌或其他媒體的背書，效果會更好，使可信度增加。
4. **獲得銷售領先**：公布營業額是大多數產業的資訊來源，利用提供營業額或交易量的機會，釋出產品或服務，超越競爭對手的訊息。
5. **為銷售鋪路**：透過公關陳述廣告不能說明之事，例如新的製造能力或過程。
6. **使公司成為主要的資訊來源**：透過公開媒體接觸建立資訊來源，增加消費大眾對公司的印象及對產品的信心。
7. **協助銷售次要產品**：有些次要產品不會提供有效的利潤，但公關可以協助訊息登上版面。
8. **為主要執行者宣傳**：公關可以找到釐清公眾誤解、解釋公司政策的開端和說明任何想說清楚的事情。
9. **延伸促銷預算**：例如意見領袖、股東等。
10. **使銷售（宣傳品、刊物）更有效率**：視宣傳品爲產品並釋出公司想要宣傳的訊息，讓銷售成果維持在領先的地位，進而發現新的市場。

爲了讓公關更具影響力，有些人認爲需要行銷公關（Marketing Public Relation, MPR）。最重要的觀念是要有一套有系統，有組織的作法，並且讓公關與銷售產生連結（Make the PR to sales connection），也就是說，說服我們的客戶或顧客，運用公關的方法是有效率和效能的，可以幫助客戶達成與消費者溝通的目的或尋求公眾了解與支持。可用的行銷方式包括：

1. 增加品牌訊息的可信度。
2. 改善顧客對媒體關心程度。
3. 增加對目標市場視聽眾傳播訊息的能力。
4. 影響意見領袖。
5. 有能力突破顧客與股東間隔閡。
6. 有效率的傳播相關利益的訊息。

表 14-4 是行銷相關工具或可以使用的元素：

表 14-4 行銷可使用的元素

頒獎活動（Awards）	新聞信（Newsletters）
印刷品（Books）	官方背書（Official endorsements）
選拔賽、競賽和獨家活動（Contests, competitions, and created events）	贊助影片道具（Product placement）
紀念品（Chotchkes）	公益服務（PSAs）
現場示範（Demonstrations）	問券調查（Questionnaires）
展覽活動（Exhibits）	提供電台活動獎品（Radio trade-for-mention contests）
專家解答專欄（Expert columns）	巡迴商品展示會（Road shows）
愛用者俱樂部（Fans clubs）	試用品（Sampling）
節慶活動（Festivals）	企業標誌（Symbols）
開幕誌慶（Grand openings）	媒體參訪製造工廠（Tours）
服務熱線（Hot lines）	慈善馬拉松活動（Thons）
接受媒體訪問（Interviews）	贊助活動（Underwriting）
實地參觀（Junkets）	交通工具（Vehicles）
重大議題（Key issues）	錄影新聞稿（VNRs）
記者餐會（Luncheons）	日期（Weeks）
會議（Meetings）	青少年活動（Youth programs）
主題式博物館（Museums）	區域性計畫（Zone programs）

四、主要的公關決策

考慮運用公共關係時，行銷人員應確定公關目標，選擇能達成公關目標的公關訊息和特定工具，在執行公關方案之後，也要對公關的成果進行評估。

（一）公關目標的設定

首先，要設定公關的目標。公關的目標大致包括：1. 建立或提升組織、產品或理念的知名度與可信度，2. 鼓舞銷售人員和中間商的銷售熱忱，3. 塑造或改善組織與其產品在大眾心目中的形象。

每一項公關活動皆須設立特定的目標。例如美國加州的 Wine Growers 曾僱用一家公關公司發展一項公共關係方案，期能說服美國人相信飲酒是生活中的一大享受，並改善社會大眾對加州酒的印象與市場占有率。該公司設定了以下的公關目標：

1. 撰寫有關酒的故事，刊載於最知名的雜誌（如《時代週刊》與 House Beautiful）及報紙（如《食品專欄》和特刊等）。
2. 向醫學專業發表酒有益身體健康的故事。
3. 針對年輕的成年人市場、大專市場、政府機構及各種族社區，發展特別的公共報導方案；這些目標皆被轉換成特定的標的（Goals），以便進行最後成果的評估。

（二）公關訊息與特定工具的選擇

其次，行銷人員應選擇公關的訊息主題及特定工具，以達成所設定的公關目標。公關是組織整體行銷溝通方案的一環，因此，公關的訊息必須配合組織的整體推廣計畫。

儘管有許多現成的公關工具可供運用，但在許多情況下，也需要公關人員發揮創意，設計出新穎且具吸引力的特定工具，以發揮公關的效果。例如許多非營利性組織的募款人員就能別出新裁，創造各種募款的事件，如展覽會、拍賣會、慈善晚會、賓果遊戲、義賣、餐會、舞會、運動、競賽、健行、時裝表演等，爲組織籌募到大量的基金和活動經費。許多營利性的企業也深諳此道，善於利用各種創新的事件來達成特定的公關目標

（三）公關方案的執行

公關方案的執行需要相當的技巧。公關工作常須借助傳播媒體的配合，哪些具有重大新聞價值的公關訊息比較容易被刊載或報導；但大多數的題材都容易被媒體所忽略。

因此，公關人員常須與傳播媒體人員維持良好的人際關係，媒體人員能持續注意組織的動態，並願意刊載或報導對組織及其產品有利的新聞題材。

（四）公關成果的評估

公關常與其他的推廣工具配合實施，而非單獨實施，又其效果常是間接而非直接的，因此公關成果的評估並不是一件容易的事。衡量公關效果最常用的三種方法是展露次數、知曉、認識或態度的改變及對銷售與利潤的貢獻。

1. **展露次數**：最簡單的一種衡量方法，即計算公關活動在媒體上創造的展露次數，展露次數愈多，表示效果愈好。不過，展露次數並不能指出到底有多少人實際讀到、聽到、或記得公關的訊息，也不能指出閱聽者在接觸到公關訊息後的想法。此外，不同出版品的讀者會有重複的現象，從展露次數不能獲知各出版品接觸到的淨閱聽者有多少。
2. **知曉、認識或態度的改變**：衡量閱聽者在接觸到公關訊息後在產品知曉、認識和態度上的改變，是一種較好的評估方法。例如多少人記得聽到某件新聞、多少人向其他人轉述該新聞（一種口碑的衡量）、多少人在聽到它之後改變其心意。
3. **對銷售與利潤的貢獻**：如果能獲得有關銷售和利潤的資料，則銷售和利潤的影響是評估公關效果的最好方法。

五、公共報導

公共報導（Publicity）是公共關係的一種方式。公共報導係指組織將其產品、政策或經營理念，透過媒體以新聞或節目形式刊播出來，以提高組織或產品的知名度，進而塑造良好的形象。公共報導不需要組織支付廣告費用，是一種所謂「免費的廣告」。公共報導的應用場合很多，如開發出一種新產品、產品得獎、使用某種高科技的設備、名人參觀、特殊事件等，都可以用來做爲公共報導的題材，其前提是這些題材必須是社會大眾所關心，且具有新聞性。

不只是企業組織需要運用公共報導，越來越多的公會、財團法人、公益社團、甚至政府等非營利性組織也都愈來愈認識到公共報導的功能。例如各國政府都需要利用公共報導來吸引國外的觀光客、國外的投資或國際上的支持。公共報導的使用並不需要支付媒體版面及媒體時間的使用費用，僅須較少的投資，如能提供生動有趣的新聞題材，供各種不同的媒體加以報導，其效果與需花費高額的廣告有時並無兩樣。

行銷的世界

諾貝爾和平獎的美麗與哀愁

諾貝爾和平獎（挪威語：Nobelsfredspris）是由瑞典發明家艾爾弗雷德．諾貝爾於 1895 年所創立的。由挪威諾貝爾委員會五位評審委員選出得主，每年 12 月 10 日諾貝爾逝世紀念日頒發。其宗旨係「為促進民族國家團結友好、取消或裁減軍備以及為和平會議的組織和宣傳盡到最大努力或作出最大貢獻的人」，不過該獎項也可以授予符合獲獎條件的機構與組織，例如紅十字國際委員會就先後三次獲得該獎項。諾貝爾和平獎頒獎典禮是在挪威首都奧斯陸舉行，有別於其他諾貝爾獎包括化學、物理學、文學、及生理學或醫學獎，在瑞典斯德哥爾摩頒發。

2016 年的諾貝爾和平獎結果出爐，哥倫比亞總統桑托斯獲得評審青睞，在 228 位個人與 148 個團體角逐者中脫穎而出。先前呼聲頗高的志工組織敘利亞民防團、德國總理梅克爾以及天主教教宗方濟各等人，最後都未能出線。事實上，對於國際媒體與外界而言，每年在諾貝爾和平獎揭曉後，難免有所爭議，遺珠之憾更屬常態。

資料來源：今日新聞 2016/10/17，維基百科

問題討論

1. 請說明諾貝爾和平獎可能帶來的國家或個人公關效益。
2. 對一般公司而言，獲獎在公關策略運用上有什麼效益？要如何與廣告結合？

重要名詞回顧

1. 廣告（Advertising）
2. 產品廣告（Product advertising）
3. 開創性廣告（Pioneering advertising）
4. 競爭性廣告（Competitive advertising）
5. 提醒性廣告（Reminder advertising）
6. 機構廣告（Institutional advertising）
7. 廣告訴求（Advertising appeals）
8. 接觸率（Reach, R）
9. 頻率（Frequency, F）
10. 效果（Impact, I）
11. 總展露數（Total number of exposures, E）
12. 加權的展露數（Weighted umber of exposures, WE）
13. 直接評分（Direct rating）
14. 組群測試（Portfolio test）
15. 實驗室測試（Laboratory test）
16. 回憶測試（Recall test）
17. 認知測試（Recognition test）
18. 促銷（Sales promotion）
19. 消費者促銷（Consumer promotion）
20. 中間商促銷（Trade promotion）
21. 公共關係（Public Relation）
22. 行銷公關（Marketing Public Relation, MPR）
23. 公共報導（Publicity）

習題討論

1. 廣告的類型有哪兩種？
2. 廣告的表達方式分成哪幾種？
3. 請說明選擇廣告媒體的主要步驟。
4. 促銷可依促銷的對象分爲哪三類？
5. 消費者促銷活動有哪幾種方式？
6. 主要的促銷決策包括哪些？
7. 何謂公共關係？主要有哪些工具？
8. 有哪些公關能協助行銷銷售的方式？

本章參考書籍

1. Duncan, T. and Caywood, C. (1996), The Concept, Process, & Evolution of Integrated Marketing Communication, in Integrated Communication: Synergy of Persuasive Voices, Mahwah N. J. : Lawrence Erlbaum Associates.
2. Engel, J., Blackwell, R, D., & Miniard, P. W. (1995), Consumer Behavior, New York; The Dryden Press.
3. Fournier, S. (1998), Consumers and Theirs Brands: Developing Relationship Theory in Consumer research, Journal of Consumer research, 24 (March), 343-373.
4. Low, G. S. and Lamb, J. C. W. (2000), the Measurement and Dimensionality of Brand Associations, Journal of Product and Brand Management, 9 (6), 350-368.
5. Marguiles, W. P. (1977), Make the Most of Your Corporate Identity, Harvard Business.
6. Oliver, Richard L. (1999), Whence Consumer Loyalty? Journal of Marketing, 63 (Special Issue), 33-45.
7. Romaniuk, J. and .Sharp, B. (2003), Measuring Brand Perceptions: Testing Quantity and Quality, Journal of Targeting, Measurement and Analysis for Marketing, 11 (3), 218-229.
8. Roth, Marvin S. (1995), Effects Of global market conditions on brand image customization and brand performance. Journal of advertising, 24 (4), 55-72.
9. Wragg, D. (1992), the Public Relations Handbook, New York: Basil Blackwell Limited.

NOTE

15 人員銷售

本章重點

1. 銷售人員的功能。
2. 銷售團隊結構。
3. 銷售力管理。
4. 銷售人員管理。
5. 人員銷售的過程。

行銷觀測站

FOLLOW ···

香奈爾

香奈爾公司（法語：Chanel），是 1910 年嘉布麗葉兒．波納．香奈爾（法語：Gabrielle Bonheur Chanel；英語：Gabrielle Bonheur "Coco" Chanel，1883 年 8 月 19 日 ～ 1971 年 1 月 10 日）所創辦的頂級法國女性知名時裝私人公司。香奈爾夫人現代主義的見解，男裝化的風格，簡單設計之中見昂貴，成為 20 世紀時尚界重要人物之一。她的高級定製女裝更令她被時代雜誌評為 20 世紀影響最大的 100 人之一。

1971 年香奈爾夫人逝世後，德國設計師卡爾．拉格斐（德語：Karl Lagerfeld，1933 年 9 月 10 日 ～ 2019 年 2 月 19 日）在 1986 年才開始接任香奈爾公司設計大權。其叛逆的天才與特殊，就與年輕時的香奈爾夫人同出一轍，並將香奈爾王國領向另一個顛峰。其在時尚及藝術界影響深遠，與各種時裝品牌、藝術合作，開展更多元的視野，遂有「時尚大帝」及「時裝界的凱撒大帝」之稱譽，大部分中文媒體則稱其為「老佛爺」。

2019 年卡爾辭世，香奈兒首席執行長 Alain Wertheimer 表示：「憑藉著他的創意天賦，寬宏和敏銳的時尚洞察，卡爾．拉格斐領先於時代，為香奈兒在全球的成功付出巨大貢獻。」的確，正如同卡爾曾說：「我的職責並不是重複她（香奈爾夫人）的作品，而是體現她的風格延續。」想必，卡爾．拉格斐與嘉布麗葉兒．波納．香奈爾的傳奇亦將永遠留存。

Coco Chanel

362 likes

資料來源：聯合報 2019/02/19，維基百科

15-1 銷售人員的功能

人員銷售（Personal selling）是行銷溝通組合一個重要功能。製造商生產商品或勞務，透過銷售人員以個人接觸方式和購買者互動，將商品或勞務交到消費者手上。銷售管理就是對公司銷售人員進行規劃、組織、領導與控制，以使銷售人員能達成公司所設定目標。

現代的社會中，從事銷售工作通稱業務代表、業務人員、銷售人員、顧客服務、顧客諮詢顧問等。人員銷售是一個專業而複雜的工作，銷售人員必須要能在公司要求下，向顧客或潛在顧客傳達自己的商品或勞務比其他公司的商品或勞務還要好，不只說服消費者，還包括與消費者觀念溝通，提供消費諮詢與問題解決，以滿足消費者需求。

銷售人員可以執行的功能歸納爲：開發客戶、設定目標群、與客戶溝通、推銷、服務、資訊收集、供需配置與分配貨源。由於銷售工作本身複雜，各行各業銷售的內涵不盡相同，銷售人員所提供銷售功能也有不同，因此將銷售人員所提供功能，分爲下列幾類說明：

1. 依交易主動與否區分

(1) 回應銷售：回應顧客的疑難問題、抱怨、辦理作業手續、售後服務。

(2) 交易銷售：與顧客溝通，俗稱作客情，現有顧客或潛在顧客溝通訂單取得、商品陳列、清點庫存、銷售展示等是銷售人員基本的工作內容。相關作業還包括：整理訪問報告、銷售日報表填寫、填寫相關銷售資料、事後訪問分析、銷售分析並提供意見。

2. 依銷售所具有的熱忱區分

(1) 傳教士銷售：對銷售商品保持熱衷，影響有關購買決策之人。

(2) 技術性銷售：提供技術顧問、諮詢、建議、處理技術上的問題。基本上較不需要有強烈使命感驅策。

3. 依銷售所需要創造的特性區分

(1) 創造性銷售：調查消費者需求、開發新客戶、留住舊客戶、提供促銷方式，通常屬於原創性高、非例行性作業。

(2) 計畫性銷售：事前銷售計畫，包括總體競爭環境、個別產業競爭、產品銷售趨勢、產品銷售計畫。新產品試銷、上市、促銷、陳列安排、店家拜訪計畫。

(3) 巡迴銷售：包括客戶拜訪、新客戶開發、產品下架、逾期品及到期品之處理、客訴處理、問題回應。

15-2 銷售團隊結構

銷售人員是公司和顧客之間的橋樑。銷售人員要能夠加以分工，組織才能發揮團隊力量。公司成立銷售團隊時，需要對銷售團隊作適度的分工，才能發揮銷售效率。組織銷售團隊的方法如下說明。

一、區域式結構銷售團隊

區域式結構是指每個銷售人員都有專責的區域。其優點是每個業務人員的責任劃分非常清楚；在責任區域內，全力拓展業務，培養個人的地方關係，或稱培養客情；每個業務只在負責的區域內作業，各項差旅費、業務費用可以降到最低。這一類的劃分可以從區域大小與區域形狀兩個方面來分。

1. **區域大小**：責任區域大小的劃分要適度，太大太小都不合適。最好能夠提供相等的銷售潛力或相當的工作負荷。相等潛量的區域設計使得每位銷售人員都有相同收入機會，同時可以作爲公司評估業務績效的方法。但是顧客在每一個區域數量並不相同，即使銷售潛力相同但所涵蓋區域大小不會一樣。如台北市消費力比較強，精品市場開發需要較密集，業務人員可以分到的區域會較小；中南部或部分城鄉地區消費力較低，業務人員所負責區域會較大。

2. **區域形狀**：銷售區域的選定，由某些單位所組成。可以考量用天然界限、相鄰地區的配合程度、或運輸的便利性等因素。如以雲嘉、高屏、或大肚溪以北、濁水溪以南等劃分。劃分出來的區域，會影響業務開發與費用成本，因此在區域消費人口密度、工作負荷、銷售潛力、最短差旅時間中找最適均衡點。

二、產品結構式銷售團隊

隨銷售人員對商品認識程度日趨重要，產品分類與商品管理的發展，導致許多公司根據產品線組織銷售團隊。當產品技術層次複雜，產品種類繁多，彼此相關性不高，以專業化的產品線組織銷售團隊愈來愈顯的重要。寶鹼（P&G）、聯合利華（Unilever）、雀巢、都是採用這類產品結構的銷售團隊。

三、市場結構銷售團隊

公司通常以顧客群或產業別來組織銷售團隊。依市場結構，不同的產業或不同的顧客群分別設立銷售團隊。市場專業化的銷售團隊最大的優點是使每一位業務人員能充分了解個別顧客的需求。主要缺點是，如果顧客相當分散，則業務人員就要跑遍各個區域。如有些公司分北區或南區，或一般超市、百貨公司、量販店客戶。

四、綜合銷售團隊結構

當公司銷售多種產品，且服務地理區域廣大，顧客眾多時，公司通常會混合運用上述各種團隊結構。公司可以結合區域－產品、區域－市場、產品－市場結構等方式混用。在這種情形之下，一位業務人員可能同時向數個產品經理或幕僚經理負責。

15-3 銷售力管理

不同行業對銷售人員的銷售能力有不同的估算。在設立或經營業務單位時，要先思考著手的是，公司需要什麼樣的業務人員、業務人員的員額有多少、業務區域如何劃分、業績獎金如何計算、業務人員作息如何控管、怎樣才能達成公司設定目標，這些問題都相當重要。

一、銷售工作性質的決定

銷售工作的性質，各行各業都不太一樣。從企業經營的角度來說，可以分成內部因素與外部因素。內部因素包括天賦、個性、銷售技巧、工作滿意、角色知覺。外部因素包括總體環境、產業供需、企業組織（人力政策、市場定位、行銷組合）、工作部門。

二、銷售力劃分的方法

銷售力的決定，可以採用兩種方式，一是分解法，估計全公司每年或每月所需銷售量，再估算每位業務人員所需的銷售量，就可以算出需要多少業務人員。公式如下：

$$\text{所需銷售人員數}=\frac{\text{估計銷售量}}{\text{每位銷售員的平均銷售量}} \qquad \text{（式 15-1）}$$

另一個方法是採用工作負荷法（Workload approach），估算所需要的業務人員。步驟如下：

1. 依據顧客的年度銷售量，將顧客分成不同的規模等級。
2. 將每一規模等級分別設定希望拜訪的頻率。
3. 將每一規模等級的顧客數目乘以其相對應的拜訪次數，求得每年銷售訪問的總工作負荷。
4. 決定一位業務人員每年能進行的平均拜訪次數。
5. 將每年所需的拜訪總次數除以一位業務人員平均一年所能進行的訪問次數，即可決定所需要業務人員的人數。

舉例如下說明：

總客戶數：800 戶			
顧客分群	A	B	C
預計銷售比率	25%	50%	25%
拜訪次數（月）	12	6	2
拜訪作業時間（分）	120	60	30
總工作小時	12×120	6×60	2×30
（分）	1440	360	60
（時）	24	6	1
總工作量	800×025×24 ＝ 4,800	800×0.5×6 ＝ 2,400	800×0.25×1 ＝ 200
（時）	4,800 ＋ 2,400 ＋ 200 ＝ 7,400		
每個銷售人員年工作時數：48 週 × 每週 40 小時＝ 1,920 小時 每位銷售人員的工作負荷（設可供銷售時間 50%）：1,920×0.5 ＝ 960 銷售人員需求：7,400÷960 ＝ 7.7，即 8 個業務人員			

抗疫之路　最寒冷的冬天？

2020 年新冠疫情肆虐，新加坡因移工宿舍爆發大規模群聚感染，連續好幾個月每天新增確診人數高達數百人，甚至破千，成為東南亞確診人數最多的國家。殷鑑不遠，2021 年 6 月，臺灣苗栗電子廠仍爆發外籍移工群聚染疫。雖然疫情很快獲得控制，然狹小、群聚的移工宿舍，的確很容易讓疫情快速蔓延。

同年 7 月，臺灣記憶體模組大廠威剛專案包機送近百名員工搭乘長榮航空，前往關島施打疫苗。其補助每位員工 10 萬新臺幣，預計 18 日前往、22 日返國，可選莫德納、輝瑞、嬌生等疫苗三擇一。此外，許多企業則實施居家辦公的措施，以減少出門、避免群聚。人們也慢慢習慣這樣的生活模式與作業方式，Google 就有 20% 的員工可永久居家辦公、60% 每週只需進公司三天。然而，即便遠距工作似乎已經沒有回頭路，但居家辦公卻考驗著勞資彼此間的互信。許多雇主即擔憂居家辦公的方式將使員工無所事事，縱使員工完成了表訂上的各種工作；同時，他們也認為自己將失去足夠的控制權。

資料來源：中央通訊社，遠見 35，經濟日報

三、設計銷售區域

根據銷售團隊結構設計，在銷售力的決定部分，細部作業可以分成下列幾項步驟進行：

1. 選擇基本控制單位：這是業務區域劃分最基本單位的思考。可以供選擇的基本控制單位包括國家、城鎮、街道、住家等。跨國業務可以考慮以國家別為業務推廣的單位，密集式的經銷商品可以用街道或住家人口、戶數為區分單位。
2. 估計每個基本控制單位中的潛在市場。

3. 組合控制單位於暫時性區域。該暫時性區域可預先設定由數位業務人員組成一個業務單位，或幾條業務線設一位主管，作暫時性的分配。
4. 執行工作量分析：根據上述暫時性區域估計每個區域或業務單位的眞實收益、潛在市場需求、市場佔有率。
5. 調整暫時性區域以考慮潛在銷售的差異。根據銷售密度、工作負荷、銷售潛力、最短差旅時間，找出最適均衡點，作爲劃分銷售力依據。
6. 指派銷售員到區域上。

四、設定銷售配額

決定銷售配額對銷售力決定有很大影響。銷售配額的估算，可從銷售量的大小來決定，也可以財務數據、銷售活動作基礎，或綜合各項活動加權計算。

1. **以量為基礎的配額**：銷售量、銷售額、經濟規模。
2. **以財務為基礎的配額**：毛利、淨利、邊際貢獻、單價。
3. **以活動為基礎的配額**：拜訪客戶數、促銷次數、新客戶數目、顧客滿意程度。
4. **綜合各項活動的配額**：整合上述方式，多種評估方式，作加權計算。

五、銷售獎酬

銷售獎酬可依公司業務特性、行業特色、公司決策人員在策略上所要掌握情況有所不同。考量的因素有下列五項：

1. 薪資與業績獎金，如業種、業態、組合比率。
2. 佣金。
3. 銷售競賽，如出國旅遊、陳列比賽、業績競賽或高峰賽等。
4. 團體獎金，如津貼、利潤分享、分紅等。
5. 銷售獎酬的整合。

六、銷售力的控制

銷售開始、進行與結果，都要對銷售力作一個控管，以期達成公司目標，發揮營業效率，所以針對各項作業應設立一些衡量標準，作爲管理的依據。

1. **產出衡量**：訂單、帳單、銷售時間、銷售時間效率、費用、非銷售活動時間（完整單據整理）（拜訪頻率、次數、時間、效益）。

2. **績效考核**：銷售量、工作知識與態度、銷售區域管理、顧客與公司關係（客情）、個人特性、個人生活與交友情形。

七、商品推銷的銷售技巧

商品推銷說明的最終目的就是讓顧客購買你的商品。因爲你要使用一切可行的技巧，主動熱情的詳細介紹商品的各種性質，尤其是所具備優於同類商品的一些特性，首先抓住顧客的視線，突顯重點的講解商品的概貌，讓顧客對你的商品產生興趣，進而仔細的說明性質，激發顧客的購買慾，使其認爲這個商品有必要買或值得買。以下歸納八種說明技巧。

1. **預留給顧客適當的想像空間**：爲了讓顧客對商品產生興趣，在商品說明中可適當的加以保留，讓顧客自己去想像，去探索，這種「朦朧」的介紹說明方法可以激發顧客對商品的好奇心，產生濃厚的興趣，此即爲商品設置一個舞台形象，讓顧客的視線跟著你走。
2. **善於聽取顧客的意見**：推銷工作中，常會聽到許多顧客對商品的評價與要求，對此推銷員採取的態度與推銷工作有很緊密的直接關係，誠懇地接受顧客提出的批評、意見是一位好推銷員應具備的基本素質，誠實中肯的推銷員，能贏得客戶的信任，進而放心買下商品。
3. **找到具有決定權的人**：推銷商品時，常常有這種狀況，一個家庭或是一群同伴一起來跟你談生意，這時推銷員必須先準確地判斷出其中的哪位對這筆生意握有決定權，再針對他進行交談，掌握其需求，把商品介紹給他，讓他瞭解該商品特點符合其所需，這樣交易也就容易成功了。
4. **博取顧客的信任**：以一位陌生人身分向顧客推銷商品時，顧客開始當然是懷著半信半疑的態度來看你的商品，從這刻起推銷員就應致力於與顧客溝通，讓顧客覺得你是個與他志趣相投的好夥伴，逐漸博得他的信任，讓他的疑慮逐步消失，最後對你完全信任，交易也就可順利完成。
5. **充分發揮暗示的作用**：讓顧客能明瞭商品的大概性能，從整體上對商品有一個大致的了解，使顧客做到對你的商品心裡有數，它將會爲自己帶來什麼便利，或是買了它究竟値不値得，這些問題在顧客心裡有個底，答案在顧客腦中形成，讓顧客對商品感興趣，產生一種莫名的好感，有時遠遠勝於直接了當的跟顧客講解所產生的效用。

6. **製造顧客的競爭心理，實現快速成交的目的**：人的競爭心理是與生俱來的。購買商品時，顧客也有競爭意識。依照不同的現象，分析他們不同於其他人的方面，改變談話的內容，讓顧客覺得你了解他的想法，並把最好的商品介紹給他，就會很愉快的接受你的商品了，在你的推銷過程中多說一些「就剩這些了」、「這是最後一點了」，刺激顧客對商品的佔有慾，使顧客覺得就算是不需要的東西也值得買下來。
7. **強調購買商品的最佳時機**：在強調購買的最佳時機時，必須向顧客介紹當今這商品在市場上的行情，生產這種商品的廠家的情形及顧客對這種商品的需求狀況，提高推銷員的論述有憑有據，且是經過分析多方面訊息所得來的結論，這樣即使顧客當時不需要的貨品也可能想買下來再說，以免將來後悔。
8. **利用顧客的話說服顧客**：一般來說，顧客更容易相信其他顧客的話，因爲大家都是「同路人」，都渴望買到自己稱心如意的商品，彼此間的心更容易溝通，也更容易產生彼此間的情感呼應，因此可以在推銷的過程中有效的利用第三者所說的話，幫你溝通顧客的心，讓顧客較快信任你的商品，有時顧客的一句話抵上你說了大半天。

15-4 銷售人員的管理

決定了銷售力的組織結構和銷售力管理之後，接著要進行銷售人員的招募、甄選、訓練、薪酬、激勵、和績效評估等管理工作。

一、銷售人員的招募和甄選

招募和甄選優秀的銷售人員是人員銷售成功的重要關鍵。成功的銷售人員通常具備兩個基本的素質：1. 同理心（Empathy）：即設身處地爲顧客設想的能力；2. 自我驅力（Ego drive）：即個人想完成銷售的強烈需要。除了要考慮優秀銷售人員所應具備的基本素質之外，在招募和甄選時，也應考慮特定銷售工作的特性，如是否須經常到外地出差，是否有許多紙上作業、工作是否有很大的變動性與挑戰性等。

進行招募時，可透過銷售人員的推薦、校園求才、職業介紹所的介紹、各地職訓局或青輔會，或獵人頭公司刊登求才廣告等管道來尋求應徵者。招募工作做的好，就會招到許多有興趣的應徵者，接著可進行甄選工作選出合適的人才。甄選工作繁簡不一，簡單的如只做書面的甄選或簡單的面談，繁雜的如履歷資料、面談、筆試、推薦信等一應俱全。廠商應根據本身的情況和需要，配合人力資源需求，設計一套合適的招募與甄選程序。

二、銷售人員的訓練

廠商僱用新進的銷售人員之後，應對他們進行必要的訓練。包括新人訓練，及各種在職訓練等。有許多公司有完整的訓練計畫，有些公司則只對其銷售人員做非正式的在職訓練。完整的訓練計畫需要花費講師費、教材費、場地費、受訓新進人員的薪資、訓練行政費等。不過，透過良好的訓練才能使新進的銷售人員認識公司和產品，了解有效銷售的方法，熟悉市場和競爭情況，如此才能勝任銷售任務，因此訓練費用通常是必要也划算的投資。

訓練方法不一而足，不同的訓練方法產生有不同的成本，訓練成效也各有不同。負責訓練的部門應儘可能分析不同的訓練方法對銷售績效（如流動率、缺勤率、銷售量等）的效果，然後選用較具成本效益的訓練方法。

三、銷售人員的薪酬

公司必須制訂一套有吸引力的薪酬制度，才能吸引與留住優秀的銷售人員。一般而言，銷售人員和管理階層對薪酬制度的要求並不相同，甚至相互衝突。銷售人員希望的薪酬制度是能讓他們有穩定的收入，業績優異時能獲得較高的報酬，且能隨著經驗和資歷的增加而合理調整待遇。而另一方面，在管理階層看來，理想的薪酬制度應該是可控制的、經濟的和簡單易行的。管理階層和銷售人員對薪酬制度的要求有時是互相衝突的。例如，管理階層希望薪酬制度能具經濟性，可能與銷售人員希望的收入穩定相衝突。在設計銷售人員的薪酬制度時，應能兼顧廠商和銷售人員的觀點與利益。

薪酬制度包括兩個重要的層面，一是薪酬的水準，另一是薪酬的組成項目。薪酬的水準必須配合各類銷售工作和工作能力的「市場行情」或「市場價格」，如同業的平均待遇水準、或同業的銷售人員薪酬等。若銷售人員的薪酬有明確的市場行情，則通常別無選擇，只有依照市場行情來決定薪酬水準。薪酬水準偏低，不足以吸引人才和留住人才，薪酬水準偏高，也沒有必要。但在實務上，銷售人員的薪酬水準常沒有明確的市場行情。各廠商的薪酬制度中對於固定底薪和變動薪資等項目各有不同安排，同業間銷售人員的能力和年資也都不同，很難作爲比較的標準。而且，各業別的平均薪酬水準也不易取得。

薪酬的項目包括固定薪資（底薪）、變動薪資、費用津貼及福利。固定薪資一般可滿足銷售人員對穩定收入的需求；變動薪資，如佣金、獎金、紅利或利潤分享等，可用來激勵銷售人員更加努力；費用津貼是支付指銷售人員的出差、食宿及應酬的費用；福利包括休假給付、疾病或意外事件給付、退休金、人壽保險及其他福利，可提供銷售人員安全感與工作滿足感。銷售主管必須決定上述薪資項目在薪資制度中的相對重要程度。

一般言之，非銷售性工作的固定薪資比率，應比銷售性工作的比率爲高；而技術性較複雜的工作，其固定薪資比率亦應較高；對於呈循環週期性或績效依銷售人員努力程度而定的銷售工作，則應較強調變動薪資。

根據對固定薪資和變動薪資的處理，有三種基本的薪酬方法，即薪水制（Straight salary plan）、佣金制（Straight commission plan）和混合制（Combination plan）。

1. **薪水制**：指定期付給銷售人員固定的薪酬。
2. **佣金制**：根據銷售人員的銷售成績（銷售額或毛付），付給一定比率的佣金以爲薪酬。例如以銷售人員達成之銷售額的 3% 或所創造之毛利的 10% 作爲支付給銷售人員的佣金。
3. **混合制**：是前兩種方法的混合，除支付給銷售人員固定的薪資外，還要根據銷售人員的銷售表現支付佣金。

表 15-1 列示這三種基本方法的優點和缺點。一般言之，混合制如設計良好，可取薪水制和佣金制二者之長，去二者之短，是一種較理想的方法。事實上，大多數的廠商係採用某種型式的混合制。

表 15-1　三種基本薪酬方法的比較

優缺點／薪酬方法	優點	缺點
薪水制	1. 提供穩定的收入，讓銷售人員有最大的安全感。 2. 銷售費用較易估計和控制。 3. 易於要求銷售人員配合銷售政策。 4. 銷售人員較願意花時間去從事，可增進顧客滿足的非銷售活動。 5. 簡單易行。	1. 未提供銷售人員努力銷售的誘因。 2. 需要密切監督銷售人員的活動。 3. 薪水與銷售量或毛利無關，成為一種固定成本。

優缺點／薪酬方法	優點	缺點
佣金制	1. 提供銷售人員努力增加銷售量的足夠誘因。 2. 不需要密切監督銷售人員的活動。 3. 佣金與銷售量或毛利直接相關連，是一種變動成本。	1. 銷售人員沒有固定的收入，缺少財務上的安全感。 2. 不易控制銷售人員的活動，特別是很難要求銷售人員去執行沒有佣金的工作。 3. 銷售人員可能會忽視對小客戶的服務。
佣金制	4. 可提高佣金率來鼓勵銷售人員配合銷售政策（如全力銷售某一產品）。	4. 銷售費用較不易估計和控制。
混合制	1. 提供某一水準的固定收入，讓銷售人員有財務上的安全感。 2. 提供銷售人員努力銷售的一些誘因。 3. 銷售費用隨銷售收入的變動而變動。 4. 對銷售人員的活動可有一些控制。	1. 銷售費用中屬於佣金的部分較不易估計。 2. 是三種方法中最複雜的。

四、銷售人員的激勵

大多數的銷售人員都需要有足夠的激勵或誘因，才能全力投入銷售工作。對哪些需要單槍匹馬到各地去拜訪顧客爭取訂單的銷售人員，尤其要經常給予激勵，隨時給他們鼓勵打氣，幫助他們面對對手的競爭和克服銷售過程中時常發生的挫折與失望，達成銷售的任務。

僅管薪酬是一種財務的酬勞，是一種重要的激勵工具，但除了薪酬之外，還有許多金錢與非金錢的激勵工具，如銷售配額（Sales quota）、銷售競賽、銷售會議、組織氣候（Organizational climate）、升遷、榮譽、個人成長機會等，都是常用的激勵工具。

（一）銷售配額

銷售配額是廠商為銷售人員設定的年度銷售額度。銷售配額可以用銷售金額、銷售數量、毛利、銷售活動和產品類別來表示。銷售配額的設定有三個不同的理論：

1. **高配額理論（High-quota school）**：將配額設定在比大多數銷售代表能達成的水準還要高的額度，但是所設定的水準仍然是可以達成的。這個理論相信高配額可激發更大的努力。

2. **中配額理論（Modest-quota school）**：將配額設定在大多數銷售人員能夠達成的水準。這個理論認爲合理的、辦得到的，且可獲得信心的配額，才能爲銷售人員所接受。

3. **變動配額理論（Variable-quota school）**：這個理論認爲銷售代表之間有差異存在，因此應視個別差異分別設定高配額和中配額。

（二）銷售競賽和會議

許多公司利用銷售競賽和銷售會議來激發銷售人員的熱忱，使他們能更加努力，更加投注於銷售工作。銷售競賽可用來激勵銷售人員專注於特定的銷售任務，如爭取新客戶、提高銷售量、推銷特定產品項目、加強對特定地區的銷售工作、擴大銷售地區等。

而銷售競賽的獎品必須具有吸引力，競賽規則必須公平合理，並讓足夠多的銷售人員有機會能獲得獎品，才能達到激勵的效果，如保險公司的「高峰賽」之類。銷售會議可能提供給銷售人員一個和銷售主管或公司高階主管會面和交談的機會。銷售會議也是一種社交場合，讓銷售人員有機會彼此表達心聲，溝通意見和發洩情感。

（三）組織氣候

管理階層可透過組織氣候提升銷售力的士氣和績效。組織氣候反映銷售人員對有關他們的薪酬、工作環境、和在公司的發展機會的感受與看法。有些廠商非常重視銷售人員，視他們爲發展的主要原動力，並提供給他們在收入和升遷上無限的機會。對於不尊重銷售人員的廠商，銷售人員的流動率通常較高，績效也不好；哪些尊重銷售人員的廠商，銷售人員的流動率往往較低，績效也較好。

五、銷售人員的評估

銷售主管要不斷激勵銷售人員，讓他們更加賣力，對銷售人員的工作績效亦應定期予以衡量和評估。

銷售主管通常可透過銷售人員定期提出的銷售報告（Sales reports）、訪問報告（Call reports）或其他書面報告來取得有關銷售人員活動的資訊。銷售報告包括事前提出的銷售計畫和事後提出的銷售成果報告；比較這兩種報告可看出銷售人員的事前規劃能力和執行計畫的能力。訪問報告則說明銷售人員的活動內容，包括被訪問的顧客名單以及和顧客互動的情形。至於其他報告則包括費用報告、新業務報告、產業和經濟情勢報告等。

這些報告可提供一些原始資料給銷售主管，以利找出銷售績效的關鍵指標，包括：

1. 每位銷售人員每天平均銷售訪問次數。
2. 平均每次銷售訪問所花的時間。
3. 每次銷售訪問的平均收入。
4. 每次銷售訪問的平均成本。
5. 每次銷售訪問的交際成本。
6. 每一百次銷售訪問的接單百分比。
7. 每一期的新顧客人數。
8. 每一期失去的顧客人數。
9. 銷售力的成本佔總銷售額的百分比。

這些指標可以回答幾個很有用的問題：銷售代表每天的銷售訪問次數是否太少？每次訪問所花的時間是否太多？交際應酬費用是否過多？每一百次的銷售訪問所獲得的訂單數是否足夠？是否爭取到足夠的新顧客並保有原來的老顧客？

除了銷售人員所提出的報告之外，銷售主管也可經由平日對銷售人員的觀察與銷售人員的日常交談，以及顧客的信函與抱怨情形等途徑獲得有關銷售人員績效的資訊。

15-5 人員銷售的過程

不論人員銷售的規劃如何完善，仍然需要仰賴銷售人員的銷售技巧，就好像在戰場上，無論參謀本部的作戰計畫如何完美，仍然需要官兵們的優秀戰技一樣。人員銷售的過程區分為對新顧客的銷售和對現有顧客的銷售兩部分來說明。

一、對新顧客的銷售

對新顧客的銷售過程，大致包括發掘潛在顧客、事前準備、接近、展示、克服異議、完成銷售和追蹤等七個步驟（如圖 15-1）。

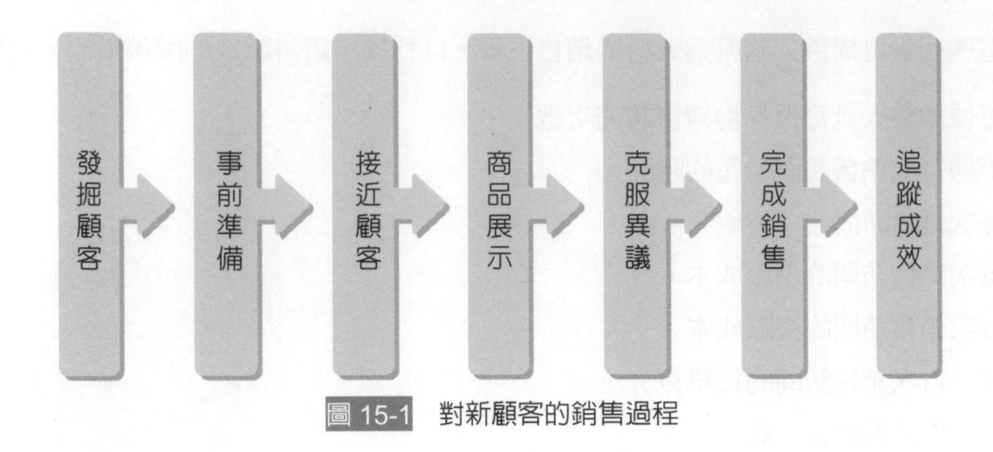

圖 15-1　對新顧客的銷售過程

（一）發掘潛在顧客

銷售過程的第一個步驟是發掘與辨認潛在的顧客。雖然廠商通常能提供一些線索，但銷售人員也要有能力尋找自己的潛在客戶。下列方法可幫助銷售人員發掘客戶的線索：

1. 查詢資料來源（報紙、廠商名錄、資料庫），以找尋潛在客戶的姓名。
2. 在商展會場設攤位，鼓勵潛在顧客前來參觀。
3. 向現有的顧客詢問潛在顧客的姓名。
4. 從供應商、經銷商、沒有競爭關係的銷售代表、銀行家和商業公會的主管等其他參考來源得到有關資料。
5. 接觸潛在顧客所屬的組織和協會。
6. 從事會引起顧客注意的演說和寫作活動。
7. 利用電話、電子郵件和網際網路去發現線索。
8. 不事先通知，順道去拜訪各辦公處所，作盲目拜訪。

銷售人員需要知道如何篩選顧客，以避免浪費寶貴的時間在不良的潛在顧客上。銷售人員可經由檢視可能對象的財務能力、業務量、有無特別要求、地點等來辨別有無可能成爲顧客。

（二）事前準備

找出潛在顧客之後，銷售人員應在正式接近客戶前，做好事前準備的工作，包括：

1. **蒐集有關潛在客戶的資料**：例如潛在客戶的需求特性、採購的決策過程、可能的決策者等相關資料。
2. **決定訪問的目標**：如蒐集進一步的資訊，達成立即銷售、或評估潛在顧客成爲眞正顧客的可能性等目標。

3. **決定訪問的方式與時間**：銷售人員可根據受訪對象的工作特性或作息時間來決定拜訪的時間，同時還需要考慮如何接近受訪問的對象，是先用電話聯絡、信件連繫、還是直接前往訪問。

（三）接近顧客

銷售人員知道如何會見或接近潛在的購買者，才能與顧客建立良好的關係。銷售人員的儀表、言談、舉止等都是重要的影響因素。銷售人員可考慮穿著和顧客相似的服裝，要有整潔的外表，顯得有禮貌，注意購買者，並避免有引人分散注意力的舉止和行為。

訪問的開場白應明確而令人愉快，如「王經理，我是大葉公司的銷售代表林大川，很感激您接見我。我希望此次拜訪對您及貴公司有所幫助。」開場白後，可以簡單的寒喧來增進了解，或問些重要的問題，或展示樣品以吸引潛在顧客的注意和好奇。

（四）商品展示

經過前述幾個「暖身」階段之後，接著可向潛在顧客進行產品介紹與展示。在介紹和展示產品時，銷售人員一方面要以生動的方式展示產品的特色，一方面也要傾聽潛在顧客的意見和評論。一位有經驗的銷售人員應該採取行銷導向的原則，隨時配合採購對方的反應來展示產品的特性，並且將產品的特性和潛在顧客的利益相結合。

在此階段，銷售人員宜掌握 AIDA 模式（見 13-3）。AIDA 模式說明購買者在購買時經過的四個階段：引起注意（Attention）→誘發興趣（Interest）→刺激慾望（Desire）→促成行動（Action）。銷售人員可順著此模式來介紹和展示產品，先引起購買者的注意，再激發其興趣，並誘導其購買意願，最後促使其採取購買行動。

（五）克服異議

銷售人員在展示產品或要求下訂單時，潛在顧客常常會提出一些異議。這些異議可能是心理上的拒絕，如抗拒被干擾、偏好現有的供應來源或品牌、冷漠、不願放棄某些事物、銷售代表令人有不愉快的聯想、先入為主的觀念、不喜歡作決策、和對金錢的敏感態度等，也可能是理性的，如對價格、運送日程、或某些產品或公司特性的不滿。

面對潛在顧客的異議，銷售人員應具有相當的耐心，也要有談判的技巧，設法消除其疑慮，甚至將理性的或心理的異議轉變成購買的理由。

（六）完成銷售

處理和克服異議之後，銷售人員應試圖完成銷售，使交易得以達成。但有些銷售人員不能有效處理這個步驟，對自己、對公司或對產品缺乏信心，或對要求潛在顧客訂貨感到不安，或不能在適當的時機完成銷售，而使銷售工作功虧一簣，非常可惜。因此，銷售人員把握時機、完成銷售的能力至爲重要。

聰明的銷售人員懂得在何時以及如何要求顧客做採購決定，以下是幾種常使用的方式：

1. 先確定顧客最希望產品能爲他們解決的問題，然後對顧客展示產品能夠達到這樣的目的，隨即詢問顧客是否願意採購產品。直接要求顧客下訂單。
2. 提供顧客不同選擇，然後詢問顧客要買那一種。
3. 利用顧客擔心機會不再的心理來促使顧客下決定採購。
4. 適時保持沉默（Silence），因爲當一項推銷行爲停頓時，會迫使潛在顧客做出反應，這個反應可能是正面的，也可能負面的。
5. 提供額外的誘因（Extra-inducement close）來吸引顧客做採購決定，例如訂單量大的折扣、特別服務、分期付款等。

二、對現有顧客的銷售

一旦爭取到一位新顧客之後，銷售人員就要對這位顧客進行另一種的銷售－對現有顧客的銷售。對現有顧客的銷售，強調建立和維持長期關係。對購買量大的主要客戶，如何建立和這些大客戶的長期買賣關係，取得他們的信賴，非常重要且具挑戰性。銷售人員應密切注意主要客戶面臨的問題和需要，向他們展現服務的熱忱和能力，俾能和他們維持長期的合作關係。這種建立長期合作關係的銷售工作常常比爭取新顧客的銷售工作還要複雜而困難。這種行銷活動即所謂的關係行銷（Relationship marketing），有別於較傳統的交易行銷。

關係行銷強調和主要顧客維持良好的長期關係。銷售人員不只在顧客要訂貨才去拜訪他們，也不只爲了爭取訂單才去拜訪顧客，而應在平時就多和顧客一齊餐敘、打球、參加民間社團（如扶輪社、獅子會、青商會、國際同濟會、商業會、工業會、崇她社等）、贊助公益活動等，並提供業務上的建議，俾能和他們建立長期的合作關係。

行銷的世界

多元成家立法草案

「多元成家立法草案」是中華民國法律中一系列為改善性別平等，而修改民法中涉及婚姻及家庭制度的草案。最早起源於 1990 年代，其後，隨部份爭議相對較少的法律與政策施行後，目前以「多元成家」概括通稱之相關法案包含「婚姻平權草案」、「伴侶制度草案」、「家屬制度草案」等三項。其各自獨立且同時送入立法院審查，其中，婚姻平權在 2013 年、其他兩項則在 2016 年通過一讀，且仍交付司法及法制委員會審查中。

參與及推動「多元成家」的民間團體，以「臺灣伴侶權益推動聯盟」、「臺灣同志家庭權益促進會」、「同志諮詢熱線協會」和其他性別團體、人權倡議組織為主。而反對方多為反對草案制度設計，部分反對同性婚姻。其以「臺灣宗教團體愛護家庭大聯盟（護家盟）」、「下一代幸福聯盟」、「信心希望聯盟」和華人基督教會組織為主。

臺灣同志遊行 2019 起點，攝於臺北市政府大樓

資料來源：維基百科

問題討論：

1. 人員是公司經營成功的關鍵因素，你同意嗎？請說明你的意見。
2. 隨社會多元化，從業人員理念也更為多元，可否設計一套計畫，增進不同理念成員間的相互了解。

重要名詞回顧

1. 人員銷售（Personal selling）
2. 工作負荷法（Workload approach）
3. 薪水制（Straight salary plan）
4. 佣金制（Straight commission plan）
5. 混合制（Combination plan）
6. 銷售配額（Sales quota）
7. 組織氣候（Organizational climate）
8. 高配額理論（High-quota school）
9. 中配額理論（Modest-quota school）
10. 變動配額理論（Variable-quota school）
11. 關係行銷（Relationship marketing）

習題討論

1 請說明銷售人員所提供的功能。
2. 組織銷團隊結構的方法有哪些？
3. 請說明如何組織區域式結構的銷售團隊。
4. 請說明銷售力如何管理。
5. 請說明銷售人員如何管理。
6. 請比較銷售人員三種基本薪酬方法。
7. 請說明完成新顧客時，人員銷售的過程有哪些步驟？
8. 對現有的顧客的銷售應注意什麼？

本章參考書籍

1. P. Kotler, Marketing Management (N. J. : Prentice Hall,2010).
2. P. Kotler and G. Armstrong, Principles of Marketing (N. J. : Prentice Hall, 2009).
3. 資策會 FIND 網站：http://www.find.org.tw/find/home.aspx
4. Yahoo、PC home 入口網站中網路行銷與廣告。
5. 裕隆集團官網：http://www.yulongroup.com.tw（2013/1/20）

16 國際行銷

本章重點

1. 說明國際行銷的定義。
2. 認識多變的國際行銷環境。
3. 知道國際行銷理論。
4. 了解國際行銷進入模式。

行銷觀測站

FOLLOW

日幣狂貶！赴日旅遊省很大

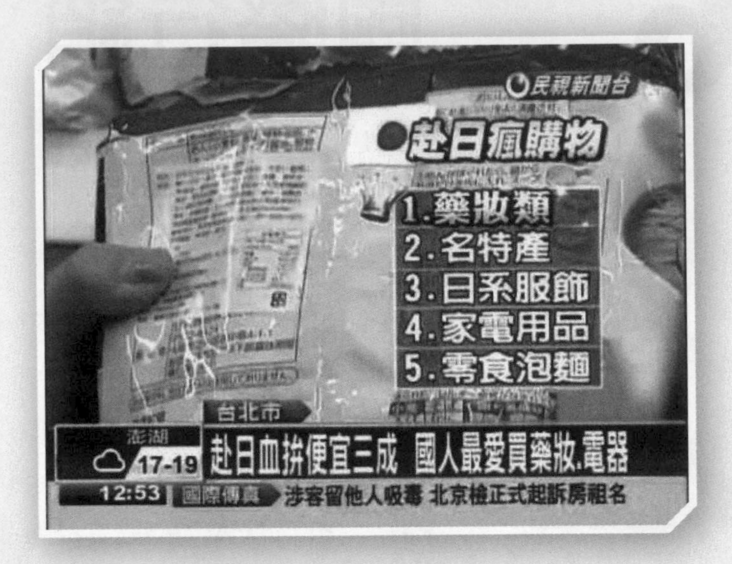

圖片來源：民視新聞

2016 年底美國升息，讓美元變成強勢貨幣，亞洲貨幣一片倒！而日圓跌幅深，最新牌告價，日圓兌臺幣創下一年多來新低，2016 年 12 月 16 日逼近 0.26，也就是 1 塊臺幣，可以換到 3.67 元日幣，就有網友換算，如果自己到日本買一台 NY55 吋液晶電視，就算加上運費、補稅金，還是比臺灣售價，便宜 3 萬 5 千塊，省下的錢可以買一台 256G 的 iPhone7 ！

在許多旅遊攻略的網站或論壇中，也不時有旅遊達人告訴臺灣遊客，如何透過匯率變動來省錢，例如日圓升值臺幣貶值時，則一定要選擇臺幣付款，同時避免匯率爭議。相反地若是日圓持續走貶，要找日幣計價付款的機票而不要用臺幣付款，但可能會有手續費，而且要小心廉價航空系統所設定的匯率有可能高於各國官方銀行當日公告匯率；如果刷信用卡的海外手續費不多，也可以少帶現金多刷卡，因為到時日幣可能更便宜，但是若日圓已經貶到谷底將要翻升，則還是現金為王道。

對於進出口產業以及國際觀光旅遊業，持續關注匯率變化，有助於判斷市場風向。

資料來源：改編自華視新聞網 2016/12/16，參考 ETtoday 旅遊雲 2015/05/14

16-1 行銷走向全球化

臺灣是一個相當多元且國際化的市場，我們可以接觸到很多國外的商品，例如麥當勞、肯德基、豐田汽車、福特汽車、花旗銀行等，甚至全球最便宜的小車 Tata Nano 也在台上市了。

一、行銷全球化的原因

行銷爲什麼會走向國際化，或全球化呢？企業外部環境的壓力與來自企業個別情況的需求都促使行銷走向國際化、全球化發展。

（一）外部環境壓力

企業外部環境壓力，主要是來自下列七個因素：

1. **競爭（Competition）**：企業行銷走向國際化的第一個理由，就是要面對競爭的壓力。當其他同業邁向國際化，獲得更低廉的原物料，更廉價的勞工，更廣大的市場時，相對尚未調整的企業就會面臨生產成本節節高升，在廠商競相殺價下，獲利能力愈來愈差，逼不得已還是要走出國去。臺灣很多代工生產（OEM）廠商，當訂單來源國走向國際化、全球化時，代工廠也勢必要走向全球化。像 IBM、HP 或 Nike 走向全球佈局，國內的代工生產廠商，只得跟隨，否則市場就讓給別人了。
2. **區域經濟與政治整合（Regional economic and political integration）**：當世界經濟愈來愈走向區域經濟與政治整合，例如北美貿易自由區（North American Free Trade Agreement, NAFTA）、東協（Association of Southeast Asian Nations, ASEAN）、歐盟（European Union, EU）等，廠商在該區域組織內才能享有一定的優惠，進入當地市場才具競爭力，方能在當地的市場發展。
3. **技術（Technology）**：技術的發展，使行銷活動可以在任何角落進行。產品與服務透過衛星技術，可以和消費者溝通並展示；網際網路與資訊科技，使企業與消費者、企業與企業的往來，跨越時間與空間，達到 24 小時都能滿足消費需求。
4. **交通與通訊的改良（Improvements in transportation and telecommunication）**：交通與通訊的改良使人際往來、企業往來更形便利。UPS、DHL、聯邦快遞等各物流公司則幫助商品與服務的遞送。手機、無線傳輸等，拉近了人們溝通的距離。

上述各種工具的改善皆使全球化經營成本更低、方便且迅速又有效率。

5. **經濟成長（Economic growth）**：愈來愈多的新興開發國家，例如印度市場、南美的巴西、中國大陸市場或東南亞市場等，經濟成長快速，帶動當地購買力提升，吸引許多企業至當地設廠投資。沃爾瑪公司更是其中積極的企業。
6. **經濟體制的變化（Transition to market economy）**：例如蘇聯解體後的獨立國協，東歐各國從共產社會走向自由經濟體制，都需要更多的企業投資來開發市場。
7. **消費者需求相似化（Converging consumer needs）**：又稱消費者需求聚合化，係指愈來愈多的消費者具有同質需求，產生相似的消費行為。例如各國年輕人喜歡相同的流行音樂，如 Hip-hop、搖滾重金屬，喜歡看 MTV、Channel V、電視音樂頻道或好萊塢電影等，提供了標準化產品廣大的國際市場。

（二）企業個別情況需求

另一個發展國際化的理由是來自企業個別情況的需求，包括下列四項因素：

1. **延續產品的生命週期**：產品由上市期開始銷售，經由成長期，銷量增加，競爭者也逐漸增多，到成熟期，市場規模難以再擴大，廠商眾多、競爭激烈、殺價競爭、成本高漲、生存不易。廠商爲了延續產品生命週期，勢必要找到一個生產成本更低，銷量更大的市場，所以只有向外發展了。臺灣早期傳統的輕工業、五金機械、紡織加工、腳踏車、機車業等，外移東南亞或中國大陸市場生產，目的就是使企業生命獲得延續。
2. **分擔高額的研究開發成本**：有些行業，像製藥業、航空工業等，本身研究開發成本相當高，當然不能只求滿足國內市場，一定會以全球市場需求爲規劃。
3. **永續經營**：企業爲了獲取更便宜的原物料，大幅降低勞工成本、提高生產效率、達到規模經濟、占有廣大的消費市場、爲過剩的產能尋找出路等，這些都是發展國際化、全球化很重要的動機。
4. **移轉經驗**：有些企業爲了尋求國際間分工合作，願意把生產經驗與技術移轉給另一個國家或地區，是促成企業全球化的動力之一。例如惠爾普（Whirlpool）將其零售系統管理方法，由美國移到歐洲，幫助該企業在歐洲的發展。歐洲最大電腦公司與 IBM 等公司齊名，號稱全球前五大廠商－ Cap Gemini Sogeti 公司，爲了要與 IBM 競爭，整合其全球電腦產能，與各國經銷商共同發展電腦系統。

二、全球化的定義與衡量

國際企業（International business）是指企業爲了追求利潤，在多個國家從事商品或勞務的生產、購買、銷售或貿易等活動，以引導一個以上國家的消費者或使用者，消費或使用其產品或勞務的流程。

多國籍企業（Multinational Corporation, MNC）是另一種常見的國際企業方式，也是全球企業（Global business）的一種型態。國際企業可能在日本東京或德國漢堡設有分支機構，從進口到設廠生產都由母公司統籌規劃、負責活動。而多國籍企業是高度發展的國際企業，對投資國當地有廣泛的投入（Involvement）或承諾（Commitment），以全球觀點進行管理及決策。

根據學者的研究，多國籍企業可從四個方面來定義：

1. 多國籍企業的決策者以全球觀點來看機會與問題。
2. 多國籍企業有相當比例的國際投資的資產。比方說在某國有 20% 的資產，有 35% 的利潤來自某一個國家。
3. 多國籍企業的工廠及生產作業分佈在不同的國家。從裝配線到整廠設備都有。
4. 每個事業部門都有涉入國際的作業，以全球角度來作決策。

全球企業（Global industries）是多國籍企業的擴大發展，跨越許多國家和文化區域。全球企業和國際企業有些不同，國際企業以母國爲基地，在若干國家投資生產，或有獨立的子公司及工廠，投資當地國的變動，少會影響國際整體的營運；但全球企業不同，全球企業以全球爲市場，以全球的消費者爲銷售對象，設立總部而無母國念，任何一個投資當地國的變動，都會影響全球企業的營運，例如汽車業、電腦業、半導體業等（波特，1996）。隨著政治障礙減少、自由貿易熱絡，與新科技進步，企業愈來愈有能力在不同的國家發展，也加深了企業全球化（Globalization）的重要性。

各國在比較利益下，有效利用資源，跨國生產、外包，形成產業供給鏈（Industrial supply chain）。透過資訊科技協助，組織可以控制所有的流程，也可一併完成市場銷售。此即波特所說的「全球產業」或「全球企業」。

電腦科技與網路的發展，使「全球運籌中心（Global logistics）」的概念得以實現。爲滿足全球各地顧客的要求，以全球的觀點，將資源做最有效率的規劃、執行與控制，使產品、服務和相關資源從全球各地的起源點到消費者手中，做有效率、具成本效益的流通。如宏碁電腦、Dell 電腦，掌握各原料供應國的供給，在某一地生產，並使產品順利快速的配送給顧客。

16-2 多變的全球企業環境

國際企業的投資，跨越許多國家或地區，面臨全球趨勢及投資地主國在政治、經濟、文化等差異，加深了經營的複雜度。以下分析全球企業所面臨的一般環境：

一、政治環境的影響

「政治風險評估」是國際企業投資相當重要的議題。政治風險（Political risk）是指企業因政府的行爲而喪失其對所有權的控制，或影響企業的經營利潤。一般而言，政治風險的來源有四大類，說明如下。

（一）政府貿易政策的風險

這一類的風險如關稅障礙、匯率控制、配額、進出口證照許可或其他貿易障礙。例如政府對產品課以較高的關稅，或進出口額度限制，或行政手續上的「指導」都會造成貿易障礙。政府還可控制一定匯率，要求企業取得進出口證照，藉此控制國際企業的經營。

（二）政府經濟政策風險

這是指透過稅制與所有權移轉控制國外投資。例如對外國企業課以較高的營業稅、所得稅或限制投資額度，或限制利潤不能匯回母國，都對國際企業經營形成障礙。所有權方面政府可運用的工具包括：將外國企業充公沒收（Confiscation）、提高稅制或成本、剝削外國企業（Expropriation）、外國企業收歸國有經營，即國有化（Nationalization）限制某些產業只能本國人經營即國內化（Domestication）等。

（三）勞工與行動團體的風險

若干國家的某些產業工會或組織（如生態保育團體或環境保護組織）力量強大，常以罷工或形成勞資對立或抗爭等爭取權益、表達訴求、發起活動（如消費者保護運動、婦女運動）進而影響政策，都會造成企業經營風險。

（四）恐怖主義的風險

自從 2001 年美國 911 恐怖攻擊事件後，國際企業投資更加關心高危險地區對企業經營風險的影響。例如在中東各國經營企業、宗教衝突高的地區（以巴地區）、種族衝突高的地區（印尼），或治安差的國家（菲律賓、中南美洲），都使企業經營風險大幅上升。

企業在政治風險的對應上，可藉助國際研究機構的協助，如英國經濟學人情報小組（Economist Intelligence Unit, EIU）、美國商業環境風險評估機構（Business Environment Risk Intelligence, BERI）等機構所做的政治風險指標（Political Risk Index, PRI）協助決策。一但投資後，盡可能和當地的顧客、供應商、銀行、政黨或各種團體保持良好關係，做一個企業良好公民。

二、社會文化環境的影響

文化是人類的生活方式，而且世代相傳，是一個組織或社會的成員之間，不斷的學習或分享意義、儀式、常規或傳統與整體改變的過程。

與企業經營有關的文化構成要素，分成語言、教育水準、宗教、價值觀與態度四項。

（一）語言

全世界有三千多種語言，加上各地方言，大致有一萬多種語言。不同的語言，構成不同的文化。即使文化相同，所用的語言也未必相同。例如臺灣和中國大陸，雖然同文同種，但在語言用詞上，仍存在很多差異，如我們說「品質」，他們說「質量」；我們說「水準」，他們用「水平」。對國際化、全球化企業而言，語言是一種溝通工具，可以促進企業與當地顧客、供應商、經銷商等溝通往來，不至於產生隔閡與誤解。

（二）教育水準

入學率和識字率可衡量一地之教育水準。一般已開發國家的學童入學率都高於90%，識字率高，文盲少。對企業而言，了解當地消費者或員工的教育水準，並提供必要的產品說明或教育訓練教材。

（三）宗教

宗教是文化中很重要的一部分。不同宗教，在生活、飲食習慣、價值觀與態度也不同。回教徒只拜阿拉，不吃豬肉、酒類商品，不追求物質生活。印度視牛爲神聖象徵，不吃牛肉。宗教同時也規範兩性在社會上的角色，例如回教國家婦女不僅戴頭紗蒙臉，也禁止駕駛汽車。臺灣對宗教相當自由，儒釋道盛行，甚至關公、鄭成功等也有人信仰。

（四）價值觀與態度

價值觀與態度是比較深層的概念。價值觀（Value）是一種長期的信仰與感覺，對個人或社會上的各種行爲模式有好壞比較的看法。信仰（Beliefs）是個人的知識組成型態，對世界什麼是眞（對），什麼是假（錯）的看法。態度（Attitudes）是對事物傾向有一致而長期的看法或意見。日本人的價值觀通常崇尚合作的、保守的、講求群體一致的、和諧的。現代日本的年輕人普遍喜歡美國流行品牌，則是一種態度。

企業所處的文化環境也同時受「次文化」的影響，次文化是指在相對於主流文化的價值與信念，即在一個文化群下，某一特定類群的人（Category of people）有一致的態度、信仰與價值觀。例如日本社會存在一群「輕食」主義者，崇尚儉樸，生活單純，愛用「無印良品」。臺灣這幾年盛行素食主義或稱「樂活主義（LOHAS）」，很多人都嘗試吃素，採用有機食品，也形成一股次文化。

新沃爾瑪何去何從

美國知名的全球實體零售商沃爾瑪，在財星雜誌《Fortune》五百大企業（根據營業收入）的排行榜中，自 2014 年以來連續三年位居榜首。然而 2016 年公告的 2015 年營收卻比前一年衰退 35 億美元，雖然不到 1%，但已是歷年首見，當年的經營績效也低於標準普 500 指數（S&P 500），和零售業指數（S&P 500 Retailing Index）相比，更是顯著較低。

反觀線上零售巨頭亞馬遜業績頻頻告捷，2015 年營收 1,070 億美元，股價漲幅超過一倍，市值超過 3,000 億美元，在品牌價值或品牌相關評比的排行榜中，也比沃爾瑪表現較好。此一對比凸顯，由於科技投資增加，電子商務在金流、物流、資訊流等方面的服務已臻成熟，另方面薪資攀高和售價降低，傳統實體通路的獲利空間被壓縮，線上零售業的價格競爭力和購物方便性已逐漸凌駕傳統賣場，再加上民衆消費習慣已大幅改變，顯示實體零售通路正面臨網路零售通路的嚴苛挑戰。

當民衆愈熱衷於網購，沃爾瑪就愈身陷危機，2015 年美國人每十美元的花費，就有一美元是花在電子商務上，比 2014 年成長了 15%。全球消費趨勢亦是如此，沃爾瑪在關閉多個美國市場的實體店面後，將眼光放在線上、線下服務，追求更大的規模，注重更多的細節，提供更多網路購物無法複製的體驗，逐步反擊亞馬遜。沃爾瑪與亞馬遜的競爭將是一場耐久戰！

資料來源：大紀元 2015/12/25，股感知識庫 2015/08/08，天下雜誌 2016/06/07，rankingthebrands 網站

三、區域經濟的發展趨勢

就經濟環境來說，人口結構的分佈、平均國民所得結構、經濟產物或作物豐富與否，國與國之間當然不同。日本、德國的經濟條件與中國大陸、越南的經濟環境不同，資源也不同，這些差異程度也左右了國際企業的投資。

愈來愈多的國際化企業尋求在更多的國家或地區投資，爲了找尋更多的市場、保有市場或擴張市場、降低勞工成本、生產成本、及保有利益或利潤的成長，都加深了國際企業全球化的趨勢及國與國間的合作，或區域聯盟等整合。

區域經濟的合作，最基礎的是採取雙邊協定（Bilateral agreements）或多邊協定（Multilateral forums and agreements），如石油輸出國組織（OPEC）和亞太經合會（APEC）。

其次是自由貿易區（Free Trade Area, FTA），主要是去除貿易障礙（如關稅配額），使各會員國的商品貿易可以自由流動。例如北美貿易自由區（North American Free Trade Agreement, NAFTA）、東協（Association of Southeast Asian Nations, ASEAN）、美洲自由貿易區（Free Trade Area of the Americas, FTAA）。

再進一步是設立關稅同盟。關稅同盟（Custom union）是指締約國採取共同設定的關稅水準與配額。會員國享有免關稅的無貿易障礙，而對非會員國採取一致的關稅。

設立共同市場（Common market）允許締約國之間生產要素自由移動。會員國之間無任何貿易障礙；並有共同對外的貿易政策，例如歐盟（European Union, EU）、拉丁美洲整合協會（ALADI）、安地斯共同體（Andean common）、南錐共同市場（MERCOSUR）

經濟同盟（Economic union）則是建立單一貨幣與經濟決策機構。政治同盟（Political union）則形成一個政治實體及政治決策機構。歐盟不只是共同市場，也是經濟同盟與政治同盟。

國際企業在不同的區域組織內，所需的投資程度自然不同。企業在單一區域組織內進行投資的效益可以擴大到整個區域，增加區域組織的產銷規模、投資與就業機會，企業還享有關稅優惠、自由進出、要素供應的效益，進而提升國際企業的經營效率與競爭力。

另一個與區域經濟形成有密不可分的趨勢是，爲了增加國與國之間貿易投資，降低貿易障礙及非貿易障礙，國際間成立了一些經貿組織，如世界銀行（World Bank）、國際貨幣基金（International Monetary Fund, IMF）。1947 年爲逐步克服各國的貿易障礙，在美國的倡議下，23 個國家共同成立關稅貿易總協定（General Agreement on Tariffs and Trade, GATT），希望以此多邊

協定的組織，促使貿易自由化。隨後爲擴大貿易協調範圍，納入服務業與智慧財產權，而成立世界貿易組織（World Trade Organization, WTO），我國也於 2002 年元月起正式成爲 WTO 的會員國。

四、貿易障礙與保護主義的抬頭

隨著 2008 年景氣蕭條、金融海嘯、反對貿易自由化、全球化更加受到重視。全球化的結果，並沒有使得窮國變富國，有些國家的政府爲了保障自己國家的資源不被其他國家掠奪、保障本國勞工權益、扶助民族工業等理由，都會限制其他國家與自己國家的貿易往來，形成所謂「保護主義」（Protectionism）。支持全球化的學者認爲保護主義有害資源效率競爭，市場機制沒有辦法發揮，全球都會受害。

貿易上的限制，一般而言可以分成關稅（Tariffs）障礙與非關稅（Non-tariffs）障礙兩類。

1. **關稅障礙**：是指對國外進口貨物所課的進口稅。例如貨物稅、各種進口稅、交易稅或各種規費等。關稅可以增加政府稅收，也可以限制某些商品的進口（如菸酒）或懲罰某些不友善的國家（如共產國家）。
2. **非關稅障礙**：此類方法相當多，日本政府最常參與貿易的行政指導或是各國政府直接，也有採間接給予國內企業財務支持，如補貼（Subsidies）各種農產品或出口退稅；進出口設限，如配額（Quotas），或需要產品產地證明，檢驗標準，各種合格許可證明。政府更祭出各種金融控制手段，如外匯管制、限制資金匯出。

另外，有些國家爲了保障本國的智慧財產權，會限制眞品平行輸入，也就是說，如果在該國，某國外產品有代理商或經銷商，就不允許水貨進來或禁止傾銷。傾銷（Dumping）是指進口商品的售價低於進口國或來源國的市場售價。美國和歐盟，就常控訴中國產品（鞋子、眼鏡、鋼鐵等）傾銷，並對其課徵反傾銷稅。臺灣也曾在 2006 年，對中國大陸低價毛巾大量進入臺灣市場，採取反傾銷措施。

16-3 全球行銷的發展理論

全球行銷的發展理論，最早是由亞當．史密斯（Adam Smith）提出絕對利益（Absolute advantage）論，即各國透過國際分工，專業生產其在技術或資源上具有絕對利益之商品。而後李嘉圖（David Ricardo）提出比較利益（Comparative advantage）論，即各國皆生產機會成本較他國低之商品，奠定了國際貿易發展的基礎。依照發展的先後順序，本節介紹幾個比較重要的理論。

一、生命週期論

生命週期論（Product life cycle model）將全球行銷的發展分成四個階段：導入期、成長期、成熟期及衰退期。新產品的上市剛開始都在本國或母國銷售，然後再逐步國際化。國際化程度的深淺端視產品的生產成本而定。在成長期，除了母國銷售外，還賣到其他的國家及地區，隨著市場逐步成熟，其他國家的潛在競爭者加入市場，地主國的保護措施，獲利增加有限，產品成本逐漸上升，於是在母國的生產活動停止，而外移到其他國家或地區生產，在這些新設的地主國生產，又可產生比較利益，而銷售到各地。步入衰退期後，可以依序將生產地由新興工業國家移到開發中國家，以保有競爭優勢及利益。如此循環不已，在不同發展程度的國家中讓產品有回春作用。

此理論，在1979年弗隆的研究中不能得到實證支持，使其效度（Validity）遜色不少。

二、創新採用模式

創新採用（Innovation-adoption model）是從企業的行為面來探討。國際化是一個連續、有順序、有階段性發展的行為，從早期採用、成長期採用、早期大眾、晚期大眾直至退出市場。創新產品，由先進國家使用，逐步擴散到已開發國家，再至開發中國家使用。從剛開始直接外銷，到各國普遍接受，這類創新產品都有明顯的發展階段。

遺憾的是，此理論太強調階段的分類，而非階段的發展，也沒有解釋為什麼會由上個階段進入下一個階段。

三、階段發展論

階段發展論（Uppsala process model）認為內在趨力（Driving force）是國際化的原動力。運用組織學習（Organization learning）及文化的熟悉程度可以發展國際化。

階段發展論有兩個主要的論點：

1. 隨著對投資地主國的承諾增加程度，區分爲四個發展階段，並建立一個發展鏈。
   (1) 第一階段：不規則的外銷活動。
   (2) 第二階段：外銷或獨立的單位。
   (3) 第三階段：創造一個境外的銷售分支機構。
   (4) 第四階段：海外生產基地。
2. 心理距離（Psychic distance）與地區距離（Geographic distance）有相當的關聯性，並主導國際化的步驟或階段。企業想對外投資、出口或設廠，會先考慮由臨近國家開始（地區距離較小者），或考慮語言、文化、政治較接近者（心理距離）。美國與古巴、臺灣與中國大陸，雖然地理距離近，但國際化少，相對於臺灣和美國的貿易，美國與日本的貿易量，雖然地理距離遠但心理距離近，所以貿易量大。

根據這樣的推論，若干學者（Barkema, Bell, and Pennings, 1996）提出文化距離（Cultural distance）的概念，國際化的步驟與文化障礙有關，如果文化較相近，則投入與承諾會較深，投資時間會較久，採合資與購併。如果文化距離較遠，文化差異性大，則國際化的程度會較淺。

四、波特的競爭優勢論

波特根據五力分析，認爲要素條件（Factor conditions）、需求條件（Demand conditions）、相關支持的產業（Related and supporting industries）、企業策略、結構及敵對狀況（Firm strategy，structure，and rivalry）等四個競爭條件決定國際化深淺程度，亦即國際化是由於上述四個競爭條件產生驅力，導引企業擬定跨國性的發展。

1. **要素條件**：如勞力、電力及公用設備這種基本的生產要素。例如沙烏地阿拉伯擁有石油，又可生產品質精良的石油，所以石油外銷供應世界上很多國家。
2. **需求條件**：某項需求殷切的國家，自然會發展出對該需求具高品質、技術純熟的產品。如法國人、荷蘭人喜歡吃乳酪，故其農牧業發展興盛，市場上有很多的乳酪品牌，也銷售到世界上很多國家。
3. **相關支持的產業**：產業發展，受供應商系統強弱影響。像美國電腦科技產品很發達，專門從事電腦研發科技的矽谷，也是人才濟濟。
4. **企業策略、結構及敵對狀況**：產業內愈競爭，爲了求生存，企業比較有競爭力，充分發揮競爭優勢。但如果像公營事業，受政府監督、管制與保護的企業，通常缺乏競爭、比較沒效率，企業想國際化比較難。

16-4 全球行銷的擴張方式

全球行銷的擴張方式，又稱爲參與策略，或市場導入模式（Entry modes）。根據階段發展理論，導入的模式一般可分爲：1. 直接外銷；2. 設立行銷據點；3. 授權經營；4. 管理契約；5. 連鎖加盟；6. 整廠輸出；7. 合資或策略聯盟；8. 購併；9. 獨資或直接投資。

一、直接外銷

直接外銷（Direct exporting）是最簡單的一種擴張方式。出口廠商在進口國建立當地的代理廠商，就可直接從母國生產，透過出口程序，將產品輸出到國外市場。這也是常見的企業國際化腳步的第一步，由於不必在國外大量投資，風險比較低。

直接外銷可以包括原廠委託製造（Original Equipment Manufacturing, OEM），三角貿易或「臺灣接單，大陸出貨，香港押匯」的特殊三角貿易，及相對貿易（Counter Trade, C/T）。

二、設立行銷據點

直接外銷有了一定績效以後，業務日漸增加，母國與地主國業務往來密切，因此需設立組織部門（如國際部門）來處理業務。地主國當地的代理商關係可能已經不能滿足業務的要求，因此須設立行銷據點來處理資訊、推廣業務、管理當地的業務。這個階段通常只有設辦事處或商情中心，而沒有工廠設備的投資。設立行銷據點，也可以因應策略發展的需要，在還沒有直接外銷時便已設立。

三、授權經營

授權經營（Licensing）是指授權人與被授權人訂定經營合約，擁有技術知識的廠商，提供地主國的特定廠商有條件的技術知識與權利。授權人（Licenser）是指擁有專利技術、商標、品名的廠商，也是收取費用的一方；被授權人（Licensee）是指依合約使用他人的專利技術、商標、品名的廠商，也是要付出成本一方。授權經營的合約通常有兩個重點：

1. 授權人將有價值的專利、技術know-how、商標、公司名稱等，供國外被授權廠商使用。
2. 被授權人支付權利金回報。授權經營的優點是國際化成本低、風險低、可規避政治風險，但缺點是合約複雜。

授權經營，可以用來授權的標的，通常包括專利技術、配方、創新程式、設計、文字所有權、商標等。例如，可口可樂公司授權臺灣太古可口可樂公司在台生產可口可樂並使用其商標，除收取權利金外，並供應原料秘方。

四、管理契約

管理契約（Management contracts）是指國際企業對合作對象進行管理輔導、訓練工作，直到被輔導的合作對象能自行操作管理工作爲止。被輔導的合作對象，要支付管理服務費給管理企業。在國際性旅館業很常見，例如台北君悅酒店，是由新加坡豐隆集團出資，委託凱悅國際酒店集團經營管理。

外包（Subcontracting）是另外一種管理契約方式，指將生產製造、配銷物流或銷售作業，僱用另一家當地企業來執行。也是目前盛行的一種節省成本的擴張方式，可以減少企業在人力資源、生產成本、運輸物流成本上的支出。缺點是控管不易。例如臺灣寶鹼（P&G）公司將物流機能外包給新竹貨運公司或人才派遣公司，專門承攬許多公司的員工作業。

五、連鎖加盟

連鎖加盟（Franchising）是一種特殊授權經營，又稱爲特許經營。授權的標的物通常包括品牌以及整套的營運系統。這些作業系統，包括統一的形象設計、統一的廣告促銷方式、統一的管理方式、統一的定價、統一原物料進貨供貨方式、統一的作業品質等等。所有的加盟者（Franchisee）被要求在相同的品質規範下作業，以確保齊一的產品或品質。授權廠商（Franchisor）要協助加盟者建立品質，予以輔導。

這幾年，連鎖加盟風氣興盛，常見透過連鎖加盟進行國際化擴展的有：速食餐飲業（如麥當勞、肯德基、必勝客）、旅館業（如希爾頓、喜來登等）、流行服飾業（如班尼頓、佐丹奴等）。國內則有連鎖的便利超商、幼稚園、補習班、咖啡餐飲、早餐店、書局、花店、網路遊戲等。

六、整廠輸出

整廠輸出（Turnkey operation）是指賣方提供完整整組的工廠設備給買方，整廠輸出的內容包括硬體設備、技術、員工教育訓練、售後服務、原料供應及協助行銷、業務。也就是說，整廠輸出包括生產廠房設備的設計與製造，加上管理契約。我國紡織業、製鞋業的整廠輸出能力舉世聞名。

七、合資與策略聯盟

合資（Joint venture）是指外國廠商與本地的企業成爲合作夥伴，議定彼此持有股權的比例，成立新的合資企業，以完成共同的策略目的。雙方出資的比例，可能各佔一半或不相等，也可能經由局部授權收購而產生。

策略聯盟（Strategic alliance）是結合若干廠商，以全球性的觀點，尋求創造競爭優勢，而加以結盟。電腦業、汽車工業、航空事業等若干以全球行銷或服務的行業，爲創造更多競爭優勢、降低成本、技術互補或共享資源，經常採用策略聯盟的方式。

八、購併

購併（Merge & Acquisition, M&A）又稱併購。是指一家企業合併或購買，或以股權交換另一家企業。被合併的公司爲消滅公司，不復存在。購併的公司可以是存續公司或另起一個集團新名稱。購併可以是因爲市場考量、財務考量、原料供應考量，最重要的是能夠獲得綜效（Synergy）。

九、獨資（或直接投資）

獨資（Wholly-owned subsidiaries）是指由多國籍企業 100% 擁有股權，在投資國設立分支機構。這個分支機構可以是子公司，也可以是分公司，看當地國的規定而定。獨資或直接投資往往比合資或其他方式，對投資當地國有更多的承諾。

大多數有經驗的公司會選擇外人直接投資，這種方式的優點，可以有效掌控當地市場、取得地主國低價的供應、避免進口配額、擁有更多機會調整產品適應市場、建立更好的產品形象。直接投資也有很大的缺點，如增加資本投資、增加投資的管理及其他資源、暴露在更高的政治和財務風險中。對於沒有國際化經驗的企業而言，往往要付出很高的學習成本。

國際企業的擴張，在不同國家、不同地區、可以同時存在上述各種不同的進入方式，端視資源結合的方式而定。也有像可口可樂公司一樣，在海外絕大部分都是授權經營一種方式而已。

16-5 發展全球化企業的策略

就策略發展的層次而言，16-4 所介紹的擴張方式或導入的模式，是企業國際化的重要策略武器（Strategic weapon），代表國際企業對當地的投入與承諾，這種承諾，往往是一種長期的資源分配方式，伴隨而來的組織與控制，都離不開策略的思考。

策略上可以有兩個方向，一是採用全球化策略，另一是當地適應策略。採用全球化策略（Global strategy），可以用標準化生產，標準化產品，進入各區域市場。如可口可樂一樣，口味標準化，行銷溝通一致性高。當地適應性策略（Adaptation strategy）則須找出進入當地市場最有效方法。

企業全球化，必須注意單一市場與全球市場的差異，發展成爲全球化企業的策略也與單一市場的策略不同，選擇目標市場與發展行銷組合應注意以下構面：

1. **全球市場參與程度**：即企業在主要的世界市場參與營運的程度。
2. **產品或服務標準化（Standardization）的程度**：即企業對全球市場提供標準化的產品或服務，還是根據不同市場需求，尋求市場適應性，提供不同的產品或服務。
3. **專業分工的程度**：企業組織集中與協調各績效，能力愈強愈能專業分工，面對環境的變化適應力愈好。
4. **全球化競爭策略的整合程度**：整合程度愈高，全球化經營效率就愈好。

經營國際化企業、多國籍企業或全球企業，隨著環境、消費者需求變動快速，決策者要有「全球性思考，當地化作爲（Thinking globally，doing locally）」的能力，全球性思考能幫助掌握總體的發展趨勢，而了解當地市場需求、掌握微觀變化並隨時做動態調整，方能掌握先機。

匯率這件事…

日幣大貶對臺灣的廠商與消費者的影響

日幣大貶，相對表示臺幣升值，可以換到更多日幣，對於要從日本進口日製產品的廠商，以及想要去日本旅遊或求學的一般民眾來說，是一大福音。民眾紛紛到銀行搶換日圓，就算不是立刻到日本，買起來放著，之後去玩、還是可以省很多錢！

然而，對於產品要外銷到日本市場的廠商而言，日幣貶值臺幣升值，卻代表著以臺幣製造的產品所賺到的日幣，在換回臺幣時利潤減少，或者為了維持單位利潤可能必須調漲價格影響競爭力。

此外，對於要來臺灣觀光的日本遊客，我們的 1 塊臺幣可以換到更多日幣，也就意謂著他們的 1 塊日幣可以換到的臺幣變少，旅遊成本墊高，可能會降低日本遊客赴臺旅遊意願，進而影響鎖定日本客的臺灣飯店與觀光餐飲業營收。

日圓狂貶對日本市場的影響

日幣走貶應該對日本的出口商是一大福音，但日本平價時尚品牌 UNIQLO 創辦人柳井正卻對日圓大幅貶值略感憂心，他說：「強勢日圓…能夠改善日本一般民眾生活水準。當日圓貶值，這一點的影響是最糟的。」

瑞士銀行經濟學家青木大樹說：「在外匯市場波動如此巨大的情況下，企業對於匯率走勢會變得更難採取長期觀點。」簡而言之，如果日圓貶值未提高企業加薪意願，日本消費者所感受到的痛苦只會加深。

野村證券駐東京首席經濟學家三輪說：「物價通膨只有在能夠轉化為推升實質收入的力量時，才會對日本消費者有幫助。但日圓若持續貶值，那麼大概滯後半年左右，食品價位、進口耐久材價格都將開始上漲，反而將使日本家庭實質收入惡化。」

綜觀而言，一國貨幣貶值，在短期是有利於該國的出口商外銷產品，以及吸引國外遊客到當地觀光旅遊，卻不利於進口與國民赴國外旅遊。長期而言，若出口產值能夠推升薪資，創造經濟成長率，才有利於市場的長期發展，否則只會造成物價上漲薪資不漲，消費者實質購買力下降的苦果。對於進行國際行銷者，尤其是國際佈局的企業，必須長期關注目標市場的匯率影響。

資料來源：改編自蘋果動新聞 2016/11/30

問題討論

1. 若日幣持續走貶，當地薪資卻沒跟著提升，對外銷到日本市場的出口商而言，請評估有什麼可能的影響？可以如何因應？
2. 若有一臺商外銷產品到歐盟市場，當歐元持續走貶，美元持續升值之際，他應該用歐元報價，或用美元報價？為什麼呢？

重要名詞回顧

1. 國際企業（International business）
2. 多國籍企業（Multinational Corporation, MNC）
3. 全球企業（Global industries）
4. 政治風險（Political risk）
5. 價值觀（Value）
6. 信仰（Beliefs）
7. 態度（Attitudes）
8. 保護主義（Protectionism）
9. 關稅（Tariffs）
10. 非關稅（Non-tariffs）
11. 傾銷（Dumping）
12. 生命週期論（Product life cycle model）
13. 創新採用模式（Innovation-adoption model）
14. 階段發展論（Uppsala process model）
15. 直接外銷（Direct exporting）
16. 授權經營（Licensing）
17. 管理契約（Management contracts）
18. 外包（Subcontracting）
19. 連鎖加盟（Franchising）
20. 整廠輸出（Turnkey operation）
21. 合資（Joint venture）
22. 策略聯盟（Strategic alliance）
23. 購併（Merge & Acquisition, M&A）
24. 獨資（Wholly-owned subsidiaries）
25. 全球化策略（Global strategy）

習題討論

1. 請說明多變的國際環境具哪些特色。
2. 請說明弗隆的產品生命週期理論。
3. 請說明波特的競爭優勢論。
4. 企業國際化的導入模式有哪幾個？
5. 比較多國籍企業和國際企業的差異。

本章參考書籍

1. 鄭華清（2012），企業管理－創造競爭優勢，台北，新文京。
2. Keegan, W. J., and M. C. Green, Global Marketing (NJ; Pearson Prentice Hall, 2008).
3. Catero and Graham，International Marketing (NY; McGraw-Hill, 2007) 13th ed.

4. M. E. Porter, The Competitive Advantage of Nations (New York: Free Press, 1990).
5. R. Vernon, International Investment and International trade In the Product Cycle, Quarterly Journal of Economics, 80, 1996, 190-207.
6. Anderson, On the Internationalization Process of Firms: A Critical Analysis, Journal of International Business studies, 24 (2), 1993, 209-231.
7. W. J. Bilkey and G. Tesar, The Export Behavior of Smaller Wisconsin manufa cturing Firms, Journal of International Business studies, 8, 1977, 93-97.
8. Manufacturing Firms, Journal of International Business studies, 8, 1977, 93-97.
9. Cavusgil, S.T., S. Yeniyurt, J.D. Townsend (2004), The Framework of a Global Company: a Conceptualization and Preliminary Validation, Industrial Marketing Management, 33, 711-716.
10. H. G. Barkema, J. H. J. Bell, and J. M. Pennings, Foreign Entry, Cultural Barriers, and Learning, Strategic Management Journal, Vol. 17, 1996, 151-166.

NOTE

17 網路行銷

本章重點

1. 說明網路行銷的定義。
2. 了解網路行銷的特色。
3. 認識網路事業目的。
4. 認識網路目標市場與區隔。
5. 認識網路廣告與管理。

行銷觀測站

FOLLOW ···

臉書推加密貨幣

2019 年臉書（Facebook）宣布，推出加密貨幣（Libra）與電子錢包（Calibra）服務。此服務將能用於叫車（Uber、Lyft）及購買音樂（Spotify），且透過手機進行跨時、跨國之金融交易。臉書相信，加密貨幣去中心化和安全的特性能對全球無銀行帳戶的使用者、超級通膨國家的人民，具極大吸引力。

加密貨幣是一種數位和虛擬貨幣，2009 年推出的比特幣是第一個加密貨幣。比特幣運用密碼學、數字雜湊與綁定智慧合約的方式，形成新型通證後，產生防偽的功能，因此，創造出安全的交易媒介。加密貨幣使得去中心化的共識得以實現，形成分散式賬本的區塊鏈、點對點網路的交易模式，盡可能地擺脫對中心化監管體系如銀行的依賴。

圖片來源：中時新聞網（示意圖 / 達志影像 /shutterstock 提供）

362 likes

資料來源：財訊，維基百科

17-1 網路行銷的定義

根據資策會 2011 年調查數據顯示，我國經常上網人口早已超過一千五百萬人，網路早已成爲三大主要媒體之一。透過網際網路，企業和企業可以進行交易、協調、溝通與交流。人們可以透過網路聊天、購物、通訊，訂車票、看氣象、甚至報稅、玩遊戲。網際網路使得企業與企業，人與人的溝通零距離，資訊的傳播沒有限制，交易與交換可以快速進行。同樣的，網際網路與科技相結合，也帶動經濟的成長。

網際網路（Internet）發展快速，改變了人們的工作型態與生活方式。根據國際電信聯盟（ITU）的調查報告，在人類媒體產業發展的歷史中，產業使用人口超過五千萬人所需的時間，電話是 74 年、收音機是 38 年、PC 是 16 年、電視是 13 年、網際網路 WWW 只有 4 年，是人類媒體產業始上發展最快速的。根據美國商務部所做調查，資訊數位經濟促成美國 35% 的實質經濟成長。整個社會變成一個資訊化的社會，網際網路則普遍應用在任何社會活動中。

網路行銷是網際網路應用中重要的一環。行銷過程透過網際網路來達成，就稱爲網際網路行銷（Internet marketing 或 E-marketing）或「網路行銷」。網路行銷主要是以網際網路及建立在網際網路上的多種資訊服務爲工具進行行銷，包括全球資訊網 WWW、電子郵件、新聞群組、電子佈告欄、檔案傳輸等工具。網路行銷對傳統行銷有兩大影響：

1. 網路行銷提升傳統行銷的效率。
2. 網路行銷使用的科技，使行銷策略有更多的變化。

企業藉由網路行銷可以相當低的成本建立行銷通路，進行推廣、廣告、促銷，提供顧客互動式服務（Interactive service），企業再根據消費者的需要，爲顧客量身訂做消費者所要的產品與服務。

17-2 網路行銷的特色

從事行銷工作的人員，必須掌握網路行銷的特色，藉由網路的基本特性及功能，將商品或服務提供給所需要的消費者。根據相關學者的研究，網路行銷具有下列特色。

1. **全球化 24 小時無休營業**：企業行銷資訊透過網際網路，可以傳播至世界上任何一個有電話與電信系統的角落，使國內市場與國外市場連成一個全球化的網際網路虛擬市場。此外，電腦伺服器主機 24 小時不關機，且全自動運作，人們可依照自己的時間隨時與對方在線上交易，經理人也可在任何時間與交易夥伴進行生意往來。
2. **店面與商品數位化**：傳統店面（實體店面）僱用的店員、展示的商品在網路行銷時都被網站、網頁以及網頁中呈現的數位化虛擬商品所取代。相較之下開設網路商店或進行網路行銷的成本相對低於傳統商店或傳統的行銷。
3. **資訊權由賣方轉至買方**：傳統行銷中，賣方通常是大型廠商或製造商（如寶鹼（P&G）、聯合利華（Unilever）等），掌握商品的技術、消費者的消費資訊，所以擁有消費者資訊的權力，可以影響買方的購買決策。透過網際網路，消費者是否購買，全部掌握在消費者的一念之間，消費者可以決定要不要進入賣方的網站、要不要點選商品或服務，購買資訊權掌握在消費者手上。當資訊權由賣方轉至買方，吸引買方的注意，和顧客關係的持續就成了企業很有價值的資產。
4. **掌握網路通路與媒體**：網路行銷中，伺服器可自行架設，網站可自己設計及發行，並加入企業的商品介紹或廣告，企業自己掌握網路通路與傳播媒體，本身就可掌握資訊，經營的自主性也大幅提高。
5. **創造低成本與快速的直效行銷**：網路行銷是一種直效行銷，不透過中間商，使得製造商可以直接與消費者接觸，節省中間商建立與管理的成本，使製造商得以訂定更低、更有競爭力的價格。透過網路，製造商可以直接、快速的知道消費者的需求，根據消費者對商品或服務的意見調整行銷的作法。就消費者立場而言，不用出門就可以在網路上完成交易，節省採購時間、精神與能源成本，並且能享有匿名、自在、沒有銷售員干擾、不必看店員臉色的購物經驗；消費者自己決定瀏覽方式，享有高度的自主權，滿意程度也會較高。

6. **購買決策可以解組或一次完成**：網路行銷可以在一個網站中，將商品廣告、促銷、物品銷售與資訊服務結合在一起，使顧客能在網站中一次完成整個購買決策。也可以分次、分步、分階段進行購買決策。實體商品在交易完成後，透過物流網路系統，將商品配送到消費者手上。如果商品或服務本身也可以數位化時，經由網際網路就更有效率了。例如，消費者可在網路上以信用卡或電子錢包付款、下載數位化商品或服務（如 MP3、電子書、網路電影、電腦軟體等）。
7. **資訊更新快速且不受限制**：進行網路行銷時，企業可以透過網站提供大量而詳細的資料，只要消費者願意花較多的時間與上網的成本，就可以查詢其所需要的資訊。網路行銷可以提供非常詳盡的資訊來滿足消費者的需求，傳統行銷則受限於報紙或電視媒體版面及時間，且網路行銷的資訊更新速度快又容易，更新之後就可以立即供人們瀏覽，是傳統行銷媒體所沒有的。
8. **結合資料庫，提供更有價值的服務**：當資料項目多或類別很細時，結合網站與資料庫的作法相當有效。消費者上線購物，可以從資料庫中提供其所需資訊，使交易迅速完成，節省成本又可以讓消費者滿意。透過網際網路，廠商可以和顧客進行互動，蒐集其興趣、購買喜好，再根據這些資料結合「資料庫行銷」的觀念，提供客戶個人化、量身訂做的資訊服務。從顧客關係中培養顧客忠誠度，提高服務的價值。
9. **多媒體與互動式的交流**：WWW 已經可以做到在有限的頻寬內進行多媒體資訊的傳遞。例如，透過 Macromedia 公司開發的 Flash 軟體，企業可以製做細膩且高品質的多媒體動態網頁，吸引消費者的注意，達到網路行銷或廣告效果。此外，在網際網路上的企業，還可以進行對話是或互動式廣告，由消費者選擇自己想看的廣告內容。
10. **瞭解瀏覽行為與收集意見**：透過網站瀏覽分析軟體或 Cookies[1]，從事網路行銷的企業能夠瞭解消費者瀏覽網站的方式，從中發現哪些網頁或主體是消費者瀏覽次數較多或較少的，進而增刪相關的內容，並蒐集消費者的各種意見。
11. **網路行銷的關鍵知識管理**：網路的數位世界裡，消費者資訊相當細瑣，行銷人員除了要具備傳統行銷的訓練還要能從網路中明瞭行銷策略執行的結果，組合資料庫裡龐大的資訊，轉化爲未來的行銷策略與執行技術，上述都需要知識管理（Knowledge management）來累積成功的行銷經驗，行銷人員才能提供消費者更多、更好的資訊。
12. **重視智慧資本**：隨著科技的日新月異，開發能力、創造力、創業家精神越來越受到重視，企業更將這些能力視爲主要的資源、有形資產，又稱爲智慧資本（Intellectual

1　一種存在於使用者電腦中，用以追蹤其瀏覽行為的文字檔案記錄。

capital），智慧資本的獲利性有助於企業本吸引投資者投入資金。網際網路、網路行銷也被視爲智慧資本，可爲企業創造價值、增加利潤，所以越來越多的投資者將資金投資在這上面。

17-3 網路事業目的及目標市場區隔

一、網路事業目的

網路事業（E-business）通常和電子商務還是有些區別，電子商務（E-commerce）通常是指在網路上從事線上買賣活動，又稱爲線上交易。消費者可以在網際網路上的任何網站（如拍賣網站）購買或出售商品或勞務。電子商務講求速度、便捷和縮短時空隔閡，經由電腦和網際網路聯結方式縮短交易時間和交易成本，滿足組織與消費者的需要，改善產品、服務與增加傳送速度服務的品質，達成提高各地的商業速度，降低訊息傳送的成本。

網路事業或電子事業，則是一個企業組織，透過電子商務的活動，滿足社會需求。其基本目的如下說明。

（一）網路事業資源組織（Organizing resources）

網路事業如同一般企業，組織各種資源。網路事業需要組織的人力資源，包括網站設計員（Web site designers）、程式人員（Programmers）、網站管理人員（Web masters）。設立網站、管理網站，需要生產作業系統，如顧客追蹤系統（Customer tracking system）、線上監視系統（Online monitoring system）、訂單流程監控系統（Order fulfillment and tracking systems）。

網站的物料管理，包括電腦設備器材（Computers）、各種軟體（Software），與網際網路。網站投資財務資源系統，如投資支援系統（Investors supporting）、電子支付系統（Electronic payment）等。

（二）滿足消費者線上需求（Satisfying needs online）

一般而言，網際網路可以滿足四種需求：

1. **網站上溝通**：透過臉書（Facebook）、推特（Twitter）、E-mail、MSN、社群網站、智慧型手機或電子視訊，可以互相通訊，進行線上溝通。
2. **獲取資訊**：網際網路上的搜索引擎、公佈欄、入口網站（Portals）、新聞群組，可以在線上獲得許多資訊。
3. **娛樂**：網路上提供遊戲、收音機、電視頻道節目、音樂、電影、電子書籍等，具有娛樂功能。
4. **電子商務**：包括電子交換、線上購物、拍賣、電子櫥窗等功能。
5. **瀏覽個人網站部落格（Blog）**：許多人將個人相簿、心情、各種資訊，以文字、照片、影像、視訊短片等，張貼在部落格上供人瀏覽或與人互動分享。例如無名小站、Youtube、Facebook、MSN 等。

（三）創造網路事業行銷利潤（Creating profit）

網際網路主要收入來自產品與勞務銷售、網頁廣告收入、線上使用費用收取，與線上購物、拍賣所收取的各種費用。另一個收入來源是努力降低各種成本費用。網站的成本，包括各種設備投資、各種人力資源開支、生產作業成本、物料管理費用等。

根據相關資料統計，這幾年各種入口網站的營業收入都大幅成長，如 MSN、Yahoo！奇摩、PC home、番薯藤等。很多單位都估算，入口網站的廣告收入已超越廣播媒體，成爲僅次於電視、報紙的重要媒體工具。

二、網路目標市場與區隔

網路行銷和傳統的市場區隔、大量行銷不同。廣告廠商使用網際網路，可精確的知道每一個用戶的背景資料、興趣、喜好，精確傳送廣告進行行銷活動。線上發行者擁有許多不同鎖定目標群的方式，從最基本的方法到使用精密技術的方式瞭解客戶，基本精神也是市場區隔，但由於使用技術的不同，內涵有所差異。

（一）根據網站內容、內文鎖定目標群

鎖定目標群最基本的方法，是根據網站內容、內文鎖定目標群，這也是傳統媒體普遍使用的方式。

在網際網路上，行銷人員有數以千計的內容網站可以選擇，同時，每個網站都提供不同鎖定目標群的機會。如 ESPN（www.espn.com）鎖定的是熱衷運動的人。同樣的，行銷人員可以藉由關鍵字的方式，在搜尋引擎上鎖定目標群，如雅虎奇摩的關鍵字廣告與行銷。

（二）根據註冊資料鎖定目標群

獲得用戶資料，最簡單的方式是直接詢問用戶，關鍵在於用戶必須提供資料。網站發行者可藉由提供個人化網站、參加競賽、提供折扣或其他優惠，讓用戶提供個人資料。這些資料可以和儲存顧客資料的資料庫相結合。

取得用戶資料的方式還有「提供附加價值」，告訴用戶提供資料有什麼好處，只要求用戶提供企業有益的資訊，用有趣的方式，讓用戶填答，保護隱私的聲明，給用戶一個提供眞實資料的理由，否則用戶大多塡假資料。

（三）根據資料庫鎖定目標群

結合廣告管理工具和消費者資料庫的技術是 1998 年底以後的趨勢。例如 NetGravity 的 Global Profile Service 廣告管理軟體，和資料庫提供者，如 MatchLogic 與 Apex 合作，建立一個彈性，匿名的消費者資料來源。

（四）利用 Cookies 鎖定目標群

Cookies 通常包含一個獨特的字串，使用戶在回到同一個網站時，所使用的伺服器可以被辨識出來。Cookies 可用以追蹤記錄用戶在網站上做了甚麼，幫助行銷人員進行行爲區隔，爲鎖定顧客喜好的準則。

（五）根據用戶資料和個人化鎖定目標群

建立用戶資料提供個人化內容，並對消費者提供建議，可以幫助網站穩固銷售，特別是零售網站，例如 Amazon.com 公司。個人化協助公司傳遞相關訊息給哪些參觀網站的不同目標群，可以依年齡、性別、地區等區隔變數，將有相關的資訊傳遞他們。或是網站提供顧客通行證，想要取得通行證，就必須提供個人資料已建立資料檔。

(六) 根據消費行為鎖定目標群

依據個人在任何時間的眞實行爲進行鎖定目標客戶。提供這項服務的，如 Aptex 公司，產品是 Select Cast 軟體，利用顧客的資料建立個人化的網站，傳遞量身訂作的內容及電子商務的宣傳活動。

新 Apple Pay

果迷等待已久的 Apple Pay 終於在臺灣上線，引爆全台熱潮。金管會統計，光是頭兩天，全台綁定卡量即達 41.5 萬張。為什麼只是把信用卡放進手機，就令果粉如此雀躍？永豐銀行電子金融處處長梅驊解釋，對蘋果用戶而言，付款時感覺不是刷信用卡，而是「刷手機」，使用情境就完全不同了，它的品牌號召力如同乾柴，業者企盼能一舉點燃國內行動支付的烈火。

Apple Pay 最重要的意義是讓數位金融在民衆生活裡成真。中租控股金融科技發展組協理吳建頤大膽預測，當民衆身上都不帶信用卡，ATM 無卡提款也會普及開來，順利走向數位、行動金融。Apple Pay 內建於手機，用戶將信用卡綁定完成，此後只要指紋辨識，交易在幾秒內即可完成。梅驊認為，Apple Pay 正在為臺灣支付流程訂下高標準。

縱使 Apple Pay 表現耀眼，然有銀行主管抨擊，Apple Pay 刷愈多，銀行賺愈少。因為銀行想把信用卡放進蘋果的電子錢包，每個動作都要付錢。不只如此，蘋果還要跟銀行分拆每筆交易手續費。如此一來，銀行所增加的成本不是轉嫁到消費者身上，就是直接提高商家每筆交易手續費，凡此種種，都是挑戰。

緊接在 Apple Pay 之後，Google 的 Android Pay 和 Samsung Pay 都可望今年登台。外國大軍一再壓境，輕者壓縮國產支付工具成長空間，重者臺灣支付市場「被整碗捧去」。Apple Pay 究竟是蜜糖，還是裹著糖衣的毒藥，仍待時間證明。

資料來源：天下雜誌 2017/04/07

17-4 網路廣告與管理

行銷業者在沒有明確的行動計畫下購買網路廣告，只是浪費行銷預算而已。網路廣告活動應該有完整的媒體計畫，程序包括：確定購買網路廣告的目標、購買網路廣告媒體預算的分配、選擇網站訊息的評估、網路廣告媒體的決定與效果的衡量，如圖 17-1。

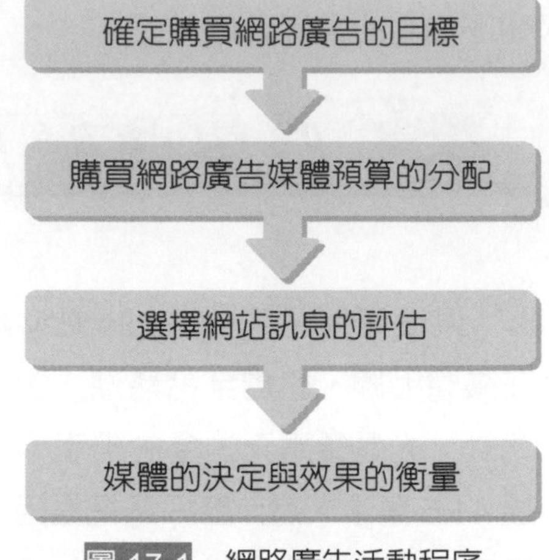

圖 17-1　網路廣告活動程序

一、確定購買網路廣告的目標

所有廣告活動都應設立目標，不論電視、平面媒體、戶外看板的廣告活動都要有明確目標，互動式廣告也不例外。只要求使用者按一下滑鼠，或只做某種點選按鍵是不夠的。行銷人員一定要清楚「我要我的消費者做什麼」。網路廣告目標的設定可以是：增加上網人潮、銷售商品、蒐集資訊、建立品牌知名度、引發購買動機（如圖 17-2），分別說明如下：

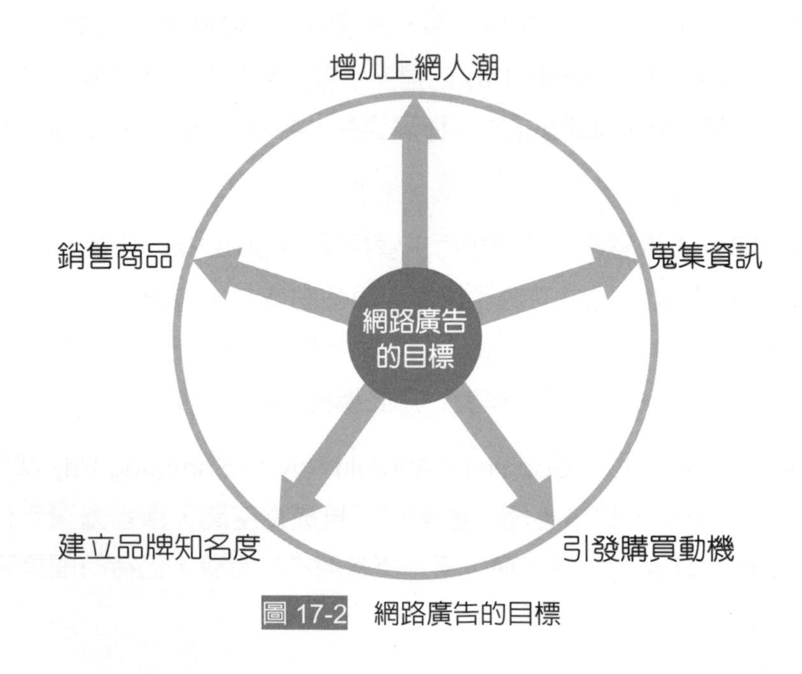

圖 17-2　網路廣告的目標